Gruber I Neumann

Erfolg im Mathe-Abi 2021

Übungsbuch Prüfungsaufgaben
Teil1: hilfsmittelfreier Prüfungsteil
Leistungskurs Hessen

mit Tipps und Lösungen

Helmut Gruber, geb. 1968, studierte Mathematik und Physik in Konstanz und Freiburg und ist seit 1995 Mathematiklehrer in der Oberstufe.

Robert Neumann, geb. 1970, studierte Mathematik und Physik in Freiburg und unterrichtet Mathematik in der Oberstufe seit 1999.

Books for Future®
umweltfreundliche Bücher aus Wertstoffkreisläufen
49/001/001/20
www.books-for-future.de

Gedruckt in Deutschland
www.freiburger-verlag.de

Gruber I Neumann

Erfolg im Mathe-Abi 2021

Prüfungsaufgaben
Teil 1: hilfsmittelfreier Prüfungsteil
Leistungskurs Hessen

mit Tipps und Lösungen

Freiburger Verlag

Inhaltsverzeichnis

Analysis

1 Ableiten **9**

1.1 Ganzrationale Funktionen 9

1.2 Exponentialfunktionen 9

1.3 Trigonometrische Funktionen 10

1.4 Logarithmusfunktionen 10

2 Stammfunktionen und Integrale **11**

2.1 Stammfunktionen 11

2.2 Integrale 12

2.3 Integralgleichungen 12

2.4 Flächeninhalt zwischen zwei Kurven 12

2.5 Ins Unendliche reichende Flächen 13

2.6 Angewandte Integrale 13

2.7 Rotationskörper 14

3 Gleichungen **15**

3.1 Potenzgleichungen 15

3.2 Potenzgleichungen mit Parameter 15

3.3 Exponential- und Logarithmusgleichungen 16

3.4 Trigonometrische Gleichungen 17

4 Funktionen und Graphen **18**

4.1 Von der Gleichung zur Kurve 18

4.2 Aufstellen von Funktionen mit Randbedingungen 20

4.3 Von der Kurve zur Gleichung 23

4.4 Graphen von f, f' und F 25

4.5 Kurvendiskussion 30

4.6 Extremwertaufgaben 34

4.7 Verständnis von Zusammenhängen 35

Geometrie

5 Punkte, Geraden und Ebenen **37**

5.1 Lineare Gleichungssysteme 37

5.2 Rechnen mit Vektoren 37

5.3 Geraden 40

5.4 Ebenen 42

5.5 Gegenseitige Lage von Geraden und Ebenen 46

5.6 Gegenseitige Lage zweier Ebenen 47

6 Abstände, Winkel und Spiegelungen **49**

6.1 Abstandsberechnungen 49

6.2 Winkelberechnungen 51

6.3 Spiegelungen 52

7 Lineare Abbildungen und Matrizen **53**

7.1 Rechnen mit Matrizen 53

7.2 Inverse Matrizen 54

Stochastik

8 Wahrscheinlichkeitsrechnung **55**

8.1 Baumdiagramme und Pfadregeln 55

8.2 Unabhängigkeit und Vierfeldertafeln 59

8.3 Bedingte Wahrscheinlichkeit 61

8.4 Binomialverteilung 63

8.5 Erwartungswert und Standardabweichung 67

Tipps **71**

Lösungen **102**

Musteraufgaben **209**

Abitur 2019 **240**

Abitur 2020 **246**

Stichwortverzeichnis **253**

Vorwort

Erfolg von Anfang an

...ist das Geheimnis eines guten Abiturs. Das vorliegende Übungsbuch ist speziell auf die grundlegenden Anforderungen des hilfsmittelfreien Teils (HMF) des Mathematik-Abiturs im Leistungskurs in Hessen abgestimmt. Es umfasst die Bereiche Analysis, Geometrie und Stochastik sowie Abitur-Musteraufgaben und Original-Prüfungsaufgaben.

Der hilfsmittelfreie Teil besteht aus mehreren kleinen Aufgaben, die ohne Taschenrechner und ohne Formelsammlung zu lösen sind. Genau hierfür wurde das vorliegende Buch konzipiert: Es fördert das Grundwissen und die Grundkompetenzen in Mathematik, vom einfachen Rechnen und Formelanwenden bis hin zum Verstehen von gedanklichen Zusammenhängen. Das Übungsbuch ist eine Hilfe zum Selbstlernen (learning by doing) und bietet die Möglichkeit, sich intensiv auf die Prüfung vorzubereiten und gezielt Themen zu vertiefen. Hat man Erfolg bei den grundlegenden Aufgaben, machen Mathematik und das Lernen mehr Spaß.

Der blaue Tippteil

Haben Sie keine Idee, wie man eine Aufgabe angehen soll, hilft der blaue Tippteil zwischen Aufgaben und Lösungen weiter: Zu jeder Aufgabe finden Sie dort Tipps, die helfen, einen Ansatz zu finden, ohne die Lösung vorwegzunehmen.

Die Kontrollkästchen ☐

Damit Sie immer den Überblick behalten können, welche Aufgaben Sie schon bearbeitet haben, befindet sich neben jedem Aufgabentitel ein Kontrollkästchen zum Abhaken.

Erklärvideos

Im Internet finden Sie unter **frv.tv/hessen** viele Videos, in denen die grundlegenden Themen an einfachen Beispielen erklärt werden. Die entsprechenden Stellen sind im Buch mit einem Kamerasymbol gekennzeichnet.

Wie arbeiten Sie mit diesem Buch?

Am Anfang jedes Kapitels finden Sie eine kurze Übersicht über die jeweiligen Themen. Die einzelnen Kapitel bauen zwar aufeinander auf, doch ist es nicht zwingend notwendig, das Buch der Reihe nach durchzuarbeiten. Die Aufgaben sind in der Regel in ihrer Schwierigkeit gestaffelt. Von fast jeder Aufgabe gibt es mehrere Variationen zum Vertiefen.
Im Lösungsteil mit ausführlichen verständlichen Lösungswegen finden Sie die notwendigen Formeln, Rechenverfahren und Denkschritte sowie alternative Lösungswege.

Im Anhang ab Seite 209 befinden sich die Muster- und Abituraufgaben mit Tipps und Lösungen.

Der Ablauf der Abiturprüfung

Die Abiturprüfung besteht aus zwei Teilen:

Prüfungsteil 1, Hilfsmittelfreier Prüfungsteil (Erlaubte Hilfsmittel: Ein Wörterbuch der deutschen Rechtschreibung und eine Liste der fachspezifischen Operatoren)

Prüfungsteil 2, Aufgaben differenziert nach Rechnertechnologie (Erlaubte Hilfsmittel: Ein Wörterbuch der deutschen Rechtschreibung, ein wissenschaftlich-technischer Taschenrechner oder ein CAS, eine gedruckte Formelsammlung eines Schulbuchverlags sowie eine Liste der fachspezifischen Operatoren)

Die Schülerin/ der Schüler wählt vor der Prüfung aus den zur Verfügung gestellten Aufgaben der Bereiche B und C jeweils eine Aufgabe aus:

Prüfungsteil 1 (45 Minuten)

Analysis	Lineare Algebra/ Analytische Geometrie	Stochastik
	A (HMF)	

Prüfungsteil 2 (4 Stunden, 15 Minuten)

Analysis B 1	oder	Analysis B 2
Lineare Algebra Analytische Geometrie C 1	oder	Stochastik C 2

Die Abiturprüfung besteht also aus drei Teilaufgaben: Dem hilfsmittelfreien Teil, einer Analysisaufgabe B1 oder B2 und einer Aufgabe der Analytischen Geometrie C1 oder einer Stochastikaufgabe C2. Die gesamte Prüfungszeit beträgt 300 Minuten, d.h. 5 Stunden.

Allen SchülerInnen, die sich auf das Abitur vorbereiten, wünschen wir viel Erfolg.

Helmut Gruber, Robert Neumann

Analysis

1 Ableiten ☐

Tipps ab Seite 71, Lösungen ab Seite 102

Name	$f(x)$	$f'(x)$	Bemerkungen
Potenzregel	$a \cdot x^n$	$n \cdot a \cdot x^{n-1}$	Die Potenzregel gilt auch für negative und gebrochene Exponenten
Kettenregel	$u(v(x))$	$u'(v(x)) \cdot v'(x)$	«äußere Ableitung mal innere Ableitung»
Produktregel	$u(x) \cdot v(x)$	$u'(x) \cdot v(x) +$ $u(x) \cdot v'(x)$	«u-Strich mal v plus u mal v-Strich»
e-Funktion	e^x	e^x	Die Ableitung ist gleich der Funktion
Sinusfunktion	$\sin(x)$	$\cos(x)$	
Kosinusfunktion	$\cos(x)$	$-\sin(x)$	
Logarithmusfunktion	$\ln x$	$\frac{1}{x}$	

1.1 Ganzrationale Funktionen ☐

Leiten Sie alle angegebenen Funktionen einmal ab:

a) $f(x) = 4x^5 - 2x^3$ b) $f(x) = 2x^3 - 6x^2$ c) $f(x) = x^4 - 3x^2 + 4$

d) $f(x) = (4x+1)^3$ e) $f(x) = 5 \cdot \left(2x^2+1\right)^4$ f) $f(x) = x^3 \cdot (3x+2)$

g) $f(x) = x^3 \cdot (2x+1)^4$ h) $f_a(x) = ax^3 - 3ax^2$ i) $f_t(x) = t^2x^2 - 4tx + t^2$

1.2 Exponentialfunktionen ☐

Leiten Sie alle angegebenen Funktionen einmal ab:

a) $f(x) = 3x^2 \cdot e^{-4x}$ b) $f(x) = \frac{1}{2}x^3 \cdot e^{2x}$ c) $f(x) = (2x+5) \cdot e^{-x}$

d) $f(x) = (3x^2 - 4) \cdot e^{-2x}$ e) $f(x) = (4x + e^{-x})^2$ f) $f(x) = (e^x + e^{-x})^3$

1.3 Trigonometrische Funktionen □

Leiten Sie alle angegebenen Funktionen einmal ab:

a) $f(x) = \frac{1}{6} \cdot \sin\left(3x^2\right)$ b) $f(x) = \frac{1}{2} \cdot \cos\left(2x^3\right)$ c) $f(x) = 2x \cdot \cos\left(\frac{1}{2}x^2 + 4\right)$

d) $f(x) = x^2 \cdot \sin(4x + 3)$ e) $f(x) = x^2 \cdot \cos\left(\frac{1}{2}x - 1\right)$ f) $f(x) = (x + \cos(x))^3$

1.4 Logarithmusfunktionen

Leiten Sie alle angegebenen Funktionen einmal ab:

a) $f(x) = \ln\left(2 + 3x^2\right)$ b) $f(x) = \ln\left(2x^2 + x\right)$ c) $f(x) = \ln\left(4x^2 - 2x + 1\right)$

d) $f(x) = \ln\left(ax^2 + bx + c\right)$ e) $f(x) = 2x \cdot \ln(4 + x)$ f) $f(x) = x^2 \cdot \ln\left(x^2 + 1\right)$

g) $f(x) = (2x - 3)\ln(3x + 2)$ h) $f(x) = \left(x^2 - 2x\right)\ln\left(x^2 + 1\right)$ i) $f(x) = \ln\left(x^2 + t\right)$

2 Stammfunktionen und Integrale

Tipps ab Seite 71, Lösungen ab Seite 104

Für eine Stammfunktion F einer Funktion f gilt: $F'(x) = f(x)$.
Das Bilden einer Stammfunktion kann man daher als die Umkehrung des Ableitens bezeichnen. Die Stammfunktion ist nur bis auf die Konstante c bestimmt, da diese beim Ableiten wieder wegfällt. Folgende Stammfunktionen werden häufig benötigt:

$f(x)$	$F(x)$	$f(x)$	$F(x)$
$x^n;\ n \neq -1$	$\frac{1}{n+1} \cdot x^{n+1} + c$	$a \cdot x^n;\ n \neq -1$	$\frac{1}{n+1} \cdot a \cdot x^{n+1} + c$
e^x	$e^x + c$	$a \cdot e^{k \cdot x + b}$	$\frac{a}{k} \cdot e^{k \cdot x + b} + c$
$\frac{1}{x}$	$\ln x + c$	$\frac{1}{k \cdot x + b}$	$\frac{1}{k} \ln(k \cdot x + b) + c$
$\sin(x)$	$-\cos(x) + c$	$a \cdot \sin(b \cdot x)$	$-\frac{a}{b} \cdot \cos(b \cdot x) + c$
$\cos(x)$	$\sin(x) + c$	$a \cdot \cos(b \cdot x)$	$\frac{a}{b} \cdot \sin(b \cdot x) + c$

2.1 Stammfunktionen

Geben Sie je eine Stammfunktion für alle folgenden Funktionen an.

2.1.1 Potenzfunktionen mit natürlichen Exponenten

a) $f(x) = 2x^3 - \frac{4}{3}x^2 + 2$
b) $f(x) = 10x^4 + 2x^3 - x$
c) $f(x) = 3x^3 - 4x$
d) $f_a(x) = 4ax^3 - 3ax^2$
e) $f_t(x) = 2tx^2 - t^2x + 1$

2.1.2 Exponentialfunktionen

a) $f(x) = 3e^{2x}$
b) $f(x) = 4e^{-x}$
c) $f(x) = 3 \cdot e^{-3x} + x^3$
d) $f(x) = 6 \cdot e^{3x+2}$
e) $f(x) = 2\left(x^2 - 6e^{3x}\right)$
f) $f(x) = 2 \cdot e^{-2x} + \frac{1}{x^2}$

2.1.3 Trigonometrische Funktionen

a) $f(x) = 3 \cdot \cos(2x + 1)$
b) $f(x) = 4 \cdot \sin(-3x + 2)$
c) $f(x) = \frac{2}{3} \cdot \cos(\pi x)$
d) $f(x) = 4 \cdot \cos(4x + 4)$
e) $f(x) = 3 \cdot \sin(3x - 9)$

2.1.4 Logarithmusfunktionen

a) $f(x) = \frac{6}{x-2}$ b) $f(x) = \frac{3}{2x}$ c) $f(x) = \frac{4}{2x-1}$

2.2 Integrale □

Berechnen Sie folgende Integrale:

a) $\int_0^{\frac{\pi}{2}} (4 \cdot \sin(2x))\,\mathrm{d}x$ b) $\int_{-1}^{0} (1+e^{-x})\,\mathrm{d}x$ c) $\int_1^2 \left(1+\frac{3}{x^2}\right)\mathrm{d}x$

d) $\int_0^1 \left(2x^3+1\right)\mathrm{d}x$ e) $\int_1^3 \left(6x^2+2x\right)\mathrm{d}x$ f) $\int_0^2 \left(2x-2e^{-2x}\right)\mathrm{d}x$

2.3 Integralgleichungen □

a) Bestimmen Sie $u > 0$ so, dass gilt: $\int_0^u \frac{1}{2}x^2\mathrm{d}x = \frac{9}{2}$.

b) Bestimmen Sie $u > 0$ so, dass gilt: $\int_1^u x^4\mathrm{d}x = \frac{31}{5}$.

c) Bestimmen Sie $u > 0$ so, dass gilt: $\int_0^u 2e^x\mathrm{d}x = 1$.

2.4 Flächeninhalt zwischen zwei Kurven □

Um den Flächeninhalt zwischen zwei Kurven zu bestimmen, berechnet man das Integral der Differenz der Funktionen über dem Intervall der beiden Schnittstellen. Dabei gilt «obere Kurve minus untere Kurve»:

$$\mathrm{A} = \int_{x_1}^{x_2} \big(f(x) - g(x)\big)\,\mathrm{d}x$$

Sind die Schnittstellen x_1 und x_2 nicht bekannt, müssen diese zuerst bestimmt werden.

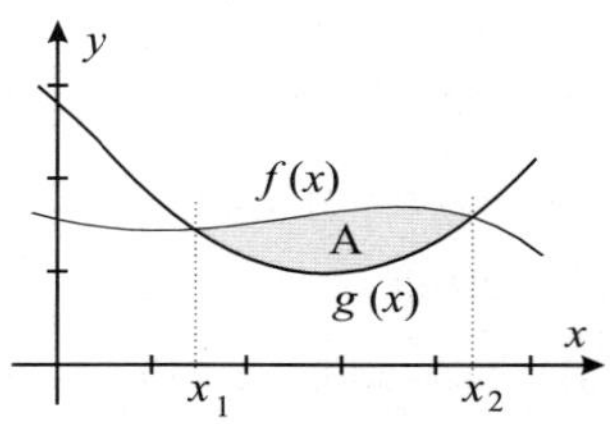

Berechnen Sie jeweils den Flächeninhalt zwischen den zwei Kurven:

a) $f(x) = x+1$, $g(x) = x^2+1$

b) $f(x) = 4-x^2$, $g(x) = x^2-4$

c) $f(x) = 2 \cdot \sin(x)$, $g(x) = -\sin(x),\ x \in [0; \pi]$

Tipp: Machen Sie sich eine Skizze der beiden Graphen.

d) Gegeben sind d… erade g mit der Glei-
chung $y =$ … die Funktion f mit
$f(x) =$ … en Flächeninhalt der
Be… he.

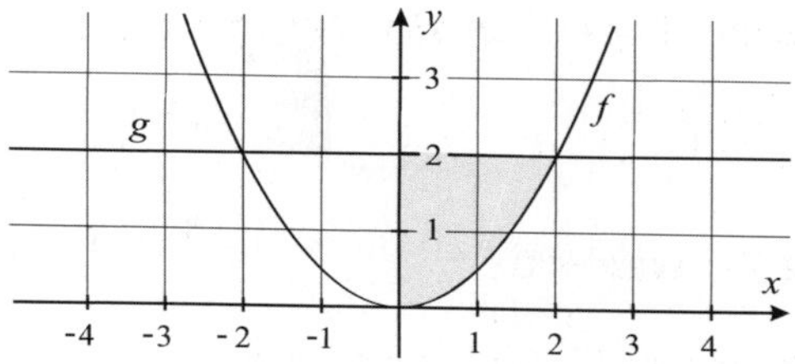

…e Gerade g mit der Glei-
…und die Funktion f mit

…ie den Flächeninhalt der
Fläche.

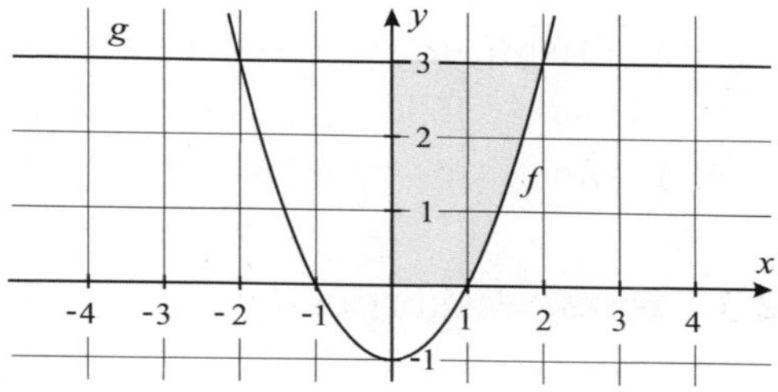

…s Unendliche reichende Flächen

Wenn Sie die Fläche unter einer Kurve berechnen wollen, die sich ins Unendliche erstreckt, können Sie dies nicht direkt durchführen. In diesem Fall berechnen Sie zuerst die Fläche bis zu einer Grenze z. Anschließend untersuchen Sie, ob es einen Grenzwert gibt, wenn z gegen Unendlich läuft. Dieser Grenzwert ist dann genau der Flächeninhalt.

a) Berechnen Sie die ins Unendliche reichende Fläche im 1. Quadranten zwischen der Kurve und den beiden Koordinatenachsen:

I) $f(x) = e^{-x}$ II) $f(x) = e^{-3x+1}$ III) $f(x) = 2e^{-4x-2}$

b) Gegeben sei die Funktion f durch $f(x) = e - e^x$ mit $x \in \mathbb{R}$, ihr Graph sei G.

I) Der Graph schließt mit der x- und der y-Achse eine Fläche ein. Berechnen Sie dessen Inhalt.

II) Bestimmen Sie die waagerechte Asymptote von G.

III) Die y-Achse, die waagerechte Asymptote und G schließen ein ins Unendliche reichendes Flächenstück ein. Berechnen Sie den Inhalt dieses Flächenstücks und prüfen Sie nach, ob dieses Flächenstück so groß ist wie das Flächenstück aus Aufgabe I.

2.6 Angewandte Integrale

Bei diesen Aufgaben kommt es darauf an, aus der Aufgabenstellung die Rechnung zu entwickeln.

a) Die Niederschlagsrate während eines Monsunregens kann modellhaft beschrieben werden durch die Funktion r mit $r(t) = 23 - 0{,}02 \cdot e^t$ (t in Tagen seit dem Einsetzen des Regens und $r(t)$ in Liter pro Quadratmeter und Tag gemessen).

I) Wann hört der Regen auf?

II) Welche Wassermenge geht insgesamt auf jeden Quadratmete
Gebiets nieder?

III) Geben Sie die mittlere Regenmenge pro Quadratmeter an, die w troffenen
gefallen ist.

b) Der Zu- und Abfluss eines Wasserbeckens kann durch die Funktion f mit $f($
(t in Stunden $f(t)$ in Liter pro Stunde) beschrieben werden. Am Anfang ist das
10 Litern gefüllt.
Wieviel Wasser enthält das Becken nach 9 Stunden?

2.7 Rotationskörper

Lässt man eine Kurve um die x-Achse rotieren, entsteht ein sog. «Rotationskörper». Die Forme
zur Berechnung eines solchen Rotationskörpers ist

$$V = \pi \cdot \int_{x_1}^{x_2} \left(f(x)\right)^2 \mathrm{d}x$$

a) Der Graph der Funktion f mit $f(x) = \frac{1}{4}e^{2x}$ über dem Intervall $[0;1]$ rotiert um die x-Achse. Berechnen Sie das Volumen des Rotationskörpers.

b) Der Graph der Funktion f mit $f(x) = \frac{2}{x}$ über dem Intervall $[1;2]$ rotiert um die x-Achse. Berechnen Sie das Volumen des Rotationskörpers.

c) Die Fläche zwischen dem Graph der Funktion f mit $f(x) = e^x$ und der Geraden $y = e$ sowie der y-Achse rotiert um die x-Achse. Berechnen Sie das Volumen des Rotationskörpers.

3 Gleichungen

Tipps ab Seite 74, Lösungen ab Seite 112

3.1 Potenzgleichungen

Bei Gleichungen, in denen x als Quadrat oder höhere Potenz vorliegt, sollten Sie zuerst versuchen, x auszuklammern. Geht das nicht, z.B. weil ein absolutes Glied vorliegt, so hilft entweder die *pq-Formel* oder die *abc-Formel* (Mitternachtsformel) weiter. Sie sollten eine dieser beiden Formeln auswendig können.
Oft hilft der Satz vom *Nullprodukt*: «Ein Produkt ist genau dann gleich Null, wenn (mindestens) einer der Faktoren gleich Null ist.» Hierzu setzt man die einzelnen Faktoren gleich Null.

Beispiel:

Gesucht sind die Lösungen der Gleichung $x^3 - 5x^2 + 4x = 0$
Zuerst wird ausgeklammert:

$$x\left(x^2 - 5x + 4\right) = 0$$

Also ist entweder $x_1 = 0$ oder $x^2 - 5x + 4 = 0$. Die Gleichung lässt sich mit der pq- bzw. der abc-Formel lösen. Man erhält $x_2 = 1$ und $x_3 = 4$. Die Lösungen der Ausgangsgleichung sind damit $x_1 = 0$, $x_2 = 1$ und $x_3 = 4$.

Aufgaben:
Lösen Sie folgende Gleichungen:

a) $x^2 + 3x - 4 = 0$ b) $x^2 + \frac{2}{5}x - \frac{3}{5} = 0$ c) $(x-1) \cdot (x-4)^2 = 0$

d) $x^2 \cdot (3x - 6) = 0$ e) $x^3 - 4x = 0$ f) $2x^4 - 3x^3 = 0$

g) $x^4 - 3x^3 + 2x^2 = 0$ h) $x^3 - 5x^2 + 6x = 0$ i) $x^4 - 4x^2 + 3 = 0$

j) $2x^4 - 5x^2 + 2 = 0$ k) $2x^3 - 5 = 15$ l) $3x^4 + 8 = 29$

3.2 Potenzgleichungen mit Parameter

Beim Lösen von Gleichungen mit Parameter geht man genauso vor wie beim Lösen von Potenzgleichungen. Dabei ist zu beachten, dass Lösungen nur existieren, wenn nicht durch Null geteilt wird und unter der Wurzel keine negative Zahl steht. Die Anzahl der Lösungen hängt also vom Parameter ab.

Beispiel:

Bestimmen Sie die Anzahl der Lösungen der Gleichung $\frac{1}{2}x^2 - 6x + 2a = 0$ in Abhängigkeit des Parameters a.

Zuerst wird die gegebene Gleichung mit Hilfe der abc-Formel gelöst:

$$x_{1,2} = \frac{-(-6) \pm \sqrt{(-6)^2 - 4 \cdot \frac{1}{2} \cdot 2a}}{2 \cdot \frac{1}{2}} = \frac{6 \pm \sqrt{36 - 4a}}{1}$$

Die Anzahl der Lösungen erhält man durch folgende Überlegungen:
Ist der Term unter der Wurzel negativ, gibt es keine Lösung, ist er Null, gibt es eine Lösung, ist er positiv, gibt es zwei Lösungen. Dies führt zu folgenden Fallunterscheidungen:
Keine Lösung für $36 - 4a < 0$ bzw. $9 < a$.
Eine Lösung für $36 - 4a = 0$ bzw. $a = 9$.
Zwei Lösungen für $36 - 4a > 0$ bzw. $9 > a$.

Aufgaben:

Bestimmen Sie die Anzahl der Lösungen in Abhängigkeit vom Parameter:

a) $x^2 + 4x + 2t = 0$ b) $3x^2 - 4x = 2a$ c) $x^2 - 3tx + \frac{9}{4} = 0$

d) $9x^2 - 3ux + 1 = 0$ e) $ax - 2x = 5$ f) $tx = 3x + 4$

3.3 Exponential- und Logarithmusgleichungen □

Beim Lösen von Exponentialgleichung gelten die gleichen Regeln, die oben schon erwähnt wurden. Zusätzlich ist zu beachten:

- Der Satz vom Nullprodukt hilft oft weiter, beachten Sie, dass $e^x \neq 0$ ist.
- Es gilt $e^{2x} = (e^x)^2$, sowie $e^0 = 1$ und $\ln 1 = 0$.
- Um e^x nach x aufzulösen, wird die Gleichung auf beiden Seiten «logarithmiert», da $\ln e^x = x$ ist.
  Beispiel:
  $$e^{2x} = 3 \mid \ln$$
  $$2x = \ln 3$$
  $$x = \frac{\ln 3}{2}$$

  Um $\ln x$ nach x aufzulösen, wird die Gleichung auf beiden Seiten «exponiert», da $e^{\ln x} = x$ ist.
  Beispiel:
  $$\ln(x-2) = 0 \mid e^{\cdots}$$
  $$(x-2) = e^0$$
  $$x - 2 = 1$$
  $$x = 3$$

Lösen Sie die angegebenen Gleichungen:

a) $\left(x^2 - 4\right) \cdot e^{0,5x} = 0$ b) $e^{3x} - 3e^x = 0$ c) $e^{5x} = 4e^{2x}$

d) $(2x+4) \cdot \left(e^{2x} - 4\right) = 0$ e) $\left(2x^2 - 2\right) \cdot (e^{-x} - 2) = 0$ f) $e^{2x} - 6e^x + 5 = 0$

g) $e^{4x} - 5e^{2x} + 6 = 0$ h) $2 \cdot (1 - \ln x) = 1$ i) $\ln(3 - x) = 0$

j) $\ln(2x - 3) = 0$

3.4 Trigonometrische Gleichungen □

Bei trigonometrischen Gleichungen ist das angegebene Intervall zu beachten.
In jedem Fall ist es hilfreich, sich eine Skizze der zugehörigen Sinusfunktion (bzw. Kosinusfunktion) zu machen. Steht im Argument des Sinus bzw. Kosinus mehr als nur x, geht man wie folgt vor:
Zuerst wird substituiert, dann die entsprechende Gleichung gelöst und zum Schluss wieder resubstituiert. Diese Lösungen der Gleichung müssen im angegebenen Intervall liegen. Ansonsten verwendet man den Satz vom Nullprodukt oder führt eine andere geeignete Substitution durch.

Beispiel:

Gesucht ist die Lösungsmenge der Gleichung $\sin(2x) = 1;\ x \in [0; 2\pi]$.

Die Substitution $2x = z$ führt zu $\sin(z) = 1$. Um diese Gleichung zu lösen, ist eine Skizze hilfreich:

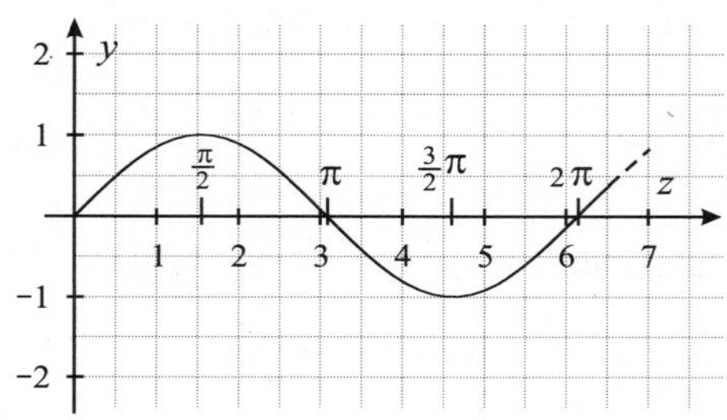

Da $\sin(z)$ die Periode 2π besitzt, sind $z_1 = \frac{\pi}{2}$, $z_2 = \frac{5}{2}\pi$, $z_3 = \frac{9}{2}\pi, \ldots$ mögliche Lösungen.
Die Resubstitution $z_1 = \frac{\pi}{2} = 2x_1$ ergibt $x_1 = \frac{\pi}{4}$, $z_2 = \frac{5}{2}\pi = 2x_2$ ergibt $x_2 = \frac{5}{4}\pi$, $z_3 = \frac{9}{2}\pi = 2x_3$ ergibt $x_3 = \frac{9}{4}\pi = 2{,}25\pi$, wobei die letzte Lösung nicht mehr im angegebenen Intervall $[0; 2\pi]$ liegt.
Als Lösungsmenge erhält man also $\mathrm{L} = \left\{ \frac{1}{4}\pi; \frac{5}{4}\pi \right\}$.

Bestimmen Sie für das angegebene Intervall jeweils die Lösungsmenge der Gleichung:

a) $\sin(3x) = 1;\ x \in [0; 2\pi]$

b) $\cos\left(x - \frac{\pi}{2}\right) = -1;\ x \in [-\pi; 2\pi]$

c) $\cos(x) \cdot (\sin(x) - 1) = 0;\ x \in [0; \pi]$

d) $\sin(x) \cdot (\sin(x) + 1) = 0;\ x \in [0; 2\pi]$

e) $\cos(x) \cdot (\cos(x) + 1) = 0;\ x \in [0; \pi]$

f) $\left(x^2 - 4\right) \cdot \sin\left(x - \frac{\pi}{2}\right) = 0;\ x \in [0; 2\pi]$

4 Funktionen und Graphen

4.1 Von der Gleichung zur Kurve

Tipps ab Seite 75, Lösungen ab Seite 116

In diesem Kapitel geht es um die Grundfunktionen und ihre Verschiebung, Streckung und Spiegelung. Dazu sollten Sie die Graphen der wichtigsten Grundfunktionen kennen:

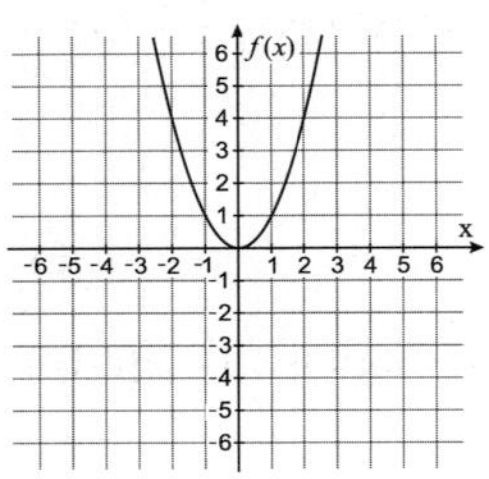

$f(x) = x^2$

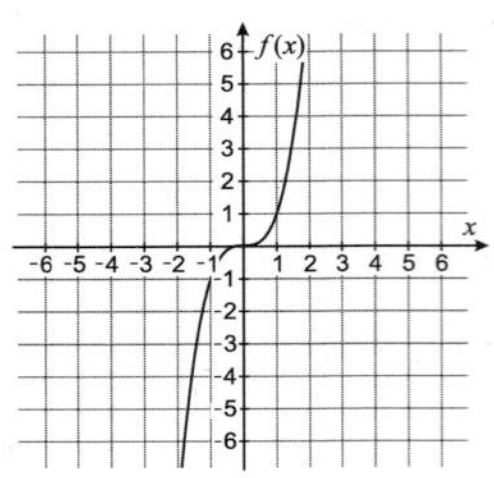

$f(x) = x^3$

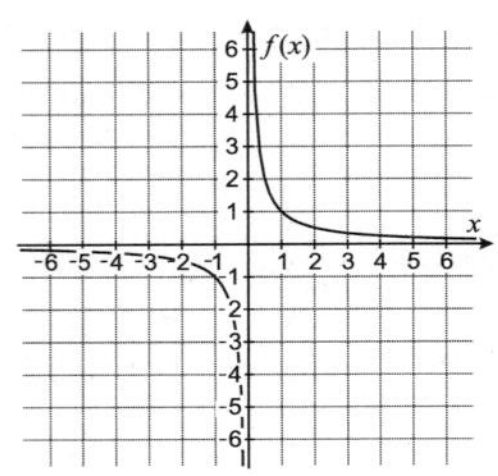

$f(x) = \frac{1}{x}$

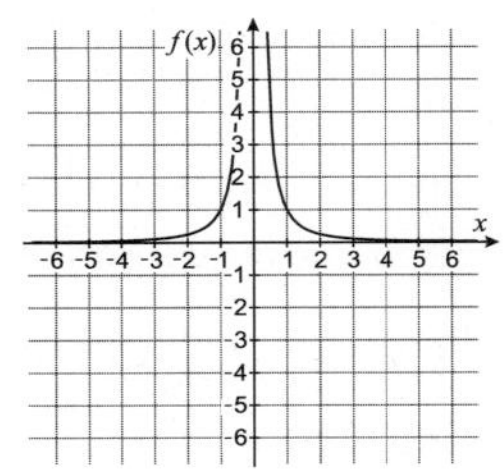

$f(x) = \frac{1}{x^2}$

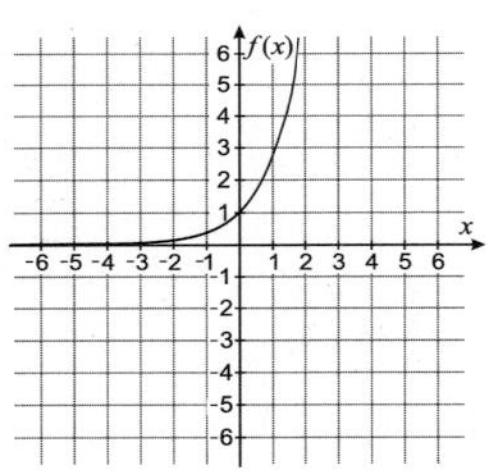

$f(x) = e^x$

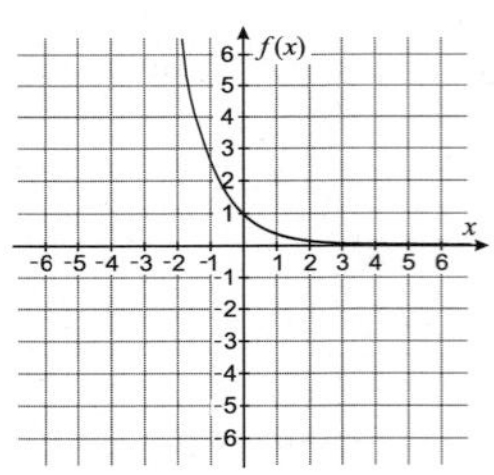

$f(x) = e^{-x}$

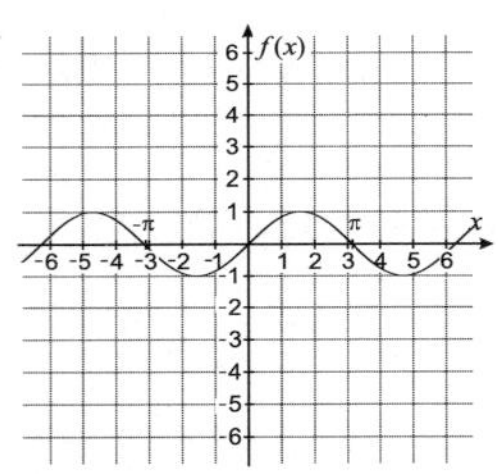

$f(x) = \sin(x)$

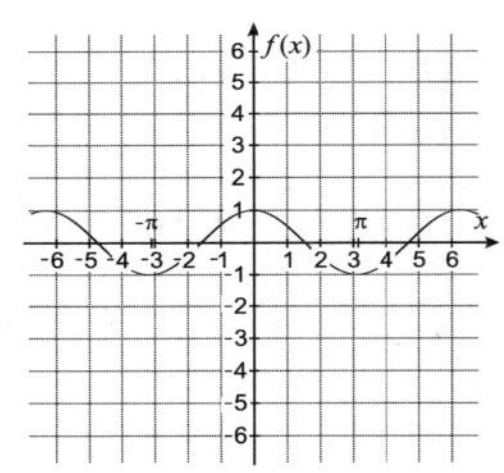

$f(x) = \cos(x)$

Diese Grundfunktionen lassen sich verschieben und strecken:

Beispiel:

Die Parabel $f(x) = x^2$

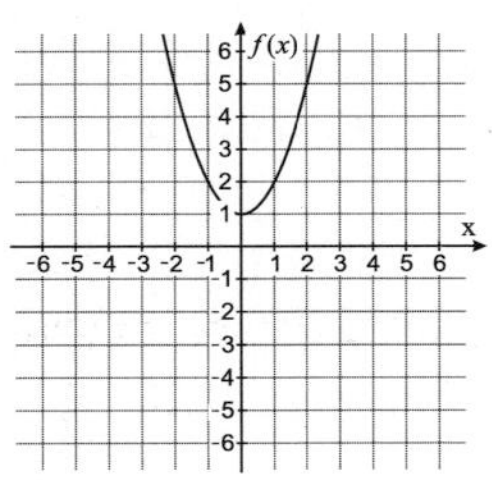

$f(x) = x^2 + 1$

Verschiebung um 1 LE in y-Richtung: das absolute Glied ist 1.

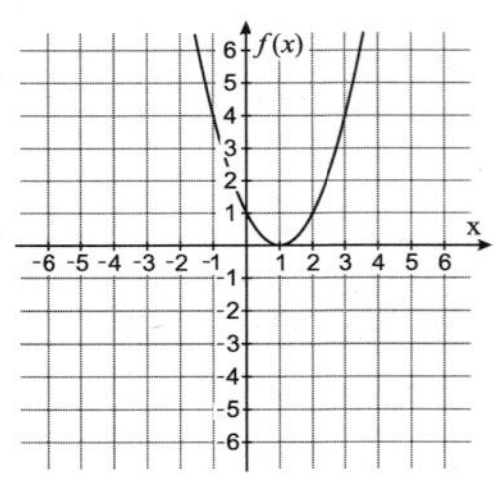

$f(x) = (x-1)^2$

Verschiebung um 1 LE in x-Richtung: x wird ersetzt durch $(x-1)$.

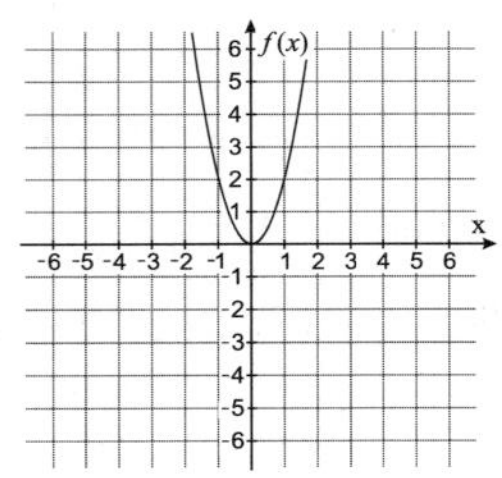

$f(x) = 2 \cdot x^2$

Streckung in y-Richtung um den Faktor 2. Die Funktionsgleichung wird mit 2 multipliziert.

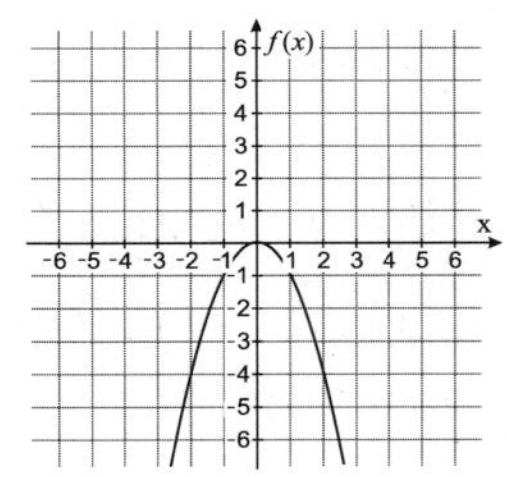

$f(x) = -x^2$

Spiegelung an der x-Achse: Die Funktionsgleichung wird mit -1 multipliziert.

Weitere Variationen:

- Spiegelung an der y-Achse: Hierzu wird x ersetzt durch $(-x)$
- Stauchen in x-Richtung: Hierzu wird x ersetzt durch $a \cdot x$. Der Graph wird bei einem Faktor, der größer als 1 ist, gestaucht, d.h. in x-Richtung «kürzer» und bei einem Faktor, der kleiner als 1 ist, gestreckt, d.h. in x-Richtung «länger».

Tipp: Skizzieren Sie zuerst dern Graph der zugehörigen Grundfunktion und anschließend schrittweise eine eventuelle Spiegelung, Streckung/Stauchung sowie die Verschiebungen in x-bzw. y-Richtung.

4.1.1 Ganzrationale Funktionen ☐

Skizzieren Sie die Graphen folgender Funktionen und bestimmen Sie die Schnittpunkte mit den Koordinatenachsen.

a) $f(x) = \frac{1}{2}x + 1$ b) $f(x) = -\frac{3}{4}x$ c) $f(x) = (x-1)^2 - 4$

d) $f(x) = -x^2 + 4$ e) $f(x) = -\frac{1}{2}x^2 + 4,5$ f) $f(x) = (x-1)^3 + 1$

4.1.2 Trigonometrische Funktionen ☐

Skizzieren Sie die Graphen folgender Funktionen und geben Sie jeweils die Periode an.

a) $f(x) = 2\sin(x)$ b) $f(x) = \frac{1}{2}\cos(x)$ c) $f(x) = \sin(2x)$

d) $f(x) = -\sin(2x) + 1$ e) $f(x) = \sin\left(\frac{1}{2}\pi(x+1)\right)$ f) $f(x) = \frac{1}{2}\sin(\frac{\pi}{4}x) + \frac{3}{2}$

4.1.3 Exponentialfunktionen ☐

Skizzieren Sie den Graph folgender Funktionen und bestimmen Sie jeweils die Asymptote.

a) $f(x) = e^{x-1} + 1$ b) $f(x) = -e^{x-1} + 1$ c) $f(x) = e^{-(x-1)} + 2$

4.1.4 Logarithmusfunktionen

Skizzieren Sie die Graphen folgender Funktionen, geben Sie jeweils den Definitionsbereich und die Asymptoten an.

a) $f(x) = \ln x + 2$ b) $f(x) = \ln(x+2)$ c) $f(x) = -\ln x - 1$

d) $f(x) = -\ln(x-1) + 1$

4.2 Aufstellen von Funktionen mit Randbedingungen

Tipps ab Seite 76, Lösungen ab Seite 120

In diesem Abschnitt geht es darum, eine Funktion so aufzustellen, dass sie bestimmte vorgegebene Bedingungen erfüllt («Steckbriefaufgabe»). Dazu wird die gesuchte Funktion zuerst in ihrer allgemeinen Form aufgeschrieben. Aus dieser können Sie die Anzahl der benötigten Parameter ablesen. Für jeden dieser Parameter brauchen Sie eine «Information» aus der Aufgabenstellung. Aus jeder «Information» ergibt sich eine Gleichung. Damit erhalten Sie eine Gleichungssystem, welches Sie mit dem Gaußschen Eliminationsverfahren lösen können.

Beispiel

Gesucht ist die Gleichung einer Parabel mit Tiefpunkt $(1 \mid -4)$, die durch $(0 \mid -3)$ geht.

Die allgemeine Parabelgleichung lautet: $f(x) = ax^2 + bx + c$, die Ableitung ist $f'(x) = 2ax + b$. Es sind also drei Parameter zu bestimmen. Folgende Bedingungen müssen gelten:
$f(1) = a \cdot 1^2 + b \cdot 1 + c = -4$,
$f'(1) = 2a \cdot 1 + b = 0$ (weil es sich um einen Tiefpunkt mit Steigung Null handelt) und
$f(0) = a \cdot 0^2 + b \cdot 0 + c = -3$. Daraus ergibt sich folgendes Gleichungssystem:

$$\begin{array}{lrcrcrcr} \text{I} & a & + & b & + & c & = & -4 \\ \text{II} & 2a & + & b & & & = & 0 \\ \text{III} & & & & & c & = & -3 \end{array}$$

Aus Gleichung III liest man $c = -3$ ab. Damit erhält man:

$$\begin{array}{lrcrcrcr} \text{Ia} & a & + & b & & & = & -1 \\ \text{II} & 2a & + & b & & & = & 0 \\ \text{III} & & & & & c & = & -3 \end{array}$$

Subtrahiert man Gleichung Ia von Gleichung II, erhält man $a = 1$ und durch Einsetzen $b = -2$. Damit lautet die Gleichung der gesuchten Parabel $f(x) = x^2 - 2x - 3$.

Für andere Funktionenklassen (e-Funktionen, etc.) ist die Vorgehensweise analog: Immer müssen Sie zuerst die allgemeine Funktionsgleichung aufstellen, anschließend bestimmen Sie die Parameter. Zur konkreten Vorgehensweise können Sie im Tippteil nachsehen.

4.2.1 Ganzrationale Funktionen □

a) Eine Parabel geht durch $P_1(0 \mid 4)$, $P_2(1 \mid 0)$ und $P_3(2 \mid 18)$. Bestimmen Sie die Gleichung dieser Parabel.

b) Eine Parabel hat den Hochpunkt $M(1 \mid 3)$ und geht durch $Q(0 \mid 2)$. Bestimmen Sie die Gleichung der Parabel.

c) Eine zur y-Achse symmetrische Parabel hat in $P(1 \mid 6)$ die Steigung 2. Bestimmen Sie die Gleichung der Parabel.

d) Eine zur y-Achse symmetrische Parabel schneidet die x-Achse an der Stelle $x = \sqrt{3}$ und geht durch $T(0 \mid -3)$. Bestimmen Sie die Gleichung der dazugehörigen Funktion.

e) Der Graph einer ganzrationalen Funktion 3. Grades hat den Wendepunkt $W(0 \mid 0)$ und den Hochpunkt $H(2 \mid 2)$. Bestimmen Sie die Gleichung der Funktion.

f) Der Graph einer ganzrationalen Funktion 3. Grades hat im Punkt $P(0 \mid 1)$ die Steigung $m_P = -1$ und den Wendepunkt $W(-1 \mid 4)$. Bestimmen Sie die Gleichung der dazugehörigen Funktion.

g) Bestimmen Sie a und b so, dass der Graph der Funktion f mit $f(x) = ax^4 + bx^2$ den Wendepunkt $W(1 \mid -2{,}5)$ hat.

4.2.2 Exponentialfunktionen □

Bestimmen Sie jeweils die zugehörige Funktionsgleichung:

a) Der Graph der Funktion $f(x) = a \cdot e^{kx}$ geht durch die Punkte $P(0 \mid 2)$ und $Q\left(4 \mid 2e^{12}\right)$.

b) Der Graph der Funktion $f(x) = a \cdot e^{kx}$ geht durch die Punkte $A(0 \mid 3)$ und $B\left(2 \mid 3e^{8}\right)$.

c) Bei der Funktion $f(x) = a \cdot e^{kx}$ gilt: $f'(0) = 6$ und $f(0) = 3$.

d) Bei der Funktion $f(x) = a \cdot e^{kx}$ gilt: $f'(0) = 4$ und $f(0) = 2$.

e) Der Graph der Funktion $g(x) = e^{x}$ wird an der x-Achse gespiegelt und um 2 LE nach rechts und 3 LE nach unten verschoben.

4.2.3 Trigonometrische Funktionen

□

Tipp: Eine verallgemeinerte Sinusfunktion hat die Gleichung:
$f(x) = a \cdot \sin(b \cdot (x - c)) + d$.
Eine verallgemeinerte Kosinusfunktion hat die Gleichung:
$f(x) = a \cdot \cos(b \cdot (x - c)) + d$.

a) Der Graph der Sinusfunktion g mit $g(x) = \sin(x)$ ist um 3 LE nach oben verschoben und hat die Periode $p = \pi$. Bestimmen Sie die Funktionsgleichung der modifizierten Funktion.

b) Der Graph der Sinusfunktion g mit $g(x) = \sin(x)$ ist um den Faktor 2,5 in y-Richtung gestreckt, hat die Periode $p = \frac{\pi}{2}$ und ist um 3 LE nach rechts sowie 1,5 LE nach unten verschoben. Bestimmen Sie die Funktionsgleichung der modifizierten Funktion.

c) Der Graph der Kosinusfunktion g mit $g(x) = \cos(x)$ ist um 2 LE nach links und um 4 LE nach oben verschoben, um den Faktor 0,8 in y-Richtung gestaucht und der Abstand zwischen zwei Hochpunkten beträgt 3π LE. Bestimmen Sie die Funktionsgleichung der modifizierten Funktion.

d) Der Graph der Kosinusfunktion g mit $g(x) = \cos(x)$ ist um 1 LE nach rechts und um 2 LE nach unten verschoben, um den Faktor 1,7 in y-Richtung gestreckt und der Abstand zwischen zwei Wendepunkten beträgt $\frac{\pi}{2}$ LE. Bestimmen Sie die Funktionsgleichung der modifizierten Funktion.

4.3 Von der Kurve zur Gleichung □

Tipps ab Seite 77, Lösungen ab Seite 124

Wenn der Graph einer Funktion gegeben ist und die Funktionsgleichung gesucht ist, gibt es drei Möglichkeiten, diese aufzustellen:

1. Man kann besondere Punkte und ihre Steigungen sowie Asymptoten am gegebenen Graph ablesen und mit Hilfe eines allgemeinen Ansatzes die Funktionsgleichung, analog wie im Kapitel «Aufstellen von Funktionen» beschrieben, bestimmen.
2. Sind alle Nullstellen bekannt, kann man bei ganzrationalen Funktionen den sogenannten «Linearfaktoren»-Ansatz wählen. Sind x_1, x_2, ...x_n Nullstellen, so gilt: $f(x) = a \cdot (x - x_1) \cdot (x - x_2) \cdot \ldots \cdot (x - x_n)$; den Faktor a erhält man, indem man die Koordinaten eines gegebenen Punktes in die Funktionsgleichung einsetzt.
3. Man erkennt, dass es sich um den Graph einer verschobenen, gestreckten oder gespiegelten Grundfunktion handelt.

4.3.1 Ganzrationale Funktionen □

Nachfolgend sind die Graphen einiger Funktionen angegeben. Bestimmen Sie einen möglichen Funktionsterm.

a)

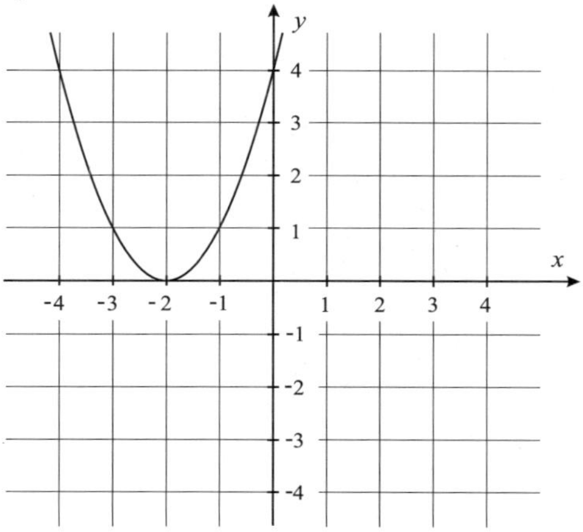

b)

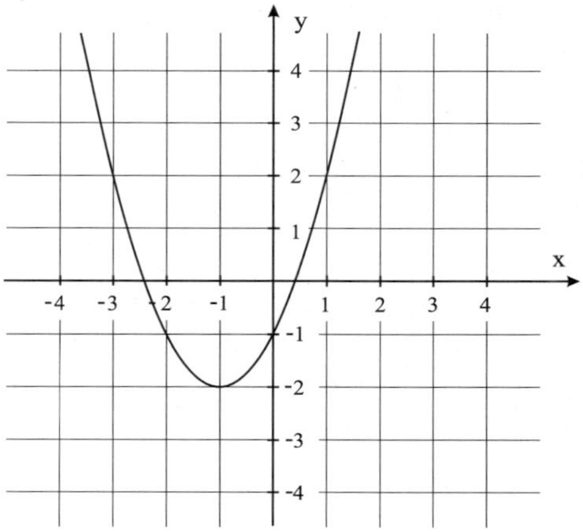

c)

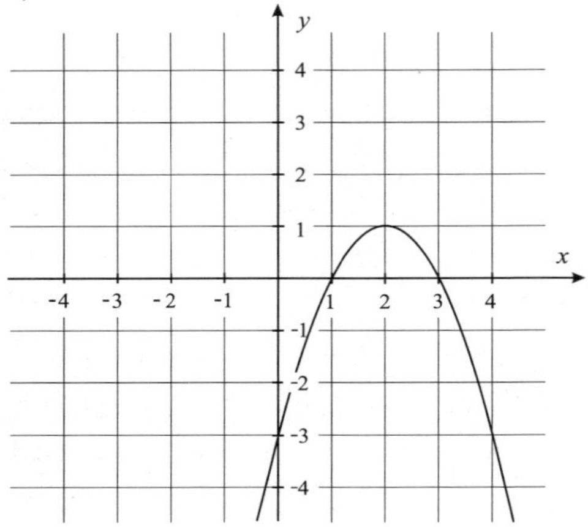

d)

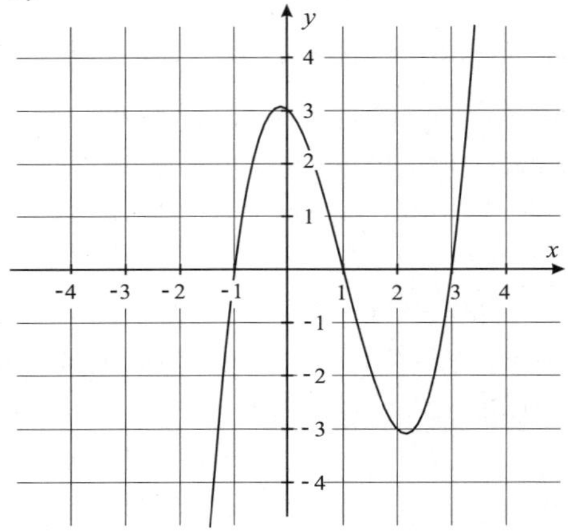

4.3.2 Trigonometrische Funktionen

Bestimmen Sie einen möglichen Funktionsterm.

a)

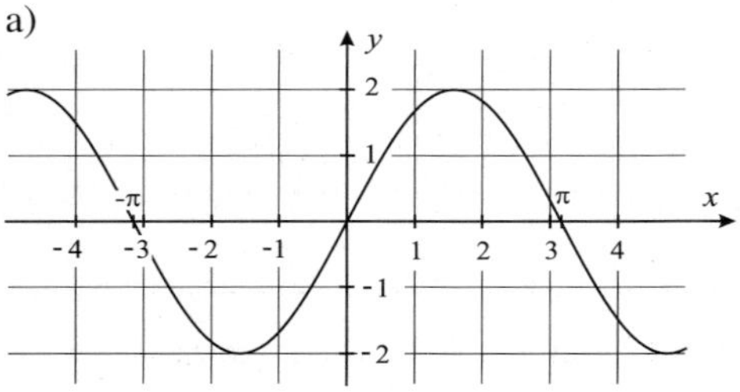

b)

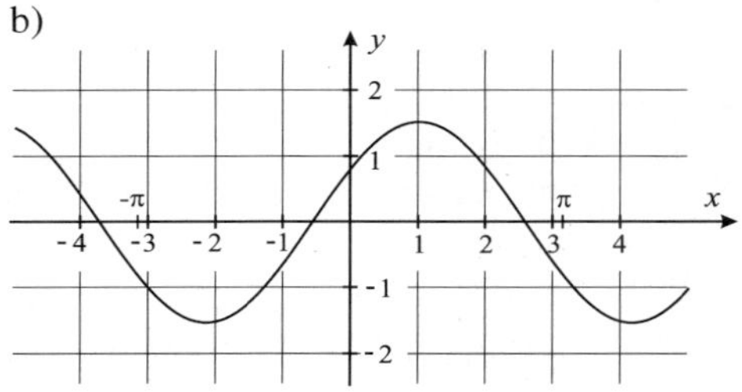

c)

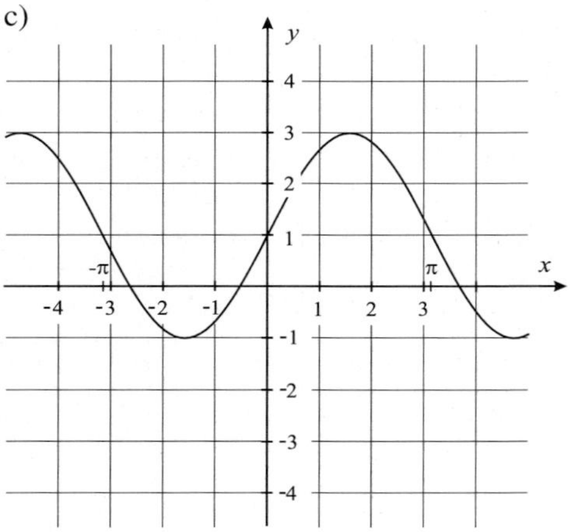

d)

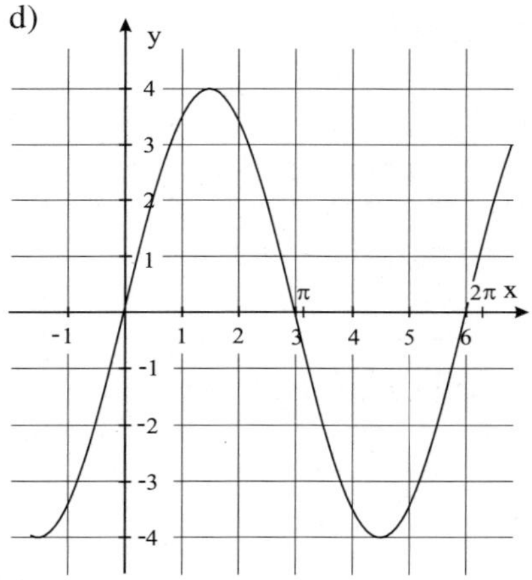

4.4 Graphen von f, f' und F □

Tipps ab Seite 78, Lösungen ab Seite 127

In diesem Kapitel geht es darum, Zusammenhänge zwischen den Graphen von f, f' und F zu erkennen und Aussagen zu beurteilen. Außerdem sollen die Graphen der Ableitungsfunktion oder der Integralfunktion skizziert werden, ohne dass der Funktionsterm bekannt sein muss.

4.4.1 Von f zu f' □

Man kann der Graph einer Ableitungsfunktion zeichnen, ohne den Funktionsterm zu kennen. Dabei gilt, dass die Steigungswerte der Tangente an f in jedem Punkt genau die Werte der Ableitung sind. Verläuft der Graph flach, sind die Werte der Ableitung nahe Null, verläuft es steil, besitzt die Ableitung große Funktionswerte.

Für die charakteristischen Punkte und Eigenschaften der Kurve gilt:

Funktion	**Ableitung**
Hochpunkt	Nullstelle mit VZW von + nach −
Tiefpunkt	Nullstelle mit VZW von − nach +
Wendepunkt	Extrempunkt
Sattelpunkt (Wendepunkt mit Steigung Null)	Nullstelle ohne VZW bzw. Extrempunkt, der die x-Achse berührt
monoton steigend	verläuft oberhalb oder auf der x-Achse
streng monoton steigend	verläuft stets oberhalb der x-Achse
monoton fallend	verläuft unterhalb oder auf der x-Achse
streng monoton fallend	verläuft stets unterhalb der x-Achse

Um den Graph der Ableitungsfunktion zu skizzieren, ist es nötig, den wesentlichen Verlauf der Steigung des Graphen der Funktion zu erfassen. Dazu betrachten Sie z.B.

- Die Lage der Extrem- und Wendepunkte
- Das Monotonieverhalten
- Die «Steigungsentwicklung» für $x \to -\infty$ und $x \to +\infty$

Beispiel
Gesucht ist der Graph der Ableitungsfunktion der linken Kurve.
An der linken Zeichnung liest man ab:

- Hochpunkt bei $x = 1$, also Nullstelle der Ableitung mit VZW von + nach $-$ bei $x = 1$
- Wendepunkt bei $x \approx 2$ mit Drehsinnänderung von rechts nach links, also Tiefpunkt der Ableitung bei $x \approx 2$
- Für $x \to -\infty$ gehen die Funktionswerte gegen $-\infty$. Also werden die Steigungswerte immer größer, die Werte der Ableitung müssen also auch immer größer werden.
- Für $x \to +\infty$ gehen die Funktionswerte gegen Null. Also werden die Steigungswerte immer kleiner, die Werte der Ableitung müssen also auch immer kleiner werden.

In der rechten Zeichnung ist der ungefähre Verlauf der Ableitungsfunktion gezeichnet.

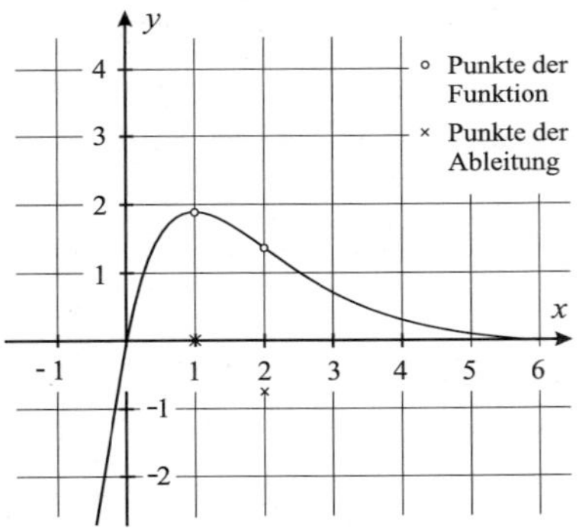

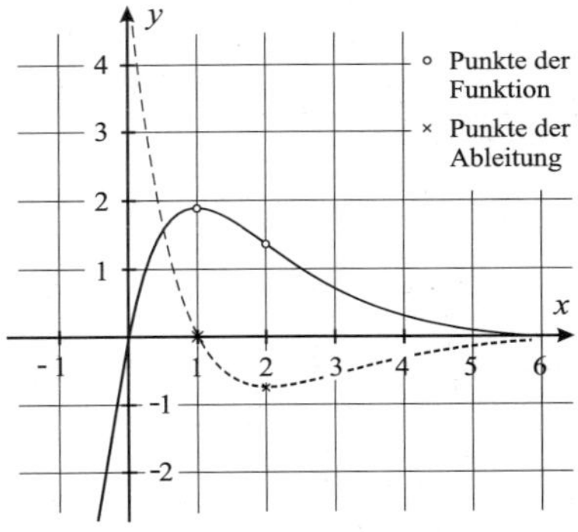

Bei den folgenden Aufgaben ist der Graph einer Funktion f gegeben. Zeichnen Sie die Graphen der ersten Ableitung und entscheiden Sie, ob die folgenden Aussagen richtig, falsch oder unentscheidbar sind. Begründen Sie dabei Ihre Entscheidung.

a)

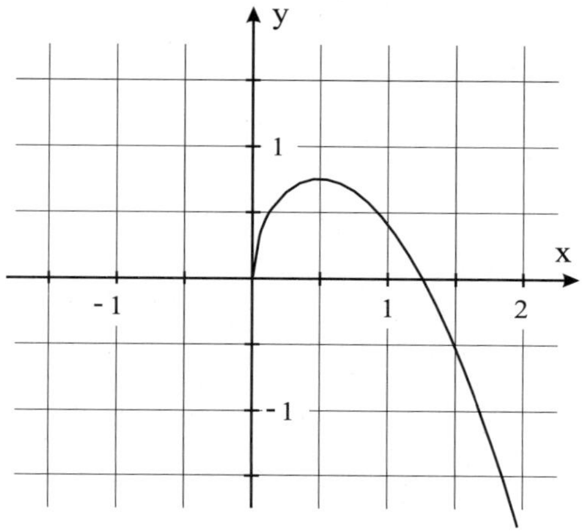

I) f' hat bei $x = 1$ ein relatives Maximum.

II) f' ist für $x > 0$ monoton fallend.

III) $f'(x) < 0$ für $x > 1$.

b)

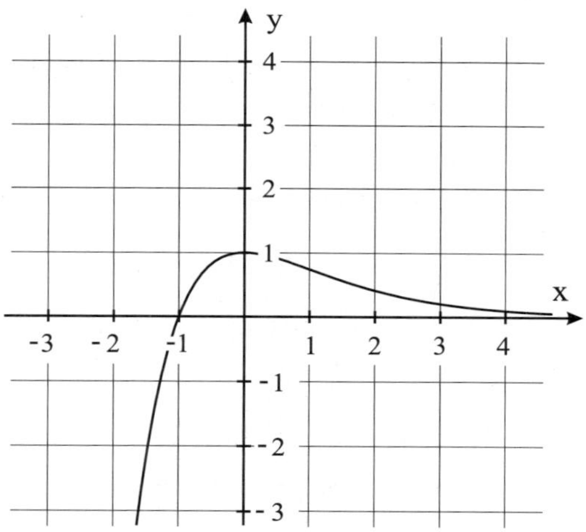

I) An der Stelle $x = 1$ besitzt der Graph von f' einen Extrempunkt.

II) Der Graph von f' hat einen Wendepunkt.

III) f' ist für $x > 1$ negativ

c)

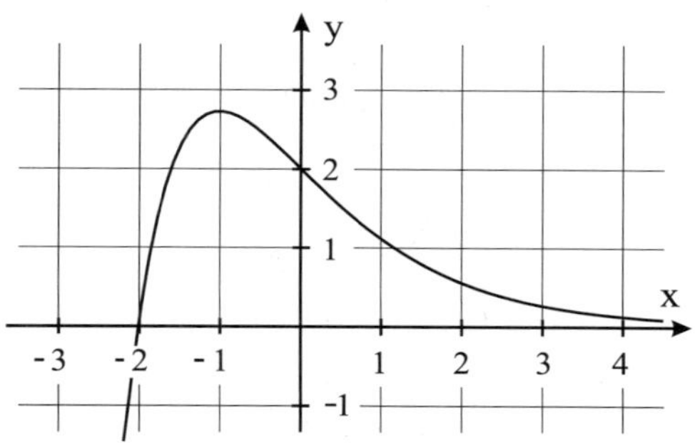

I) $f'(x) < 0$

II) $f''(0) = 0$

III) $f'(0) = f(-1)$

4.4.2 Von f' zu f ☐

Die Vorgehensweise ist ähnlich wie bei der Bestimmung des Graphen der Ableitungsfunktion, nur gehen Sie umgekehrt vor: Hat der angegebene Graph der Ableitungsfunktion $f'(x)$ z.B. für $x = 1$ den Wert 0 mit Vorzeichenwechsel von + nach −, dann hat der Graph der Funktion f an dieser Stelle einen Hochpunkt usw.

Bei den folgenden Aufgaben ist der Graph der Ableitungsfunktion f' einer Funktion f gegeben. Entscheiden Sie, ob die folgenden Aussagen über f richtig, falsch oder unentscheidbar sind. Begründen Sie dabei Ihre Entscheidung.

a)

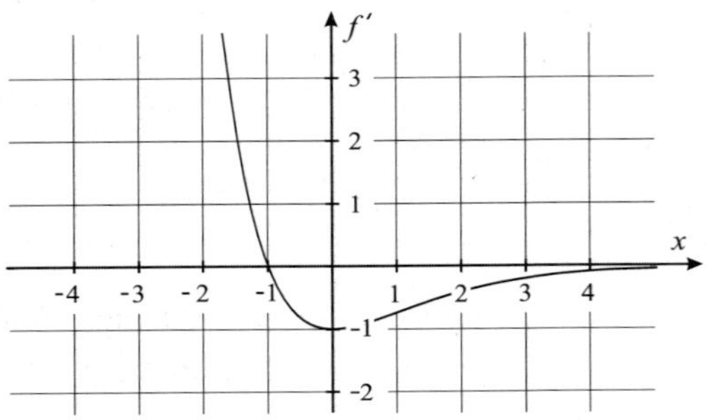

I) Bei $x = 0$ besitzt der Graph von f einen Extrempunkt.

II) Bei $x = -1$ besitzt der Graph von f eine waagerechte Tangente.

III) Der Graph der Funktion f besitzt keine Wendepunkte.

IV) $f(2) > f(0)$.

b)

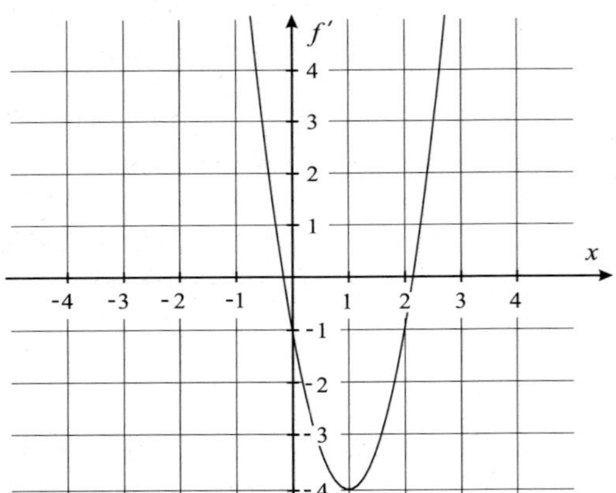

I) An der Stelle $x = 1$ besitzt der Graph von f einen Extrempunkt.

II) An der Stelle $x \approx -0{,}2$ hat der Graph von f einen Hochpunkt.

III) Der Grad von f ist mindestens gleich 2.

IV) Bei $x \approx 2{,}4$ besitzt der Graph der Funktion f eine Tangente, die parallel zur Geraden $y = 2x$ ist.

c)

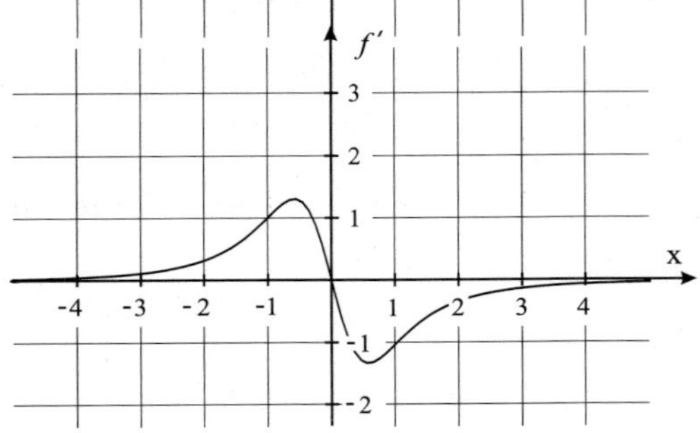

I) Der Graph von f ist achsensymmetrisch.

II) Der Graph von f ist für $x > 0$ streng monoton fallend.

III) Der Graph von f besitzt bei $x = 0$ einen Tiefpunkt.

IV) Der Graph von f besitzt 2 Extrempunkte.

4.4.3 Von f zu F

☐

Zu einer Funktion gibt es unendlich viele Stammfunktionen, die sich durch eine Konstante (das «absolute Glied») unterscheiden. Die Graphen dieser Stammfunktionen unterscheiden sich somit durch Verschiebung in y-Richtung. Erst wenn das absolute Glied gegeben ist, ist der Graph der Stammfunktion in Bezug auf diese Verschiebung festgelegt.

Die Stammfunktion

Gegeben ist der Graph einer Funktion f.

1. Skizzieren Sie den Graph der Ableitungsfunktion f' und den Graph einer Stammfunktion F.
2. Es sind einige Aussagen zur Funktion f bzw. zur Ableitungsfunktion f' und zur Stammfunktion F gegeben. Begründen oder widerlegen Sie diese.

a)

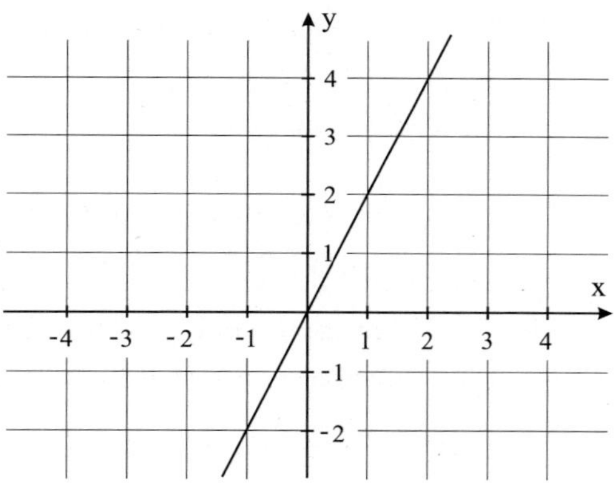

I) Der Graph der Ableitungsfunktion ist parallel zur Geraden $y = 1$.

II) Die Stammfunktion $F(x)$ hat an der Stelle $x = 1$ die Steigung 2.

III) Die Ableitungsfunktion f' ist streng monoton wachsend.

IV) Der Graph der Ableitungsfunktion ist y-achsensymmetrisch.

b)

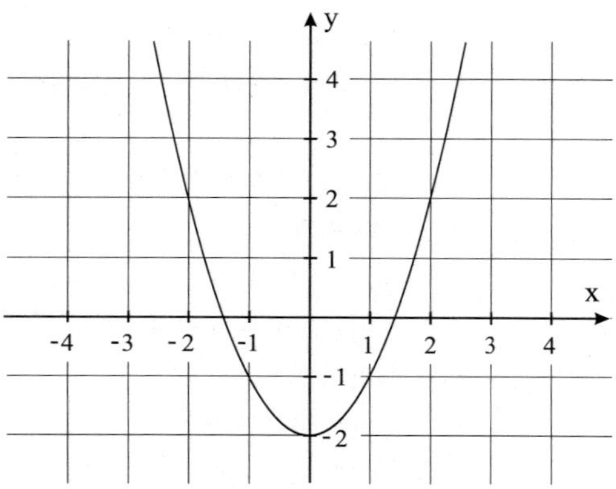

I) f' besitzt im Intervall $[-5;5]$ genau eine Nullstelle.

II) F ist im Intervall $[0;1]$ streng monoton wachsend .

III) F besitzt Extremstellen im Intervall $[-5;5]$.

4.5 Kurvendiskussion

Tipps ab Seite 80, Lösungen ab Seite 131

In diesem Kapitel geht es um Aufgaben aus der Kurvendiskussion. Die «klassische» Kurvendiskussion wird als Ganzes im Abitur meist nicht mehr verlangt, doch die einzelnen Elemente sind oft Bestandteil umfangreicherer Aufgaben. Meist geht es dabei um das Bestimmen von Extrem- und Wendepunkten, um Symmetrieuntersuchungen oder um das Verhalten der Funktion, wenn x gegen $\pm\infty$ strebt (waagerechte Asymptoten).

4.5.1 Elemente der Kurvendiskussion

Die wichtigsten Elemente einer Kurvendiskussion sind:

- Schnittpunkte mit der x-Achse: $f(x) = 0$
- Schnittpunkte mit der y-Achse: $x = 0$ in die Funktionsgleichung einsetzen
- (Lokales) Minimum: $f'(x) = 0$ und $f''(x) > 0$ oder $f'(x) = 0$ und Vorzeichenwechsel von $f'(x)$ von $-$ nach $+$
- (Lokales) Maximum: $f'(x) = 0$ und $f''(x) < 0$ oder $f'(x) = 0$ und Vorzeichenwechsel von $f'(x)$ von $+$ nach $-$
- Wendepunkt: $f''(x) = 0$ und $f'''(x) \neq 0$ oder $f''(x) = 0$ und Vorzeichenwechsel von $f''(x)$
- Bei Potenzfunktionen kann es noch Definitionslücken und Polstellen geben. Eine Definitionslücke tritt auf, wenn der Nenner gleich Null ist. Ist an dieser Stelle auch der Zähler gleich Null, handelt es sich um eine hebbare Lücke; ist der Zähler an dieser Stelle nicht gleich Null, handelt es sich um eine Polstelle.
- Bei der Untersuchung für $x \to \pm\infty$ müssen Sie untersuchen, wie sich die Funktionswerte verhalten, wenn die Werte für x gegen $+\infty$ oder $-\infty$ gehen, bzw. ob Asymptoten existieren.

Aufgaben

a) Prüfen Sie, ob der Graph von $f(x) = \frac{1}{4}x^4 - x^3 + 4x - 2;\ x \in \mathbb{R}$ an der Stelle $x = 2$ einen Tiefpunkt hat.

b) Gegeben sind die Funktionen f und g mit $f(x) = \frac{1}{x}$ und $g(x) = x^2 + 1$. Berechnen Sie $f(g(2))$ und $g(f(2))$. Für welche Werte von x ist $f(g(x)) = 0,1$?

c) Für welche Werte von x verläuft der Graph der Funktion f mit $f(x) = (x+3)\cdot(x-1)$ oberhalb der x-Achse ?

d) Für eine ganzrationale Funktion 3. Grades gilt: $f(1) = 4$, $f'(1) = 0$, $f''(1) < 0$, $f(0) = 2$, $f''(0) = 0$ und $f'''(0) \neq 0$.
Welche Aussagen lassen sich damit über der Graph von f machen ?

e) Zeigen Sie, dass der Graph von f mit $f(x) = x^2 \cdot e^x;\ x \in \mathbb{R}$ bei $x = 0$ einen Tiefpunkt besitzt.

f) Für welche Werte von x verläuft der Graph der Funktion f mit $f(x) = -x^2 + 3x + 7$ oberhalb der Geraden mit der Gleichung $y = 3$?

g) Gegeben ist die Funktion f mit $f(x) = -x \cdot e^{-2x}$. Für welche Werte von x ist der Graph der Funktion f streng monoton fallend?

h) Zeigen Sie, dass der Graph von $f(x) = 3x^3 + 4; x \in \mathbb{R}$ an der Stelle $x = 0$ einen Sattelpunkt besitzt.

i) Zeigen Sie, dass der Graph der Funktion f mit $f(x) = x \cdot e^{-x}$ genau einen Wendepunkt hat.

j) Gegeben ist eine Funktion f und ihre Ableitung $f'(x) = (x-2)^3$. Prüfen Sie, ob der Graph von f einen Tiefpunkt besitzt.

k) Zeigen Sie, dass der Graph der Funktion f mit $f(x) = 2 \cdot \sin\left(x - \frac{\pi}{2}\right)$ im Punkt $P(\pi \mid 2)$ eine waagrechte Tangente hat.

l) Weisen Sie nach, dass der Graph der Funktion f mit $f(x) = \frac{1}{2} \cdot \sin(2x - \pi)$ an der Stelle $x = \pi$ einen Wendepunkt hat.

4.5.2 Symmetrie □

Graphen von Funktionen können achsen- oder punktsymmetrisch sein. Handelt es sich bei der Achse um die y-Achse, so spricht man von y-Achsensymmetrie; handelt es sich beim Punkt, zu dem die Funktion symmetrisch ist, um den Ursprung, spricht man von Ursprungssymmetrie.

- Für y-Achsensymmetrie gilt $f(-x) = f(x)$
- Für Ursprungssymmetrie gilt $f(-x) = -f(x)$.

Sie können die Symmetrie zeigen, indem Sie $(-x)$ für x einsetzen und dann umformen. Dabei ist zu beachten, dass gilt: $(-x)^2 = x^2$ und $(-x)^3 = -x^3$.

Aufgaben

a) Begründen Sie, dass der Graph von $f(x) = x^4 + 3x^2; x \in \mathbb{R} \setminus \{0\}$ achsensymmetrisch zur y-Achse ist.

b) Begründen Sie, dass der Graph von $f(x) = 3x^5 - 7{,}2x^3 + x; x \in \mathbb{R}$ punktsymmetrisch zum Ursprung ist.

c) Zeigen Sie, dass der Graph der Funktion f mit $f(x) = 2 \cdot e^{x^2+2} + 3; x \in \mathbb{R}$ achsensymmetrisch zur y-Achse ist.

d) Weisen Sie nach, dass der Graph der Funktion f mit $f(x) = -\frac{4}{x}; x \in \mathbb{R} \setminus \{0\}$ punktsymmetrisch zum Ursprung ist.

4.5.3 Tangenten und Normalen

☐

Um die Gleichung einer Tangente t an eine Kurve in einem Punkt $P_1\,(x_1 \mid f\,(x_1))$ zu bestimmen, benutzt man meist die Punkt-Steigungsform

$$y - y_1 = m \cdot (x - x_1)$$

Es gilt: $y_1 = f\,(x_1)$ und für die Steigung $m = f'(x_1)$, d.h. der Wert der Ableitung an der Stelle x_1. Die Normale steht senkrecht auf der Tangente; für die Steigungen gilt $m_n \cdot m_t = -1$ bzw. $m_n = -\frac{1}{m_t}$

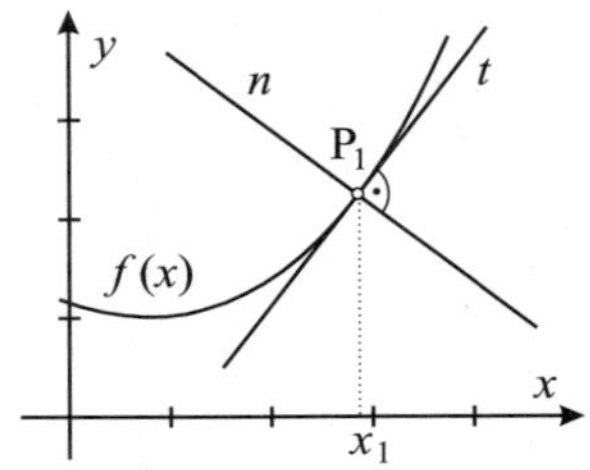

a) Bestimmen Sie die Gleichung der Tangente und der Normalen im Punkt $P(1 \mid -1)$ an den Graph der Funktion f mit $f(x) = x^2 - 4x + 2$.

b) Bestimmen Sie die Gleichung der Tangente und der Normalen im Wendepunkt an der Graph der Funktion f mit $f(x) = x^3 + x + 1$.

c) Gegeben ist die Funktion f mit $f(x) = x^2 + 4x - 3$. Gesucht ist:

   I) Die Gleichung der Tangente mit Steigung $m = -2$.

   II) Die Gleichung der Tangente, welche orthogonal ist zur Geraden mit der Gleichung $y = -\frac{1}{3}x + 4$.

   III) Die Gleichung der Tangente, welche parallel ist zur Geraden $y = 4x - \frac{7}{2}$.

d) Gegeben ist die Funktion f mit $f(x) = x^2 - 2x + 3$.
Vom Punkt $P\,(0 \mid -6)$, welcher nicht auf dem Graphen von f liegt, werden Tangenten an den Graphen von f gelegt. Bestimmen Sie die Koordinaten der Berührpunkte sowie die Tangentengleichungen.

4.5.4 Funktionenscharen / Funktionen mit Parameter

Als Funktionenscharen werden Funktionen bezeichnet, die einen Parameter enthalten. Die dazugehörigen Graphen nennt man Kurvenscharen.

a) Gegeben ist die Funktionenschar $f_t(x) = tx^2$ mit $t \in \mathbb{R}$.

   I) Skizzieren Sie die Graphen für einige Werte von t. Beschreiben Sie die Veränderung der Graphen bei der Variation von t.

   II) Für welche Werte des Parameters t geht der Graph von f_t durch $P_1\,(2 \mid 2)$ bzw. durch $P_2(-1 \mid -2)$?

b) Gegeben sind die Funktionen $f(x) = -x^2 + 2$ und $g_t(x) = tx^2 - 1$ mit $t \in \mathbb{R}$. Für welchen Wert von t stehen die Graphen der beiden Funktionen in ihrem Schnittpunkt senkrecht aufeinander?

c) Gegeben sind die Funktionen $f(x) = 2x^2$ und $g_t(x) = -tx^2 + 4$ mit $t \in \mathbb{R}$. Für welchen Wert von t stehen die Graphen der beiden Funktionen in ihrem Schnittpunkt senkrecht aufeinander?

d) Gegeben ist die Funktionenschar f_t mit $f_t(x) = (2x+t) \cdot e^{-x}$ mit $x \in \mathbb{R}$ und $t \geqslant 0$.
Ordnen Sie den abgebildeten Graphen von f_t die zugehörigen Parameter t zu.

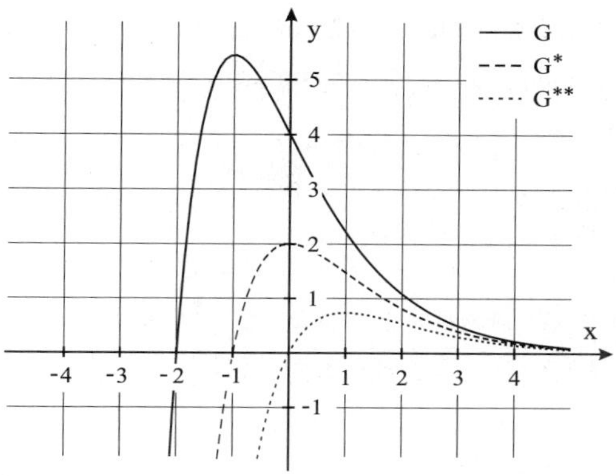

e) Bestimmen Sie t so, dass der Graph der Funktionenschar f_t mit $f_t(x) = x \cdot e^{tx}$; $x \in \mathbb{R}$; $t < 0$ an der Stelle $x = 2$ einen Extrempunkt hat.

4.5.5 Krümmungsverhalten von Kurven

Eine Kurve kann links- oder rechtsgekrümmt sein. Eine Kurve ist linksgekrümmt, wenn die Steigung streng monoton zunehmend ist. Das bedeutet, dass die Ableitung der Steigung positiv sein muss: $\left(f'(x)\right)' > 0 \Rightarrow f''(x) > 0$. Entsprechend gilt: Eine Kurve ist rechtsgekrümmt, wenn gilt: $f''(x) < 0$.
Für welche Werte von x ist der Graph der Funktion f links- bzw. rechtsgekrümmt?

a) $f(x) = \frac{1}{3}x^3 - x$ b) $f(x) = (x-1)^5$ c) $f(x) = (2x-3) \cdot e^{-x}$

4.5.6 Ortskurven

Eine Ortskurve beschreibt den Verlauf eines speziellen Punktes einer Kurvenschar, z.B. des Hochpunktes oder des Wendepunktes.
Um eine Ortskurve zu bestimmen, gehen Sie wie folgt vor:

1. Zuerst wird der spezielle Punkt bestimmt, falls er nicht schon vorliegt, z.B. H $\left(\frac{4}{t} \mid t^2\right)$.
2. Der x-Wert des Punktes wird so umgeformt, dass der Parameter alleine steht:
   $x = \frac{4}{t} \Rightarrow t = \frac{4}{x}$.
3. Der Parameter (in Abhängigkeit von x) wird in den y-Wert des Punktes eingesetzt:
   $y = t^2 = \left(\frac{4}{x}\right)^2$.
4. Durch Ausrechnen erhalten Sie den y-Wert in Abhängigkeit von x: $y = \left(\frac{4}{x}\right)^2 = \frac{16}{x^2}$ und damit die Gleichung der Ortskurve.

Aufgaben

a) Bei einer Kurvenschar haben die Extrempunkte die Koordinaten E $\left(\frac{2}{3}t \mid \frac{2}{9}t^3\right)$; $t \in \mathbb{R}$. Bestimmen Sie die Gleichung der Ortskurve, auf der alle Extrempunkte liegen.

b) Bei einer Kurvenschar haben die Hochpunkte die Koordinaten H$\left(\frac{2}{3}t \mid \frac{9}{2t}\right)$; $t \neq 0$. Bestimmen Sie die Gleichung der Ortskurve, auf der alle Hochpunkte liegen.

c) Bei einer Kurvenschar haben die Hochpunkte die Koordinaten H$\left(\frac{t}{2} \mid \frac{t^3}{4} - t\right)$; $t \in \mathbb{R}$. Bestimmen Sie die Gleichung der Ortskurve, auf der alle Hochpunkte liegen.

d) Bestimmen Sie die Gleichung der Ortskurve, auf der alle Tiefpunkte der Kurvenschar f_t mit $f_t(x) = x^3 - 3tx^2$; $t > 0$ liegen.

e) Bestimmen Sie die Gleichung der Ortskurve, auf der alle Wendepunkte der Kurvenschar f_a mit $f_a(x) = (x-a) \cdot e^x$; $a \in \mathbb{R}$ liegen.

4.6 Extremwertaufgaben

a) Gegeben sei eine Funktion f mit $f(x) = 6 - \frac{1}{4}x^2$; $x \in \mathbb{R}$. Zwischen Kurve und x-Achse ist im 1. und 2. Quadranten ein Rechteck einzuschreiben

I) mit maximalem Umfang

II) mit maximaler Fläche

Berechnen Sie den maximalen Umfang bzw. die maximale Fläche.

b) Gegeben ist die Funktion f durch $f(x) = -(x+2)e^{-x}$; $x \in \mathbb{R}$. Ihr Graph sei G. Bestimmen Sie die Gleichung der Normalen im Punkt W$(0 \mid -2)$.
Die Normale schneidet G in einem weiteren Punkt Q. Berechnen Sie dessen Koordinaten.
P$(u \mid v)$ mit $-2 < u < 0$ sei ein Punkt auf G. Der Ursprung O und die Punkte P und Q sind die Eckpunkte eines Dreiecks OPQ. Für welchen Wert von u wird die Fläche A(u) maximal?

c) Gegeben sind die Funktion f durch $f(x) = (2x+3) \cdot e^{-x}$; $x \in \mathbb{R}$ und die Funktion g durch $g(x) = e^{-x}$; $x \in \mathbb{R}$. Ihre Graphen seien G_f bzw. G_g.
Die Gerade $x = u$ mit $u > -1$ schneidet G_f im Punkt P und G_g im Punkt Q.
Für welchen Wert von u wird die Länge der Strecke PQ maximal?
Berechnen Sie die maximale Länge der Strecke PQ.

4.7 Verständnis von Zusammenhängen

Bei diesen Aufgaben geht es darum, Methoden und Verfahren zu beschreiben und das Verständnis von Zusammenhängen zu dokumentieren. Rechnungen werden in der Regel nicht verlangt, es genügen Skizzen sowie Ansätze für die Rechenwege.

a) Gegeben sind die Funktionen $f(x) = 9 - x^2$ und $g(x) = x^2 - 9$.
Erläutern Sie, was durch folgende Rechenschritte bestimmt wird:

(1) $9 - x^2 = x^2 - 9 \Rightarrow x_1 = -3$ und $x_2 = 3$

(2) $\int_{-3}^{3} \left(9 - x^2 - \left(x^2 - 9\right)\right) \mathrm{d}x = 72$

b) Die Produktionskosten eines Werkstücks in Abhängigkeit von der produzierten Stückzahl werden durch die Funktion P mit $\mathrm{P}(x) = 20 - 10 \cdot e^{-0{,}2x}$; $x \geqslant 0$ beschrieben.
(x: Stückzahl, $\mathrm{P}(x)$: Herstellungskosten des x-ten Werkstücks in Euro).
Erläutern Sie, was durch folgende Integrale berechnet wird:

I) $\int_{0}^{50} \left(20 - 10 \cdot e^{-0{,}2x}\right) \mathrm{d}x$

II) $\frac{1}{100} \cdot \int_{0}^{100} \left(20 - 10 \cdot e^{-0{,}2x}\right) \mathrm{d}x$

c) Gegeben ist die Funktion f durch $f(x) = \frac{1}{2}x^3 - 3x + 3$.
Erläutern Sie folgende Rechenschritte:

(1) $f(2) = 1$

(2) $f'(x) = \frac{3}{2}x^2 - 3$; $f'(2) = 3$

(3) $y - 1 = 3 \cdot (x - 2) \Rightarrow y = 3x - 5$

d) Die wöchentlichen Verkaufszahlen von Zahnpasta in einem Supermarkt werden durch die Funktion $f(t)$ beschrieben. Dabei ist t die Anzahl der Wochen ab dem 1. Januar eines Jahres. Erläutern Sie die Bedeutung folgender Integrale:

$$\int_{0}^{52} f(t)\mathrm{d}t$$

und

$$\frac{1}{52} \cdot \int_{0}^{52} f(t)\mathrm{d}t$$

e) Gibt es eine ganzrationale Funktion vierten Grades, deren Graph drei Wendepunkte besitzt? Begründen Sie Ihre Antwort.

f) Gegeben sind die Funktionen f und g mit $f(x) = \frac{1}{4}x^3 - 3x^2 + 9x + 2$ und $g(x) = x + 2$.
Die Graphen von f und g zeigt folgende Abbildung:

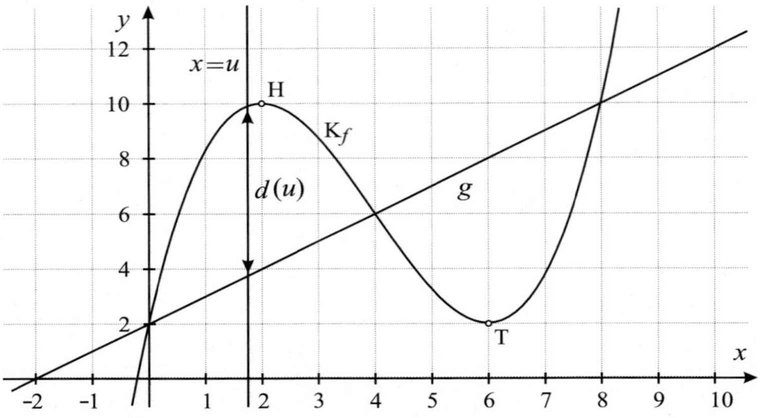

Erläutern Sie folgende Rechenschritte und ihre Bedeutung:

(1) $d(u) = f(u) - g(u) = \frac{1}{4}u^3 - 3u^2 + 8u\ ;\ 0 \leqslant u \leqslant 4$

(2) $d'(u) = 0 \Rightarrow u_1 \approx 6{,}31\ ;\ u_2 \approx 1{,}69$

(3) $d''(1{,}69) < 0$

g) Gegeben ist die Funktion f mit $f(x) = x^2$. Ihr Graph sei K_f.
Erläutern Sie folgende Rechenschritte und ihre Bedeutung:

(1) $P \in K_f \Rightarrow P\left(x \mid x^2\right)$

(2) $\sqrt{(x-0)^2 + (x^2-0)^2} = \sqrt{20}$

(3) $x_{1,2} = \pm 2 \Rightarrow P_1(-2 \mid 4)$ und $P_2(2 \mid 4)$

Geometrie

5 Punkte, Geraden und Ebenen □

5.1 Lineare Gleichungssysteme □

Tipps ab Seite 85, Lösungen ab Seite 144

Geben Sie die Lösungsmengen der folgenden linearen Gleichungssysteme an:

Tipp: Ein Gleichungssystem mit drei Variablen und zwei Gleichungen sowie einer wahren Aussage besitzt unendlich viele Lösungen (falls kein Widerspruch auftritt). Man setzt zuerst eine Variable als Parameter t fest und rechnet dann die anderen Variablen aus.

a)
$$\begin{array}{rcrcrcr} 4x & + & y & - & 2z & = & 9 \\ -2x & + & 3y & + & 3z & = & 4 \\ x & - & 2y & - & z & = & -4 \end{array}$$

b)
$$\begin{array}{rcrcrcr} x & + & 2y & - & 2z & = & 7 \\ 2x & & & + & z & = & 8 \\ -3x & + & y & + & 2z & = & -1 \end{array}$$

c)
$$\begin{array}{rcrcrcr} x & + & y & + & 7z & = & 2 \\ 2x & - & y & - & 3z & = & -5 \\ & - & y & + & 4z & = & -3 \end{array}$$

d)
$$\begin{array}{rcrcrcr} x & + & 2y & - & z & = & 4 \\ -x & + & 2y & - & 3z & = & 6 \\ 2x & & & + & 2z & = & -2 \end{array}$$

e)
$$\begin{array}{rcrcrcr} 2x & + & y & + & z & = & 4 \\ & & 2y & - & 6z & = & 4 \\ -3x & & & - & 6z & = & -3 \end{array}$$

f)
$$\begin{array}{rcrcrcr} x & + & 2y & + & z & = & 4 \\ -x & - & 4y & + & z & = & 7 \\ 2x & + & 8y & - & 2z & = & 18 \end{array}$$

5.2 Rechnen mit Vektoren □

Tipps ab Seite 85, Lösungen ab Seite 148

In diesem Kapitel geht es darum, die Grundkenntnisse des Rechnens mit Vektoren zu wiederholen. Dazu gehören die Addition und Subtraktion von Vektoren. Neben diesen Rechenoperationen ist es wichtig, das Skalarprodukt zu kennen und zu wissen, dass es genau dann gleich Null ist, wenn zwei Vektoren senkrecht aufeinander stehen.

Da mit den Vektoren geometrische Objekte wie Dreiecke, Parallelogramme und verschiedene Körper beschrieben werden können, sollten Sie die grundlegenden Eigenschaften dieser Objekte kennen, z.B. dass in einem gleichschenkligen Dreieck zwei Seiten die gleiche Länge haben. Rechenregeln für das Rechnen mit Vektoren finden Sie bei den Tipps auf Seite 85. Wenn nicht anders angegeben gilt für alle Parameter: $r, s, t, \ldots \in \mathbb{R}$.

5.2.1 Rechenregeln und Betrag ☐

Gegeben sind die Vektoren $\vec{a} = \begin{pmatrix} -1 \\ 2 \\ 4 \end{pmatrix}$ und $\vec{b} = \begin{pmatrix} 3 \\ 1 \\ 2 \end{pmatrix}$. Berechnen Sie:

a) $\vec{a}+\vec{b}$ b) $\vec{a}-\vec{b}$ c) $2\cdot\vec{a}$ d) $-\vec{a}$ e) $2\vec{a}+3\vec{b}$

f) $\vec{a}\cdot\vec{b}$ g) $|\vec{a}|$ h) $|\vec{b}|$ i) $|\vec{a}+\vec{b}|$

5.2.2 Orts- und Verbindungsvektoren ☐

Tipp: Fertigen Sie eine Skizze an und stellen Sie Vektorketten auf.

a) Gegeben sind die Punkte A $(2\,|\,3\,|\,2)$, B $(7\,|\,4\,|\,3)$ und C $(1\,|\,5\,|\,-2)$.
Bestimmen Sie die Ortsvektoren $\vec{a}$, $\vec{b}$ und $\vec{c}$, die Verbindungsvektoren $\overrightarrow{AB}$, $\overrightarrow{AC}$ und $\overrightarrow{BC}$ und zeigen Sie, dass das Dreieck ABC nicht gleichschenklig ist.

b) Prüfen Sie, ob das Dreieck ABC gleichschenklig ist:

I) A $(3\,|\,7\,|\,2)$, B $(-1\,|\,5\,|\,1)$, C $(2\,|\,3\,|\,0)$

II) A $(-5\,|\,2\,|\,-1)$, B $(0\,|\,5\,|\,-3)$, C $(-1\,|\,6\,|\,-3)$

c) I) Bestimmen Sie den Mittelpunkt M von A $(4\,|\,1\,|\,3)$ und B $(-2\,|\,5\,|\,-5)$.

II) Bestimmen Sie die Koordinaten des Punktes P so, dass B $(4\,|\,2\,|\,5)$ der Mittelpunkt von A $(3\,|\,-1\,|\,-4)$ und P ist.

d) Gegeben sind die Punkte A $(4\,|\,2\,|\,3)$, B $(1\,|\,8\,|\,5)$ und C $(-2\,|\,1\,|\,-3)$.

I) Bestimmen Sie den Punkt D so, dass das Viereck ABCD ein Parallelogramm ist.

II) Bestimmen Sie den Punkt D^* so, dass das Viereck ABD^*C ein Parallelogramm ist.

III) Bestimmen Sie den Punkt D' so, dass das Viereck $AD'BC$ ein Parallelogramm ist.

e) Von einem Spat (Körper mit jeweils 4 parallelen Kanten) sind die Punkte A $(3\,|\,1\,|\,4)$, B $(-2\,|\,1\,|\,-3)$, C $(5\,|\,-2\,|\,3)$ und F $(9\,|\,2\,|\,6)$ gegeben.

I) Bestimmen Sie die Koordinaten der übrigen Punkte des Spats.

II) Berechnen Sie die Länge der Raumdiagonalen AG.

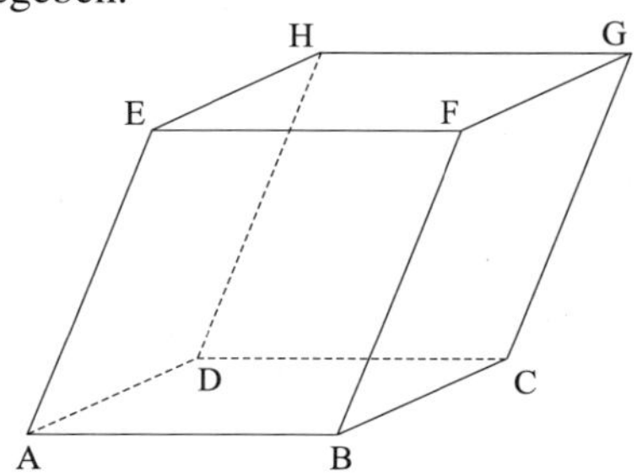

f) Ein schiefes Dreiecksprisma ist gegeben durch die Punkte A (4 | 1 | −3), B (5 | −2 | −1), C (−1 | 3 | −2) und D (7 | 4 | 2).
Bestimmen Sie die Koordinaten der Punkte E und F sowie die Länge der Kante EF.

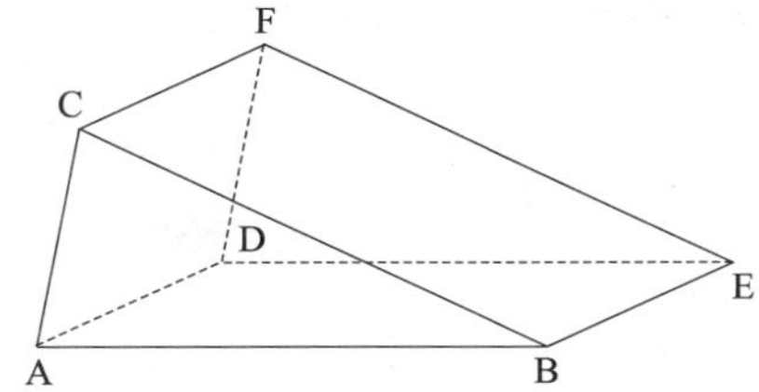

5.2.3 Orthogonalität von Vektoren

a) Prüfen Sie, ob folgende Vektoren senkrecht (orthogonal) aufeinander stehen.

I) $\vec{a} = \begin{pmatrix} -1 \\ 0 \\ 1 \end{pmatrix}$, $\vec{b} = \begin{pmatrix} 2 \\ 2 \\ 0 \end{pmatrix}$ II) $\vec{r} = \begin{pmatrix} 5 \\ -1 \\ 3 \end{pmatrix}$, $\vec{n} = \begin{pmatrix} 2 \\ 1 \\ -3 \end{pmatrix}$

III) $\vec{z} = \begin{pmatrix} 2 \\ -2 \\ 4 \end{pmatrix}$, $\vec{w} = \begin{pmatrix} 1 \\ 3 \\ 1 \end{pmatrix}$

b) Geben Sie drei verschiedene Vektoren an, die zu $\vec{n} = \begin{pmatrix} 1 \\ 2 \\ -3 \end{pmatrix}$ orthogonal sind.

c) Prüfen Sie, ob das Dreieck ABC rechtwinklig ist:
A (5 | 1 | 0), B (1 | 5 | 2), C (−1 | 1 | 6)

5.3 Geraden

Tipps ab Seite 86, Lösungen ab Seite 153

Die Parameterform der Geradengleichung in der vektoriellen Geometrie lautet

$$g\colon \vec{x} = \vec{a} + t \cdot \overrightarrow{r_g} \text{ mit } t \in \mathbb{R}$$

Dabei wird der Vektor $\vec{a}$ als Stützvektor bezeichnet, weil er die Gerade «stützt», der Vektor $\overrightarrow{r_g}$ ist der Richtungsvektor der Geraden, da er die Richtung der Geraden angibt. t ist der Parameter.

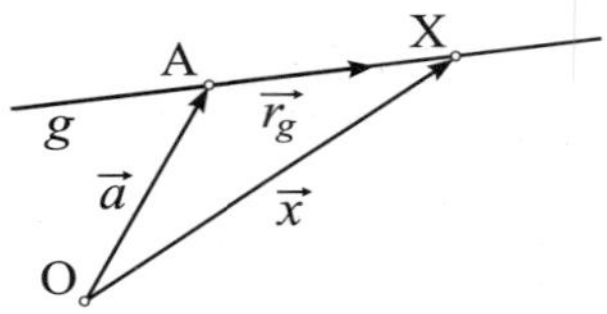

5.3.1 Aufstellen von Geradengleichungen

Stellen Sie eine Gleichung der Geraden auf, die durch die beiden Punkte geht:

a) $A(1 \mid 0 \mid 2), B(3 \mid 1 \mid 3)$ b) $C(2 \mid 1 \mid -4), D(4 \mid 0 \mid 1)$ c) $E(1 \mid 1 \mid 0), F(0 \mid 0 \mid 1)$

5.3.2 Punktprobe

Liegen die gegebenen Punkte A, B, C auf der Geraden $g\colon \vec{x} = \begin{pmatrix} 1 \\ 3 \\ -2 \end{pmatrix} + r \cdot \begin{pmatrix} 1 \\ 4 \\ 2 \end{pmatrix}$?

a) $A(2 \mid 7 \mid 0)$ b) $B(3 \mid 11 \mid 3)$ c) $C(-2 \mid -9 \mid -8)$

5.3.3 Gegenseitige Lage von Geraden

Zwei Geraden können auf vier verschiedene Weise zueinander liegen: Sie können parallel liegen, identisch sein, sich schneiden oder windschief sein. Die genauen Rechenwege zur Bestimmung der gegenseitigen Lage sind in den Tipps auf Seite 86 beschrieben.

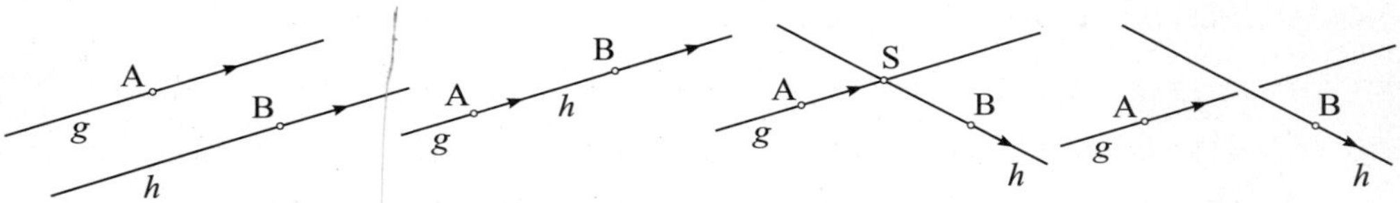

parallel identisch Schnittpunkt windschief

Bestimmen Sie die gegenseitige Lage der beiden gegebenen Geraden:

a) $g_1: \vec{x} = \begin{pmatrix} 4 \\ 2 \\ 5 \end{pmatrix} + t \cdot \begin{pmatrix} 1 \\ 1 \\ 2 \end{pmatrix}$ $\qquad g_2: \vec{x} = \begin{pmatrix} 5 \\ -4 \\ -1 \end{pmatrix} + r \cdot \begin{pmatrix} -3 \\ 4 \\ 2 \end{pmatrix}$

b) $g_1: \vec{x} = \begin{pmatrix} -4 \\ 0 \\ 4 \end{pmatrix} + r \cdot \begin{pmatrix} -2 \\ 1 \\ 3 \end{pmatrix}$ $\qquad g_2: \vec{x} = \begin{pmatrix} 3 \\ 2 \\ 3 \end{pmatrix} + t \cdot \begin{pmatrix} 3 \\ 4 \\ 5 \end{pmatrix}$

c) $g: \vec{x} = \begin{pmatrix} 1 \\ -3 \\ 5 \end{pmatrix} + s \cdot \begin{pmatrix} 2 \\ 1 \\ -3 \end{pmatrix}$ $\qquad h: \vec{x} = \begin{pmatrix} 5 \\ 1 \\ -3 \end{pmatrix} + t \cdot \begin{pmatrix} 4 \\ -5 \\ -1 \end{pmatrix}$

d) $g: \vec{x} = \begin{pmatrix} 1 \\ 2 \\ 1 \end{pmatrix} + t \cdot \begin{pmatrix} 2 \\ 0 \\ 1 \end{pmatrix}$ $\qquad h: \vec{x} = \begin{pmatrix} 2 \\ 3 \\ 4 \end{pmatrix} + r \cdot \begin{pmatrix} 0 \\ 1 \\ -1 \end{pmatrix}$

e) $g: \vec{x} = \begin{pmatrix} 4 \\ 0 \\ 1 \end{pmatrix} + s \cdot \begin{pmatrix} 2 \\ -1 \\ 3 \end{pmatrix}$ $\qquad h: \vec{x} = \begin{pmatrix} 6 \\ -1 \\ 4 \end{pmatrix} + t \cdot \begin{pmatrix} -2 \\ 1 \\ -3 \end{pmatrix}$

f) $g: \vec{x} = \begin{pmatrix} 1 \\ 2 \\ 3 \end{pmatrix} + r \cdot \begin{pmatrix} 1 \\ -1 \\ 2 \end{pmatrix}$ $\qquad h: \vec{x} = \begin{pmatrix} -1 \\ 4 \\ -1 \end{pmatrix} + s \cdot \begin{pmatrix} -3 \\ 3 \\ -6 \end{pmatrix}$

g) $g: \vec{x} = \begin{pmatrix} 1 \\ 4 \\ -2 \end{pmatrix} + t \cdot \begin{pmatrix} -2 \\ -1 \\ 3 \end{pmatrix}$ $\qquad h: \vec{x} = \begin{pmatrix} -1 \\ 3 \\ -1 \end{pmatrix} + r \cdot \begin{pmatrix} 4 \\ 2 \\ -6 \end{pmatrix}$

h) $g: \vec{x} = \begin{pmatrix} 0 \\ 1 \\ 4 \end{pmatrix} + s \cdot \begin{pmatrix} 4 \\ 6 \\ -8 \end{pmatrix}$ $\qquad h: \vec{x} = \begin{pmatrix} 4 \\ 8 \\ -4 \end{pmatrix} + t \cdot \begin{pmatrix} 2 \\ 3 \\ -4 \end{pmatrix}$

5.3.4 Allgemeines Verständnis von Geraden

Gegeben seien die Geraden g und h durch $g: \vec{x} = \vec{a} + s \cdot \vec{r}$ und $h: \vec{x} = \vec{b} + t \cdot \vec{v}$.

a) Welche Beziehungen müssen zwischen den genannten Vektoren gelten, damit:
   I) g (echt) parallel zu h ist $\qquad$ II) $g = h$ $\qquad$ III) g senkrecht auf h steht.

b) Wie bestimmt man den Winkel zwischen g und h, falls sich g und h schneiden?

c) Erläutern Sie eine Strategie, wie man die gegenseitige Lage zweier Geraden überprüfen kann.

5.4 Ebenen

Tipps ab Seite 87, Lösungen ab Seite 158

Um eine Ebene zu beschreiben, gibt es verschiedene Gleichungen: Ähnlich wie für die Gerade gibt es eine *Parametergleichung*, diese lautet:

$$\text{E: } \vec{x} = \vec{a} + r \cdot \vec{v_1} + s \cdot \vec{v_2}$$

Der Vektor $\vec{a}$ ist auch hier der Stützvektor, die Vektoren $\vec{v_1}$ und $\vec{v_2}$ sind die Spannvektoren, da sie die Ebene «aufspannen».

Bei der *Punkt-Normalenform* der Ebene wird die Ebene durch einen Stützpunkt und einen Normalenvektor beschrieben. Der Normalenvektor $\vec{n}$ steht immer senkrecht auf der Ebene. Die dazugehörige Gleichung ist

$$\text{E: } (\vec{x} - \vec{a}) \cdot \vec{n} = 0$$

Anschaulich gesprochen bedeutet die Gleichung, dass das Skalarprodukt zwischen dem Normalenvektor $\vec{n}$ und jedem Vektor in der Ebene immer Null sein muss.

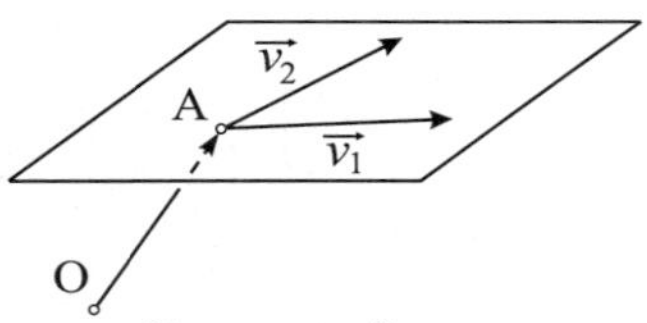

Parameterform

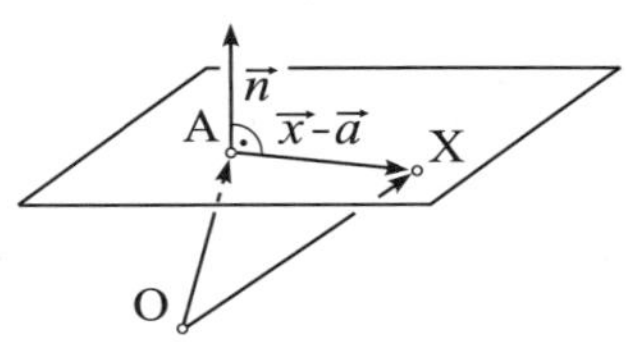

Punkt-Normalenform

Die Koordinatenform erhalten Sie durch Ausrechnen der Punkt-Normalenform. Sie lautet

$$\text{E: } n_1 \cdot x_1 + n_2 \cdot x_2 + n_3 \cdot x_3 = d$$

Dabei sind n_1, n_2 und n_3 die Komponenten des Normalenvektors $\vec{n}$.

Ist eine Ebene in Parameterform gegeben und suchen Sie die Koordinatenform, so stellen Sie zuerst die Punkt-Normalenform auf und rechnen diese anschließend aus. Dazu ist ein Normalenvektor gesucht, der senkrecht auf den beiden Spannvektoren $\vec{v_1}$ und $\vec{v_2}$ stehen muss. Diesen können Sie mit Hilfe des Skalarprodukts berechnen, indem Sie benutzen, dass $\vec{n} \cdot \vec{v_1} = 0$ und $\vec{n} \cdot \vec{v_2} = 0$ sein muss. Sie erhalten so ein Gleichungssystem aus zwei Gleichungen mit dessen Hilfe Sie den Vektor $\vec{n}$ bestimmen können. Ein weiterer Weg führt über das Kreuzprodukt, siehe die nächste Seite.

Tipp: Wenn man einen Vektor $\vec{n}$ sucht, der senkrecht auf zwei gegebenen Vektoren $\vec{a}$ und $\vec{b}$ steht, geschieht dies einfach und schnell mit dem **Vektorprodukt**:

$$\vec{n} = \left(\vec{a} \times \vec{b}\right) = \begin{pmatrix} a_2b_3 & - & a_3b_2 \\ a_3b_1 & - & a_1b_3 \\ a_1b_2 & - & a_2b_1 \end{pmatrix}$$

Die Merkhilfe dazu:

1. Beide Vektoren werden je zweimal untereinandergeschrieben, dann werden die erste und die letzte Zeile gestrichen.
2. Anschließend wird «über Kreuz» multipliziert. Dabei erhalten die abwärts gerichteten Pfeile ein positives und die aufwärts gerichteten Pfeile ein negatives Vorzeichen.
3. Die einzelnen Komponenten werden subtrahiert – fertig!

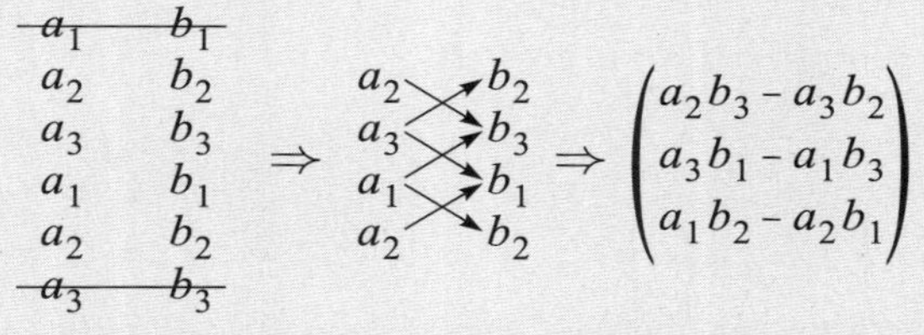

Anmerkung: Der Betrag des senkrecht stehenden Vektors entspricht genau der Flächenmaßzahl des Parallelogramms, das von den beiden Vektoren aufgespannt wird.

Beispiel: Sind $\vec{a} = \begin{pmatrix} 1 \\ 3 \\ 2 \end{pmatrix}$ und $\vec{b} = \begin{pmatrix} -1 \\ 4 \\ 0 \end{pmatrix}$, ergibt sich für den gesuchten Vektor:

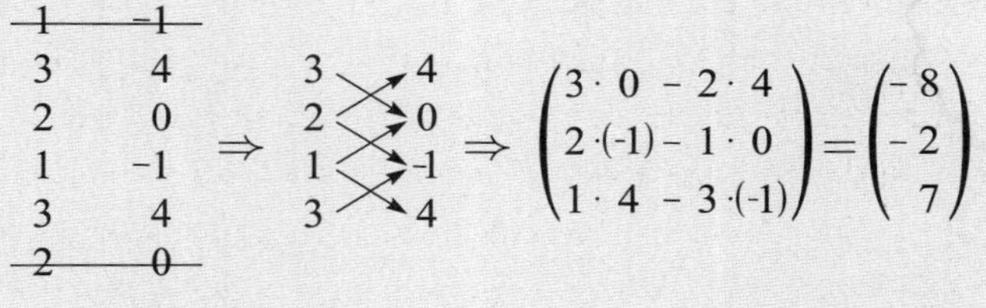

5.4.1 Parameterform der Ebenengleichung

☐

Im Folgenden sind jeweils drei Punkte bzw. eine Gerade und ein Punkt gegeben, die eine Ebene festlegen. Geben Sie zu diesen Ebenen jeweils eine Ebenengleichung in Parameterform an.

a) A(1 | 4 | 3), B(2 | 7 | −3), C(3 | 5 | 1)

b) P(3 | 1 | 2), Q(4 | 7 | 3), R(4 | 0 | −1)

c) A(1 | 3 | 6), $g\colon \vec{x} = \begin{pmatrix} -1 \\ 2 \\ 4 \end{pmatrix} + t \cdot \begin{pmatrix} 3 \\ 6 \\ -1 \end{pmatrix}$

d) B(0 | 1 | 2), $g\colon \vec{x} = \begin{pmatrix} 7 \\ 3 \\ 2 \end{pmatrix} + t \cdot \begin{pmatrix} 1 \\ 2 \\ 1 \end{pmatrix}$

5.4.2 Koordinatengleichung einer Ebene

☐

Bestimmen Sie eine Koordinatengleichung der Ebene E. Es sind entweder drei Punkte, ein Punkt und eine Gerade oder zwei Geraden, die die Ebene aufspannen, gegeben.

a) A(2 | 2 | 2), B(4 | 1 | 3), C(8 | 4 | 5)

b) P(1 | 3 | 5), Q(2 | 7 | 3), R(5 | 1 | 3)

c) A(4 | 1 | 2), $g\colon \vec{x} = \begin{pmatrix} 3 \\ 5 \\ 7 \end{pmatrix} + t \cdot \begin{pmatrix} 1 \\ 1 \\ 1 \end{pmatrix}$

d) C(4 | 3 | 4), $g\colon \vec{x} = \begin{pmatrix} 7 \\ 2 \\ 3 \end{pmatrix} + t \cdot \begin{pmatrix} 1 \\ -3 \\ -3 \end{pmatrix}$

e) $g_1\colon \vec{x} = \begin{pmatrix} 1 \\ 2 \\ 3 \end{pmatrix} + t \cdot \begin{pmatrix} 1 \\ 3 \\ 4 \end{pmatrix}$ $\qquad g_2\colon \vec{x} = \begin{pmatrix} 1 \\ 2 \\ 3 \end{pmatrix} + s \cdot \begin{pmatrix} 2 \\ -1 \\ 3 \end{pmatrix}$

f) $g_1\colon \vec{x} = \begin{pmatrix} 1 \\ 2 \\ 4 \end{pmatrix} + s \cdot \begin{pmatrix} 1 \\ 3 \\ 2 \end{pmatrix}$ $\qquad g_2\colon \vec{x} = \begin{pmatrix} 3 \\ 3 \\ 7 \end{pmatrix} + t \cdot \begin{pmatrix} 2 \\ 1 \\ 3 \end{pmatrix}$

g) $g_1\colon \vec{x} = \begin{pmatrix} 3 \\ 1 \\ 6 \end{pmatrix} + s \cdot \begin{pmatrix} 2 \\ 1 \\ 4 \end{pmatrix}$ $\qquad g_2\colon \vec{x} = \begin{pmatrix} -1 \\ -8 \\ 4 \end{pmatrix} + t \cdot \begin{pmatrix} 1 \\ 4 \\ -1 \end{pmatrix}$

h) $g_1\colon \vec{x} = \begin{pmatrix} 1 \\ 0 \\ 2 \end{pmatrix} + s \cdot \begin{pmatrix} 3 \\ 1 \\ 2 \end{pmatrix}$ $\qquad g_2\colon \vec{x} = \begin{pmatrix} 4 \\ 1 \\ 1 \end{pmatrix} + t \cdot \begin{pmatrix} 6 \\ 2 \\ 4 \end{pmatrix}$

i) $g\colon \vec{x} = \begin{pmatrix} 0 \\ 1 \\ 0 \end{pmatrix} + s \cdot \begin{pmatrix} 2 \\ 1 \\ 2 \end{pmatrix}$ $\qquad h\colon \vec{x} = \begin{pmatrix} 2 \\ 0 \\ 2 \end{pmatrix} + t \cdot \begin{pmatrix} -4 \\ -2 \\ -4 \end{pmatrix}$

j) Die Ebene E ist Spiegelebene zwischen A(1 | 4 | 7) und A* (3 | 2 | 3).

k) Die Ebene E enthält die Gerade $g: \vec{x} = \begin{pmatrix} 3 \\ 1 \\ 2 \end{pmatrix} + t \cdot \begin{pmatrix} 2 \\ 0 \\ -1 \end{pmatrix}$ und ist orthogonal zur Ebene $F: -x + y + 2z + 2 = 0$.

l) Prüfen Sie, ob die vier Punkte A $(2 \mid 1 \mid 2)$, B $(4 \mid 3 \mid 4)$, C $(7 \mid 2 \mid 3)$ und D $(8 \mid -1 \mid 0)$ in einer Ebene liegen.

5.4.3 Ebenen im Koordinatensystem ☐

Es sind verschiedene Ebenen angegeben. Zeichnen Sie diese mit Hilfe ihrer Spurpunkte in ein kartesisches Koordinatensystem ein:

Tipp: Spurpunkte sind die Punkte, in denen die Ebene die Koordinatenachsen schneidet.

a) $E: 3x + 4y + 3z = 12$ b) $E: 4x - 8y + 4z = 16$ c) $E: 3x - 3y - 3z = 9$

d) $E: 2x + 4y = 8$ e) $E: x + 2z = 4$ f) $E: 3y + z = 3$

g) $E: y = 3$ h) $E: x - y = 0$

5.4.4 Bestimmen von Geraden und Ebenen in einem Quader ☐

In der Abbildung ist ein Quader dargestellt, M und N seien die Mittelpunkte der beiden Kanten $\overline{BE}$ bzw. $\overline{CF}$.

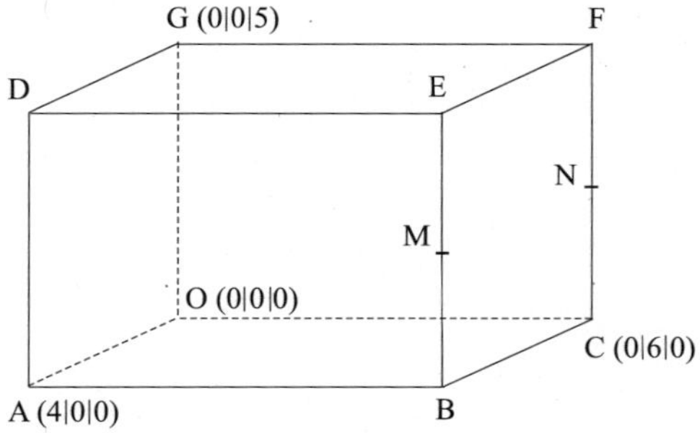

a) Bestimmen Sie die Koordinaten der übrigen Punkte.

b) Geben Sie eine Koordinatengleichung der Ebene durch B, E und F an.

c) Geben Sie je eine Geradengleichung der Geraden durch A und N sowie G und M an.

d) Bestimmen Sie die Koordinatengleichung der Ebene durch A, O, E und F.

5.5 Gegenseitige Lage von Geraden und Ebenen □

Tipps ab Seite 89, Lösungen ab Seite 166

Eine Gerade und eine Ebene können auf drei verschiedene Weisen zueinander liegen: Die Gerade kann die Ebene schneiden, sie kann parallel zu ihr liegen und sie kann in der Ebene liegen. Liegt die Ebene in der Parameterform vor, werden Geraden- und Ebenengleichung gleichgesetzt. Liegt sie in der Koordinatenform vor, schreiben Sie die Gerade als «allgemeinen Punkt» um und setzten diesen in die Ebenengleichung ein.

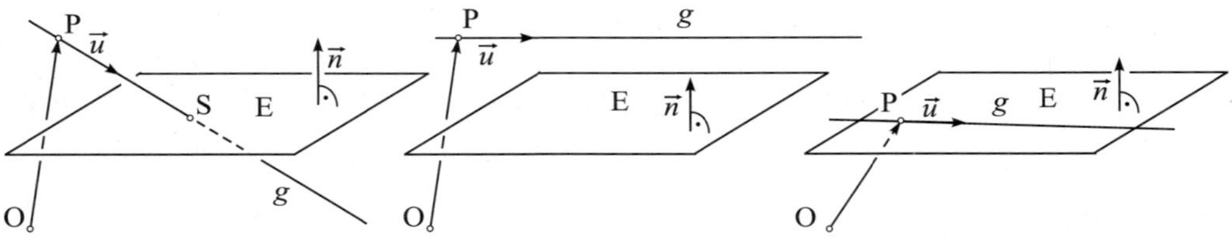

g schneidet E — g ist parallel zu E — g liegt in E

5.5.1 Gegenseitige Lage □

Bestimmen Sie die gegenseitige Lage der Gerade und der Ebene:

a) $g:\ \vec{x}=\begin{pmatrix}4\\6\\2\end{pmatrix}+t\cdot\begin{pmatrix}1\\2\\3\end{pmatrix}$ $\quad$ $E:\ 2x+4y+6z+12=0$

b) $g:\ \vec{x}=\begin{pmatrix}3\\2\\2\end{pmatrix}+s\cdot\begin{pmatrix}2\\5\\7\end{pmatrix}$ $\quad$ $E:\ 2x+y-3z=4$

c) $g:\ \vec{x}=\begin{pmatrix}1\\-2\\3\end{pmatrix}+s\cdot\begin{pmatrix}2\\1\\2\end{pmatrix}$ $\quad$ $E:\ x-z=0$

d) $g:\ \vec{x}=\begin{pmatrix}1\\2\\3\end{pmatrix}+t\cdot\begin{pmatrix}1\\3\\4\end{pmatrix}$ $\quad$ $E:\ 13x+5y-7z-2=0$

e) $g:\ \vec{x}=\begin{pmatrix}4\\1\\3\end{pmatrix}+t\cdot\begin{pmatrix}2\\-1\\1\end{pmatrix}$ $\quad$ $E:\ \vec{x}=\begin{pmatrix}1\\-2\\-2\end{pmatrix}+r\cdot\begin{pmatrix}3\\6\\-3\end{pmatrix}+s\cdot\begin{pmatrix}8\\-4\\4\end{pmatrix}$

f) $g:\ \vec{x}=\begin{pmatrix}3\\4\\7\end{pmatrix}+t\cdot\begin{pmatrix}1\\0\\1\end{pmatrix}$ $\quad$ $E:\ \vec{x}=\begin{pmatrix}4\\6\\8\end{pmatrix}+r\cdot\begin{pmatrix}3\\8\\9\end{pmatrix}+s\cdot\begin{pmatrix}10\\5\\4\end{pmatrix}$

5.5.2 Vermischte Aufgaben

a) Gegeben ist die Ebene $E: 2x+y-2z=12$. Bestimmen Sie die Gleichung einer Geraden, welche parallel zu E ist und durch den Punkt $P(4 \mid 9 \mid 7)$ verläuft.

b) Die Ebene E hat die Gleichung $E: 4x-3y+5z=17$. Bestimmen Sie die Gleichung der Geraden, die orthogonal zu E ist und durch den Punkt $Q(4 \mid -1 \mid 3)$ verläuft.

c) Zeigen Sie, dass die Gerade $g: \vec{x} = \begin{pmatrix} 4 \\ 6 \\ 8 \end{pmatrix} + t \cdot \begin{pmatrix} 1 \\ 2 \\ 2 \end{pmatrix}$ und die Ebene $E: 4x-3y+z=7$ keine gemeinsamen Punkte haben.

d) Zeigen Sie, dass die Ebene $E: 4x-2y=4$ die Gerade $g: \vec{x} = \begin{pmatrix} 4 \\ 6 \\ 8 \end{pmatrix} + t \cdot \begin{pmatrix} 1 \\ 2 \\ 3 \end{pmatrix}$ enthält.

5.6 Gegenseitige Lage zweier Ebenen

Tipps ab Seite 89, Lösungen ab Seite 168

Zwei Ebenen können auf drei verschiedene Arten zueinander liegen: Die beiden Ebenen können sich schneiden, sie können identisch sein oder parallel zueinander liegen. Wenn sich die beiden Ebenen schneiden, entsteht eine Schnittgerade s.

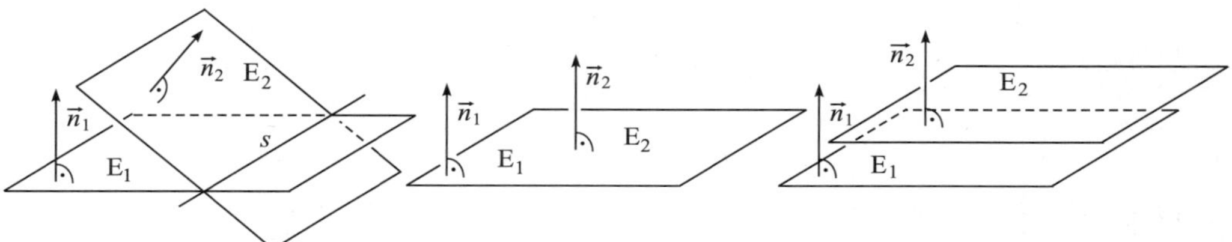

E_1 und E_2 schneiden sich — E_1 und E_2 sind identisch — E_1 und E_2 sind parallel

Liegen die Ebenen in Koordinatenform vor, so läßt sich die Aufgabe relativ einfach dadurch lösen, dass Sie die beiden Gleichungen als Gleichungssystem mit drei Unbekannten auffassen. Sie lösen dieses Gleichungssystem und können die Lösung als Geradengleichung schreiben, indem der Parameter der Lösung zum Geradenparameter wird. Liegen die Ebenen in Parametergleichung vor, setzen Sie diese gleich und benutzen das Gaußverfahren um nach einem Parameter aufzulösen. Sie erhalten so einen Ausdruck in Abhängigkeit vom anderen Parameter, setzen diesen in die Ebenengleichung ein und erhalten so die Schnittgerade.

5.6.1 Schnitt von zwei Ebenen

Bestimmen Sie eine Gleichung der Schnittgerade der beiden Ebenen, es gilt für alle Parameter: $r, s, t, u \in \mathbb{R}$

a) $E_1: x_1+2x_3=6$
$E_2: x_1+x_2+x_3=1$

b) $E_1: 6x_1-x_2+x_3=6$
$E_2: 2x_1+x_2-x_3=-2$

c) $E_1: 4x_2=8$
$E_2: 2x_1+6x_3=0$

d) $E_1: \vec{x} = \begin{pmatrix} 5 \\ 6 \\ -4 \end{pmatrix} + r \cdot \begin{pmatrix} 0 \\ -4 \\ 7 \end{pmatrix} + s \cdot \begin{pmatrix} 2 \\ -3 \\ 4 \end{pmatrix}$, $E_2: \; 2x_1 - x_2 + x_3 = 0$

e) $E_1: \vec{x} = \begin{pmatrix} 2 \\ 2 \\ 2 \end{pmatrix} + r \cdot \begin{pmatrix} -1 \\ 2 \\ 1 \end{pmatrix} + s \cdot \begin{pmatrix} 1 \\ -1 \\ 2 \end{pmatrix}$, $E_2: x_1 + x_2 - 2x_3 = -4$

f) $E_1: \vec{x} = \begin{pmatrix} -4 \\ 1 \\ 6 \end{pmatrix} + r \cdot \begin{pmatrix} 5 \\ -3 \\ -2 \end{pmatrix} + s \cdot \begin{pmatrix} 2 \\ 2 \\ -1 \end{pmatrix}$, $E_2: \vec{x} = \begin{pmatrix} 4 \\ 5 \\ -3 \end{pmatrix} + t \cdot \begin{pmatrix} 0 \\ -2 \\ 1 \end{pmatrix} + u \cdot \begin{pmatrix} -3 \\ 1 \\ 3 \end{pmatrix}$

g) $E_1: \vec{x} = \begin{pmatrix} 4 \\ 5 \\ 7 \end{pmatrix} + r \cdot \begin{pmatrix} 1 \\ 1 \\ 2 \end{pmatrix} + s \cdot \begin{pmatrix} 2 \\ 3 \\ 6 \end{pmatrix}$, $E_2: \vec{x} = \begin{pmatrix} 3 \\ 2 \\ 11 \end{pmatrix} + t \cdot \begin{pmatrix} 1 \\ -1 \\ 2 \end{pmatrix} + u \cdot \begin{pmatrix} 2 \\ -5 \\ 8 \end{pmatrix}$

5.6.2 Parallele Ebenen ☐

Zeigen Sie, dass die beiden Ebenen parallel sind, bzw. bestimmen Sie t so, dass die beiden Ebenen parallel sind:

a) $E: \; 4x_1 + 3x_2 - 2x_3 = -7$
$F: \; 8x_1 + 6x_2 - 4x_3 + 15 = 0$

b) $E: \; -x_1 + x_2 + 2x_3 = 0$
$F: \; 2x_1 - 2x_2 - 4x_3 = 5$

c) $E: \; 3x_1 + 6x_2 = 5$
$F: \; -x_1 - 2x_2 = 2$

d) $E_t: \; tx_1 - 2tx_2 - 4x_3 = 6$
$F: \; -2x_1 + 4x_2 - 4x_3 = 7$

e) $E_t: \; 2tx_1 + x_2 + 3x_3 = 8$
$F: \; 8x_1 - 2x_2 - 6x_3 = 7$

5.6.3 Verschiedene Aufgaben zur Lage zweier Ebenen ☐

a) Zeigen Sie, dass die Ebene $E: \; 4x_1 + x_2 - 2x_3 = -8$ identisch ist mit der Ebene $F: \; -6x_1 - 1{,}5x_2 + 3x_3 = 12$.

b) Für welchen Wert von d ist $E_d: \; 2x_1 + x_2 - 3x_3 = d$ identisch mit der Ebene $F: \; -4x_1 - 2x_2 + 6x_3 = 9$?

c) Zeigen Sie, dass die Ebene $E: \; 3x_1 + 4x_2 - 2x_3 = 7$ orthogonal zur Ebene $F: \; 2x_1 + x_2 + 5x_3 = 9$ ist.

d) Für welchen Wert von t ist $E: \; 2x_1 - x_2 + 3x_3 = 7$ orthogonal zur Ebene $E_t: \; tx_1 - 2tx_2 - 4x_3 = 6$?

e) Gegeben sind die Ebenen $E: \; ax_1 + bx_2 + cx_3 = d$ und $F: \; ex_1 + fx_2 + gx_3 = h$; $a, \ldots, h \in \mathbb{R}$. Welche Beziehung muss zwischen den Ebenen bestehen, damit

I) E (echt) parallel zu F liegt

II) E senkrecht auf F steht

III) E und F identisch sind.

6 Abstände, Winkel und Spiegelungen

6.1 Abstandsberechnungen

Tipps ab Seite 90, Lösungen ab Seite 174

6.1.1 Abstand Punkt – Ebene

Berechnen Sie den Abstand des Punktes von der Ebene:

a) $P(2\mid 4\mid -1)$, $E:\ 2x-y+2z=1$

b) $Q(7\mid 4\mid 3)$, $E:\ x+2y+2z=3$

c) $R(5\mid 5\mid 2)$, $E:\ \left(\vec{x}-\begin{pmatrix}1\\2\\2\end{pmatrix}\right)\cdot\begin{pmatrix}4\\3\\0\end{pmatrix}=0$

6.1.2 Abstand Punkt – Gerade

Berechnen Sie den Abstand des Punktes von der Geraden:

a) $g:\ \vec{x}=\begin{pmatrix}4\\5\\6\end{pmatrix}+t\cdot\begin{pmatrix}-2\\1\\1\end{pmatrix}$, $T(6\mid -6\mid 9)$ b) $g:\ \vec{x}=\begin{pmatrix}-2\\-4\\2\end{pmatrix}+t\cdot\begin{pmatrix}3\\0\\-2\end{pmatrix}$, $P(-1\mid 2\mid -3)$

6.1.3 Abstand paralleler Geraden

Zeigen Sie, dass die beiden Geraden parallel sind, und berechnen Sie den Abstand der beiden Geraden:

a) $g:\ \vec{x}=\begin{pmatrix}2\\1\\2\end{pmatrix}+t\cdot\begin{pmatrix}1\\0\\1\end{pmatrix}$ $h:\ \vec{x}=\begin{pmatrix}2\\3\\4\end{pmatrix}+s\cdot\begin{pmatrix}3\\0\\3\end{pmatrix}$

b) $g:\ \vec{x}=\begin{pmatrix}5\\-1\\3\end{pmatrix}+t\cdot\begin{pmatrix}1\\3\\4\end{pmatrix}$ $h:\ \vec{x}=\begin{pmatrix}7\\-7\\7\end{pmatrix}+s\cdot\begin{pmatrix}-2\\-6\\-8\end{pmatrix}$

6.1.4 Verschiedene Aufgaben

a) Bestimmen Sie denjenigen Punkt A auf $g:\ \vec{x}=\begin{pmatrix}2\\1\\3\end{pmatrix}+t\cdot\begin{pmatrix}2\\1\\2\end{pmatrix}$,

welcher von $P(5\mid 1\mid 0)$ und $Q(6\mid 3\mid 7)$ die gleiche Entfernung hat.

b) Bestimmen Sie denjenigen Punkt M auf $g: \ \vec{x} = \begin{pmatrix} -1 \\ 4 \\ 1 \end{pmatrix} + t \cdot \begin{pmatrix} 2 \\ -2 \\ 1 \end{pmatrix}$,

der von A$(2 \mid -2 \mid 1)$ und C$(-1 \mid 4 \mid -1)$ gleich weit entfernt ist.

c) Bestimmen Sie diejenigen Punkte auf $g: \ \vec{x} = \begin{pmatrix} 1 \\ 0 \\ 2 \end{pmatrix} + t \cdot \begin{pmatrix} 2 \\ 1 \\ 2 \end{pmatrix}$,

welche von A$(3 \mid 1 \mid 4)$ die Entfernung 3 LE haben.

d) Die Punkte A$(1 \mid 1 \mid 1)$, B$(3 \mid 3 \mid 1)$ und C$(0 \mid 4 \mid 5)$ sowie S$(6 \mid -2 \mid 8)$ bilden eine Pyramide mit der Grundfläche ABC. Berechnen Sie die Höhe der Pyramide.

e) Von welcher Ebene $E_b: \ 2x_1 + x_2 - 2x_3 = b$ hat der Punkt P$(-1 \mid 2 \mid -3)$ den Abstand 2 LE?

f) Welche Punkte der Geraden $g: \ \vec{x} = \begin{pmatrix} 1 \\ -3 \\ 5 \end{pmatrix} + s \cdot \begin{pmatrix} 2 \\ 1 \\ -3 \end{pmatrix}$ haben von der

Ebene $E: \ x_1 - 4x_2 + 8x_3 = 1$ den Abstand 13 LE?

g) Welche Punkte der Geraden $g: \ \vec{x} = \begin{pmatrix} 2 \\ -5 \\ -3 \end{pmatrix} + t \cdot \begin{pmatrix} 2 \\ 4 \\ 5 \end{pmatrix}$ haben von der

Ebene $E: \ 2x_1 + x_2 + 2x_3 - 11 = 0$ den Abstand 3 LE?

h) Berechnen Sie die Koordinaten der Punkte auf $g: \ \vec{x} = \begin{pmatrix} 0 \\ 4 \\ -2 \end{pmatrix} + t \cdot \begin{pmatrix} 2 \\ 2 \\ 1 \end{pmatrix}$,

die von der Ebene $E: \ x_1 + 2x_2 + 2x_3 = 12$ den Abstand 8 LE haben.

i) Zeigen Sie, dass $g: \ \vec{x} = \begin{pmatrix} 1 \\ 2 \\ 3 \end{pmatrix} + t \cdot \begin{pmatrix} 2 \\ -1 \\ 3 \end{pmatrix}$ parallel zu

$E: \ 4x_1 - x_2 - 3x_3 = 19$ ist und berechnen Sie den Abstand von g zu E.

j) Zeigen Sie, dass die Ebene $E_1: \ 2x_1 - 3x_2 + x_3 = 4$ parallel ist zu $E_2: \ -2x_1 + 3x_2 - x_3 = -7$ und berechnen Sie den Abstand von E_1 zu E_2.

6.2 Winkelberechnungen □

Tipps ab Seite 91, Lösungen ab Seite 179

Die verschiedenen Aufgaben der Winkelberechnungen lassen sich auf die Berechnung des Winkels φ zwischen zwei Vektoren $\vec{a}$ und $\vec{b}$ zurückführen, den man mit Hilfe der Formel

$$\cos(\varphi) = \frac{\vec{a} \cdot \vec{b}}{|\vec{a}|\left|\vec{b}\right|}$$

bestimmen kann.
Will man den spitzen Winkel φ zwischen zwei Geraden berechnen, verwendet man die Formel

$$\cos(\varphi) = \frac{|\vec{u}_1 \cdot \vec{u}_2|}{|\vec{u}_1|\,|\vec{u}_2|}$$

wobei $\vec{u}_1$ und $\vec{u}_2$ die beiden Richtungsvektoren der Geraden sind.
Ohne Taschenrechner lässt sich der Winkel in der Regel nur dann bestimmen, wenn es sich um einen rechten Winkel handelt. Bestimmen Sie ansonsten den Ausdruck für den Kosinus des Winkels.

Tipp: Machen Sie eine Skizze. Überlegen Sie, welche Vektoren der Geraden den Winkel einschließen.

Aufgaben:

a) Berechnen Sie die Innenwinkel des Dreiecks ABC: $A\,(6\,|\,-1\,|\,1)$, $B\,(4\,|\,3\,|\,-3)$, $C\,(0\,|\,5\,|\,1)$.

b) Berechnen Sie den Winkel zwischen den beiden Geraden oder bestimmen Sie einen Rechenausdruck:

I) $g:\ \vec{x} = \begin{pmatrix} 2 \\ 1 \\ -1 \end{pmatrix} + s \cdot \begin{pmatrix} -1 \\ 3 \\ 5 \end{pmatrix}$ $\qquad h:\ \vec{x} = \begin{pmatrix} 2 \\ 1 \\ -1 \end{pmatrix} + t \cdot \begin{pmatrix} 7 \\ -1 \\ 2 \end{pmatrix}$

II) $g:\ \vec{x} = \begin{pmatrix} 4 \\ 0 \\ 1 \end{pmatrix} + s \cdot \begin{pmatrix} 2 \\ -6 \\ 10 \end{pmatrix}$ $\qquad h:\ \vec{x} = \begin{pmatrix} 4 \\ 0 \\ 1 \end{pmatrix} + t \cdot \begin{pmatrix} 2 \\ 3 \\ 5 \end{pmatrix}$

6.3 Spiegelungen □

Tipps ab Seite 92, Lösungen ab Seite 180

Die Aufgaben der Spiegelungen lassen sich oft auf die Spiegelung eines Punktes an einem Punkt zurückführen. Hierzu stellt man eine geeignete Vektorkette mit Hilfe des Ursprungs auf.
Um einen Punkt an einer Ebene zu spiegeln, schneidet man die Lotgerade durch diesen Punkt mit der Ebene.
Um einen Punkt an einer Geraden zu spiegeln, stellt man eine orthogonale Hilfsebene durch diesen Punkt auf und schneidet sie mit der Geraden.

6.3.1 Punkt an Punkt □

Spiegeln Sie den Punkt $P(3 \mid 4 \mid 5)$ jeweils an dem angegebenen Punkt:

a) $Q(2 \mid 1 \mid 2)$ b) $R(0 \mid 3 \mid -2)$ c) $S(-3 \mid 1 \mid 4)$

6.3.2 Punkt an Ebene □

Spiegeln Sie jeweils den Punkt an der Ebene:

a) $A(1 \mid 4 \mid 7)$
$E: \; x-y-2z+11=0$

b) $S(-1 \mid -4 \mid -9)$
$E: \; 2x-2y+z=6$

c) $P(2 \mid 3 \mid 4)$
$E: \; 4x+y-z=3$

6.3.3 Punkt an Gerade □

Spiegeln Sie den Punkt an der Geraden:

a) $P(2 \mid 3 \mid 4),\; g: \vec{x} = \begin{pmatrix} 2 \\ 1 \\ 2 \end{pmatrix} + t \cdot \begin{pmatrix} 1 \\ 0 \\ 1 \end{pmatrix}$ b) $B(5 \mid -2 \mid 1),\; g: \vec{x} = \begin{pmatrix} -1 \\ 6 \\ 5 \end{pmatrix} + t \cdot \begin{pmatrix} 4 \\ -1 \\ -1 \end{pmatrix}$

6.3.4 Allgemeine Spiegelungen □

a) Geben Sie die wesentlichen Arbeitsschritte zur Spiegelung einer Geraden an einer Ebene an, falls gilt:
I) $g \parallel E$ II) g schneidet E.

b) Geben Sie die wesentlichen Arbeitsschritte zur Spiegelung einer Ebene an einer Ebene an (mit Fallunterscheidung).

7 Lineare Abbildungen und Matrizen

Tipps ab Seite 92, Lösungen ab Seite 183

In diesem Kapitel geht es um das grundlegende Rechnen mit Matrizen. Matrizen haben folgende Eigenschaften:

1. Matrizen werden als $n \times m$ (gelesen «n kreuz m») Matrizen bezeichnet, wobei n die Anzahl der Zeilen und m die Anzahl der Spalten ist (Merkhilfe: ZVS = Zeile vor Spalte).
2. Die Zahlen, die in der Matrix stehen, heißen Elemente oder Einträge, sie werden in der Regel durch zwei Indices gekennzeichnet. Dabei gibt der erste Index die jeweilige Zeile und der zweite die jeweilige Spalte an.
$$A = \begin{pmatrix} a_{11} & a_{12} \\ a_{21} & a_{22} \end{pmatrix}$$
Manchmal werden 2×2 Matrizen auch als $\begin{pmatrix} a_1 & b_1 \\ a_2 & b_2 \end{pmatrix}$ dargestellt. Bei dieser Darstellung kann man leichter den Überblick behalten, da nur ein Index vorhanden ist.
Die *Einheitsmatrix* besteht nur aus Einsen und Nullen. Die Einsen stehen dabei auf der *Hauptdiagonale*:
$$E = \begin{pmatrix} 1 & 0 \\ 0 & 1 \end{pmatrix}$$
3. Vektoren haben eine Spalte und können daher beim Rechnen als 3×1 (oder 2×1) Matrizen behandelt werden.
4. Matrizen werden mit Großbuchstaben gekennzeichnet, die Einträge mit Kleinbuchstaben.

Die Regeln zum «konkreten» Rechnen mit Matrizen finden Sie bei den Tipps auf Seite 92.

Aufgaben:
Wie bei allen Aufgaben gilt, dass Sie langwierige Rechnungen, wie z.B. die mehrfache Multiplikation von Matrizen mit dem Taschenrechner durchführen sollten. Die zugrundeliegenden Regeln sollten Sie aber verstanden haben, daher ist es sinnvoll, den Taschenrechner in diesem Kapitel nur zur Kontrolle einzusetzen.

7.1 Rechnen mit Matrizen

a) Gegeben sind $A = \begin{pmatrix} 2 & 1 \\ 3 & 2 \end{pmatrix}$, $B = \begin{pmatrix} 4 & 0 \\ 1 & 3 \end{pmatrix}$, $\vec{x} = \begin{pmatrix} 3 \\ 1 \end{pmatrix}$ und $\vec{y} = \begin{pmatrix} 4 \\ -1 \end{pmatrix}$.

Berechnen Sie:

I) $A + B$	II) $3 \cdot A$	III) $(-2) \cdot B$	IV) $\vec{x} \cdot \vec{y}$
V) $A \cdot \vec{x}$	VI) $B \cdot \vec{y}$	VII) $A \cdot B$	VIII) $B \cdot A$

b) Gegeben sind:

$$A = \begin{pmatrix} 3 & 2 & -1 \\ 1 & 0 & 1 \\ 2 & 1 & 2 \end{pmatrix}, \; B = \begin{pmatrix} 4 & 1 & 0 \\ 2 & -1 & 1 \\ 3 & 0 & -2 \end{pmatrix}, \; \vec{x} = \begin{pmatrix} 1 \\ 4 \\ -2 \end{pmatrix} \text{ und } \vec{y} = \begin{pmatrix} 0 \\ -2 \\ 1 \end{pmatrix}.$$

Berechnen Sie:

I) $\vec{x} \cdot \vec{y}$ II) $A \cdot \vec{x}$ III) $B \cdot \vec{y}$ IV) $A \cdot B$

V) $B \cdot A$

c) Berechnen Sie: I) $\begin{pmatrix} 2 & 4 \\ 9 & 0 \\ 3 & -1 \end{pmatrix} \cdot \begin{pmatrix} 1 \\ 3 \end{pmatrix}$ II) $\begin{pmatrix} 2 & 1 \\ 4 & 2 \\ 1 & 5 \end{pmatrix} \cdot \begin{pmatrix} 4 & 2 & 1 \\ 1 & 3 & 2 \end{pmatrix}$

7.2 Inverse Matrizen

Die Inverse Matrix A^{-1} zu einer Matrix A ist die Matrix, mit der man A multiplizieren muss, um die Einheitsmatrix E zu erhalten: $A \cdot A^{-1} = E$. (Analog zu den reellen Zahlen, bei denen gilt: $a \cdot a^{-1} = a \cdot \frac{1}{a} = 1$. Allerdings darf man bei Matrizen nicht einfach teilen, sondern muss A^{-1} erst berechnen.) Die Rechenregeln zur Berechnung der inversen Matrix finden Sie bei den Tipps auf Seite 94.

a) Zeigen Sie, dass die Matrizen A und B zueinander invers sind.

I) $A = \begin{pmatrix} 1 & -3 \\ 1 & -4 \end{pmatrix}, \; B = \begin{pmatrix} 4 & -3 \\ 1 & -1 \end{pmatrix}$

II) $A = \begin{pmatrix} -1 & 2 & 0 \\ 0 & -1 & 1 \\ 1 & 1 & 1 \end{pmatrix}, \; B = \begin{pmatrix} -\frac{1}{2} & -\frac{1}{2} & \frac{1}{2} \\ \frac{1}{4} & -\frac{1}{4} & \frac{1}{4} \\ \frac{1}{4} & \frac{3}{4} & \frac{1}{4} \end{pmatrix}$

b) Bestimmen Sie die Matrix B so, dass sie zur Matrix $A = \begin{pmatrix} 3 & 1 \\ -2 & -1 \end{pmatrix}$ invers ist.

c) Bestimmen Sie die inverse Matrix A^{-1} von $A = \begin{pmatrix} 1 & 4 \\ 2 & 6 \end{pmatrix}$ mit Hilfe des Gauß-Verfahrens.

Stochastik

8 Wahrscheinlichkeitsrechnung ☐

8.1 Baumdiagramme und Pfadregeln ☐

Tipps ab Seite 96, Lösungen ab Seite 186

In diesem Kapitel geht es darum, mit Hilfe bereits bekannter Wahrscheinlichkeiten von einzelnen Ergebnissen die Wahrscheinlichkeiten weiterer, oft «komplizierterer» Ereignisse zu bestimmen. Ein wichtiges Hilfsmittel zur Veranschaulichung hierfür sind *Baumdiagramme*. Sie sind insbesondere bei mehrstufigen Zufallsexperimenten hilfreich. Eine Verzweigung entspricht dabei den möglichen Versuchausgängen der jeweiligen Stufe; längs der «Äste» werden die zugehörigen Wahrscheinlichkeiten notiert.
Bei mehrstufigen Zufallsexperimenten unterscheidet man *geordnete Stichproben* (d.h. Beachtung der Reihenfolge) von *ungeordneten Stichproben*; beide Stichprobenarten können *mit oder ohne Zurücklegen* durchgeführt werden. Bei der Erstellung des Baumdiagrammes muss man darauf achten, dass sich bei Stichproben ohne Zurücklegen die Wahrscheinlichkeiten bei jeder Stufe ändern.
Manchmal ist es auch geschickt oder hilfreich die Wahrscheinlichkeit eines Ereignisses A mithilfe des Gegenereignisses $\bar{A}$ zu berechnen; dies ist vor allem (aber nicht immer) bei den Signalwörtern «mindestens» oder «höchstens» der Fall. Es gilt dann für die entsprechenden Wahrscheinlichkeiten:

$$P(A) = 1 - P(\bar{A})$$

1. Beispiel: Ziehen mit Zurücklegen

Ein Gefäß enthält 4 blaue und 6 rote Kugeln. Es werden 2 Kugeln mit Zurücklegen gezogen.
Da 4 blaue und 6 rote, also insgesamt 10 Kugeln in der Urne sind, beträgt die Wahrscheinlichkeit bei jedem Ziehen für die Ergebnisse blau (b): $\frac{4}{10}$ und für rot (r): $\frac{6}{10}$.
Damit erhält man folgendes Baumdiagramm:

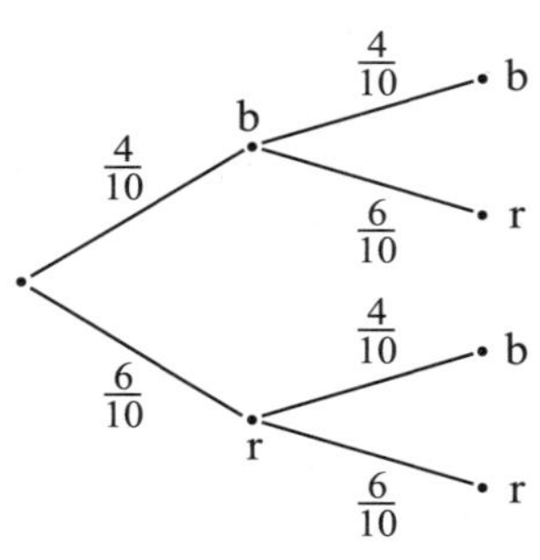

Wichtige Rechenregeln für Baumdiagramme sind die *1. Pfadregel* und die *2. Pfadregel*:
Die 1. Pfadregel (Produktregel) besagt, dass man die Wahrscheinlichkeit längs eines Pfades berechnet, indem man die Wahrscheinlichkeiten der zugehörigen Äste miteinander multipliziert.
Mit der 2. Pfadregel (Summenregel) kann man die Wahrscheinlichkeit eines Ereignisses berechnen, indem man die Wahrscheinlichkeiten aller zugehörigen Pfade addiert.

Will man beispielsweise die Wahrscheinlichkeit berechnen, dass beide Kugeln rot sind, so ergibt sich mit Hilfe der 1. Pfadregel:

$$P(\text{«beide Kugeln rot»}) = P(\text{rr}) = \frac{6}{10} \cdot \frac{6}{10} = \frac{36}{100} = 0{,}36$$

Will man die Wahrscheinlichkeit berechnen, dass beide Kugeln gleichfarbig sind, so ergibt sich mit Hilfe der 1. und 2. Pfadregel:

$$P(\text{«beide Kugeln gleichfarbig»}) = P(\text{rr}) + P(\text{bb}) = \frac{6}{10} \cdot \frac{6}{10} + \frac{4}{10} \cdot \frac{4}{10} = \frac{36}{100} + \frac{16}{100} = \frac{52}{100} = 0{,}52$$

2. Beispiel: Ziehen ohne Zurücklegen

Eine Urne enthält 2 rote und 9 schwarze Kugeln. Es werden 2 Kugeln gleichzeitig gezogen. Das gleichzeitige Ziehen entspricht dem Ziehen ohne Zurücklegen. Man erhält folgendes Baumdiagramm:

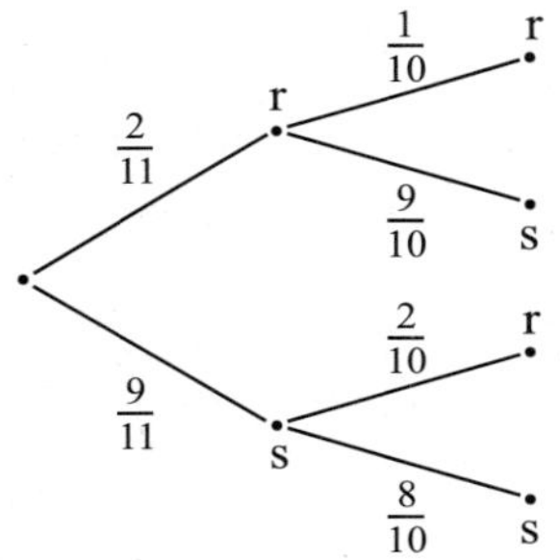

Da 2 rote und 9 schwarze, also insgesamt 11 Kugeln in der Urne sind, beträgt die Wahrscheinlichkeit beim 1. Ziehen für rot (r): $\frac{2}{11}$ und für schwarz (s): $\frac{9}{11}$.

Beim 2. Ziehen sind nur noch 10 Kugeln vorhanden und die Wahrscheinlichkeiten hängen davon ab, welche Farbe schon gezogen wurde.

Will man beispielsweise die Wahrscheinlichkeit berechnen, dass genau eine Kugel schwarz ist, ergibt sich mit Hilfe der 1. und 2. Pfadregel (Produkt- und Summenregel):

$$P(\text{«genau eine schwarze Kugel»}) = P(\text{rs}) + P(\text{sr}) = \frac{2}{11} \cdot \frac{9}{10} + \frac{9}{11} \cdot \frac{2}{10} = \frac{9}{55} + \frac{9}{55} = \frac{18}{55}$$

Will man die Wahrscheinlichkeit berechnen, dass mindestens eine der beiden Kugeln schwarz ist, erhält man mit Hilfe des Gegenereignisses:

$$\begin{aligned} P(\text{«mindestens eine schwarze Kugel»}) &= 1 - P(\text{«keine schwarze Kugel»}) \\ &= 1 - P(\text{rr}) \\ &= 1 - \frac{2}{11} \cdot \frac{1}{10} \\ &= 1 - \frac{1}{55} \\ &= \frac{54}{55} \end{aligned}$$

8.1.1 Ziehen mit Zurücklegen □

a) Eine Urne enthält 4 rote, 3 weiße und 2 gelbe Kugeln. Es werden 2 Kugeln mit Zurücklegen gezogen.

I) Mit welcher Wahrscheinlichkeit erhält man eine weiße und eine gelbe Kugel?

II) Wie groß ist die Wahrscheinlichkeit, dass man keine weiße Kugel erhält ?

b) Ein Gefäß enthält 8 rote, 4 blaue und 2 weiße Kugeln. Es werden 2 Kugeln mit Zurücklegen gezogen.

I) Mit welcher Wahrscheinlichkeit erhält man keine rote Kugel?

II) Berechnen Sie die Wahrscheinlichkeit, dass man höchstens eine rote Kugel erhält?

c) In einem Behälter befinden sich 3 rote und 5 gelbe Kugeln. Es werden 2 Kugeln mit Zurücklegen gezogen.

I) Berechnen Sie die Wahrscheinlichkeit, dass mindestens eine der beiden Kugeln gelb ist.

II) Wie viele gelbe Kugeln hätten sich in dem Behälter befinden müssen, damit die Wahrscheinlichkeit, mindestens eine gelbe Kugel zu ziehen, 0,91 betragen hätte?

d) In einer Urne befinden sich rote und schwarze Kugeln. Es ergibt sich das nebenstehende Baumdiagramm.

I) Beschreiben Sie eine Situation, die zu diesem Baumdiagramm passt.

II) Wie groß ist die Wahrscheinlichkeit, dass mindestens eine Kugel rot ist?

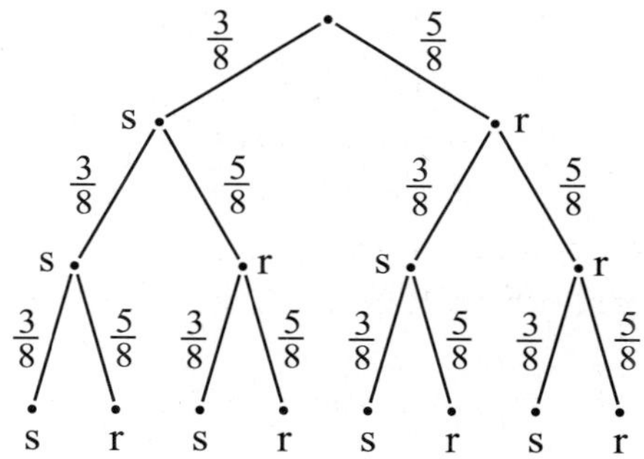

8.1.2 Ziehen ohne Zurücklegen □

a) In einer Urne befinden sich 2 grüne, 3 rote und 5 blaue Kugeln. Es werden 2 Kugeln ohne Zurücklegen gezogen.

I) Mit welcher Wahrscheinlichkeit wird eine grüne und eine rote Kugel gezogen?

II) Berechnen Sie die Wahrscheinlichkeit, dass keine blaue Kugel gezogen wird.

b) In einer Urne befinden sich rote und schwarze Kugeln. Es ergibt sich folgendes Baumdiagramm:

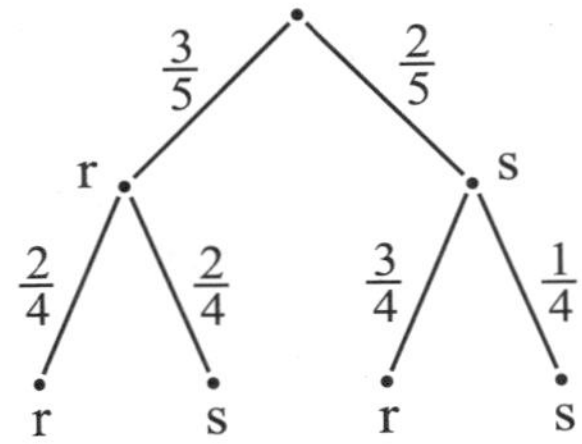

I) Beschreiben Sie eine Situation, die zu diesem Baumdiagramm passt.

II) Wie groß ist die Wahrscheinlichkeit, dass beide Kugeln gleichfarbig sind?

c) In einer Urne sind 7 weiße, 5 schwarze und 3 rote Kugeln. Es werden 3 Kugeln gleichzeitig gezogen.

I) Wie groß ist die Wahrscheinlichkeit, dass eine Kugel weiß ist und zwei Kugeln schwarz sind?

II) Mit welcher Wahrscheinlichkeit ist mindestens eine Kugel weiß?

d) In einer Urne sind 4 weiße und eine unbekannte Anzahl roter Kugeln. Es werden 2 Kugeln ohne Zurücklegen gezogen.

I) Wie viele rote Kugeln waren vorhanden, wenn die Wahrscheinlichkeit, dass beide Kugeln weiß sind, $\frac{1}{6}$ beträgt?

II) Wie viele rote Kugeln waren vorhanden, wenn die Wahrscheinlichkeit, dass mindestens eine Kugel weiß ist, $\frac{2}{3}$ beträgt?

8.1.3 Mehrstufige Experimente ☐

a) In einem Gefäß G_1 befinden sich 2 rote und 3 blaue Kugeln, in einem Gefäß G_2 sind 2 rote und 4 blaue Kugeln.

I) Aus G_1 werden 2 Kugeln mit Zurücklegen gezogen, anschließend wird aus G_2 eine Kugel gezogen.
Gesucht ist die Wahrscheinlichkeit, dass mindestens 2 rote Kugeln gezogen wurden.

II) Aus G_1 werden 2 Kugeln ohne Zurücklegen gezogen und in Gefäß G_2 gelegt, anschließend wird aus G_2 eine Kugel gezogen.
Berechnen Sie die Wahrscheinlichkeit, dass genau 1 rote Kugel gezogen wurde.

b) In einer Lostrommel sind 3 Gewinne und 7 Nieten. Eine Person kauft 3 Lose.

I) Berechnen Sie die Wahrscheinlichkeit, dass genau 2 Gewinne gezogen werden.

II) Wie groß ist die Wahrscheinlichkeit, dass ein Gewinn erst beim dritten Zug gezogen wird?

c) In drei Tablettenpackungen mit je 10 Tabletten sind gelbe und weiße Tabletten. In der ersten Packung gibt es eine gelbe Tablette, in der zweiten Packung sind zwei gelbe Tabletten und in der dritten Packung sind drei gelbe Tabletten.

   I) Aus der dritten Packung werden 3 Tabletten entnommen. Mit welcher Wahrscheinlichkeit werden mindestens 2 gelbe Tabletten gezogen?

   II) Es wird eine Packung ausgewählt und dieser werden 2 Tabletten entnommen. Wie groß ist die Wahrscheinlichkeit, dass beide Tabletten gelb sind?

d) Ein Kartenspiel besteht aus 2 Stapeln Karten. Im ersten Stapel sind 2 rote und 3 schwarze Karten, im zweiten Stapel gibt es 2 rote und 4 schwarze Karten.

   I) Vom ersten und vom zweiten Stapel werden jeweils 2 Karten ohne Zurücklegen gezogen. Berechnen Sie die Wahrscheinlichkeit, dass alle Karten rot sind.

   II) Vom ersten Stapel werden 2 Karten gezogen und mit den Karten des 2. Stapels vermischt. Anschließend wird vom 2. Stapel eine Karte gezogen. Mit welcher Wahrscheinlichkeit ist diese gezogene Karte schwarz?

8.2 Unabhängigkeit und Vierfeldertafeln ☐

Tipps ab Seite 98, Lösungen ab Seite 197

Zwei Ereignisse A und B heißen *(stochastisch) unabhängig* genau dann, wenn der *spezielle Multiplikationssatz* gilt:

$$P(A \cap B) = P(A) \cdot P(B)$$

$A \cap B$ bedeutet: A und B treten ein

Ein wichtiges Hilfsmittel zur Darstellung und Prüfung der Unabhängigkeit zweier Ereignisse sind *Vierfeldertafeln*.

1. Beispiel:

In einer Eisdiele wurde über längere Zeit das Kaufverhalten der Kunden beobachtet. Bei Kunden, die genau zwei Kugeln Eis bestellten, konnte folgende Regelmäßigkeit festgestellt werden: Die Wahrscheinlichkeit, dass die 1. der genannten Sorten Vanille ist, liegt bei $p = 0,4$. Für die Wahrscheinlichkeit, dass die 2. genannte Sorte Schokolade ist, gilt $p = 0,3$.

Mit A bezeichnet man das Ereignis «Die 1. bestellte Sorte ist Vanille», mit $\overline{A}$ entsprechend «Die 1. bestellte Sorte ist nicht Vanille». Mit B bezeichnet man das Ereignis « Die 2. Sorte ist Schokolade»:

Zuerst werden die Werte in den Randspalten bzw. Zeilen eingetragen, also $P(A) = 0,4$ und $P(B) = 0,3$ sowie die Differenz zu 1. Da die Ereignisse A und B unabhängig sind, ergeben sich die Werte in der Mitte durch Multiplikation der Randwerte, z.B.
$P(A \cap \overline{B}) = P(A) \cdot P(\overline{B}) = 0,4 \cdot 0,7 = 0,28.$

	A	$\overline{A}$	
B	0,12	0,18	0,3
$\overline{B}$	0,28	0,42	0,7
	0,4	0,6	1

2. Beispiel:

Die Wahrscheinlichkeit, an einer bestimmten Infektion zu erkranken, beträgt 60 %. Die Wahrscheinlichkeit, einen Mann oder eine Frau anzutreffen, beträgt jeweils 50 %. Bezeichnet man mit M: Mann und mit K: Krank, so ist für die Wahrscheinlichkeit der Infizierung von Männern und Frauen folgende Vierfeldertafel gegeben:

	M	$\overline{M}$	
K	0,25	0,35	0,6
$\overline{K}$	0,25	0,15	0,4
	0,5	0,5	1

Anhand der Vierfeldertafel kann man beispielsweise ablesen, wie groß die Wahrscheinlichkeit ist, dass man eine gesunde Frau trifft:

$$P(\overline{K} \cap \overline{M}) = 0,15 = 15\%$$

Um zu prüfen, ob die beiden Ereignisse K und M unabhängig voneinander sind, verwendet man den Multiplikationssatz:

Es ist $P(K \cap M) = 0,25$ und $P(K) \cdot P(M) = 0,6 \cdot 0,5 = 0,3$.
Wegen $P(K \cap M) \neq P(K) \cdot P(M)$ sind die Ereignisse K und M nicht unabhängig voneinander.

Aufgaben:

a) Vervollständigen Sie die folgenden Vierfeldertafeln unter der Bedingung, dass A und B unabhängige Ereignisse sind.

I)

	A	$\overline{A}$	
B			0,4
$\overline{B}$			
	0,8		

II)

	A	$\overline{A}$	
B	$\frac{3}{5}$		
$\overline{B}$			
		$\frac{1}{10}$	

III)

	A	$\overline{A}$	
B	$\frac{1}{20}$		
$\overline{B}$			
	$\frac{1}{5}$		

b) Ein Fragebogen enthält die Zeilen

männlich ☐ weiblich ☐

Raucher ☐ Nichtraucher ☐

Von 200 befragten Personen waren 90 männlich (m), 80 waren Raucher (R). Es gab 36 männliche Raucher. Ist auf Grund der Umfrage zu schließen, dass Geschlecht und Rauchverhalten der befragten Personen unabhängig voneinander sind?

c) Ergänzen Sie die folgenden Vierfeldertafeln und prüfen Sie, ob A und B unabhängig voneinander sind:

I)

	A	$\overline{A}$	
B	0,3		
$\overline{B}$		0,1	
	0,8		

II)

	A	$\overline{A}$	
B			
$\overline{B}$	$\frac{1}{4}$		$\frac{3}{8}$
		$\frac{5}{8}$	

d) In einer Schule begeistern sich 70 % der Schüler für Fußball, 60 % für Schwimmen, 10 % mögen keine der beiden Sportarten.
Stellen Sie eine Vierfeldertafel auf und bestimmen Sie daraus den Anteil der Schüler, die sich für beide Sportarten begeistern.

8.3 Bedingte Wahrscheinlichkeit ☐

Tipps ab Seite 99, Lösungen ab Seite 198

Die *bedingte Wahrscheinlichkeit* $P_B(A)$ ist die Wahrscheinlichkeit dafür, dass das Ereignis A eintritt, unter der Bedingung, dass B bereits eingetreten ist. Dafür gilt:

$$P_B(A) = \frac{P(A \cap B)}{P(B)}$$

Beispiel:

Die Wahrscheinlichkeit, an einer gewissen Infektion zu erkranken, ist für Männer und Frauen unterschiedlich (die Merkmale «Geschlecht» und «Infektion positiv/negativ» sind also *nicht* unabhängig). Die Wahrscheinlichkeit, eine infizierte Person anzutreffen, liegt bei 2 %. Trifft man auf eine infizierte Person, so beträgt die Wahrscheinlichkeit, dass es sich dabei um einen Mann handelt, etwa 53 %. Bezeichne A die Merkmalsausprägung «Mann», und bezeichne «B» die Merkmalsausprägung «Infektion positiv». Es ist damit $P(B) = 0{,}02$ und $P_B(A) = 0{,}53$.

Die Wahrscheinlichkeit, eine infizierte männliche Person zu treffen, erhält man mit der bedingten Wahrscheinlichkeit:

$$P_B(A) = \frac{P(A \cap B)}{P(B)} \Rightarrow P(A \cap B) = P(B) \cdot P_B(A) = 0{,}02 \cdot 0{,}53 = 0{,}0106 = 1{,}06\,\%$$

Aufgaben:

a) Eine Frauenzeitschrift machte eine Umfrage unter 100 Frauen. 60 Frauen waren über 40 Jahre alt. Insgesamt gaben 40 Frauen an, die Zeitschrift zu lesen. Unter den Leserinnen waren 25 Frauen über 40 Jahre alt.

I) Wie groß war der Anteil der Leserinnen unter den über 40-jährigen?

II) Wie groß war der Anteil der Nicht-Leserinnen unter den jüngeren Befragten (bis 40 Jahre)?

b) In einer Stadt sind 20 % der Bevölkerung an Aids erkrankt. Von einem Aids-Test weiß man, dass er nicht ganz sicher ist. Es können zwei Fehler auftreten:

1. Bei 95 % der Erkrankten fällt der Test positiv aus, beim Rest wird die Krankheit nicht erkannt.
2. Bei 90 % der Gesunden fällt der Test negativ aus, beim Rest wird fälschlicherweise ein Aidsverdacht ausgesprochen.

I) Wie groß ist die Wahrscheinlichkeit, dass eine Person, bei der der Test positiv ausfällt, wirklich an Aids erkrankt ist?

II) Wie groß ist die Wahrscheinlichkeit, dass eine Person, bei der der Test negativ ausfällt, wirklich gesund ist?

c) In einem Stadtteil sind 30 % der Einwohner über 70 Jahre alt, davon sind 40 % Männer. Unter den jüngeren Einwohnern (bis 70 Jahre) beträgt der Anteil der Männer 50 %.

I) Welcher Anteil der Männer ist höchstens 70 Jahre alt?

II) Welcher Anteil der Frauen ist über 70 Jahre alt?

8.4 Binomialverteilung □

Tipps ab Seite 100, Lösungen ab Seite 200

Ein Zufallsexperiment, das genau zwei mögliche Ausgänge hat (z.B. Münzwurf mit Ausgängen «Kopf» und «Zahl», Wurf eines Würfels mit Ausgängen «Zahl gerade» und «Zahl ungerade» oder «1» und «Zahl größer als 1», Ziehen einer Kugel mit den Ausgängen «rot» und «nicht rot») heißt *Bernoulliexperiment.*
Bernoulliketten sind Versuchsreihen, bei denen das gleiche Bernoulliexperiment mehrmals durchgeführt wird. Bernoulliketten sind charakterisiert durch ihre *Länge* n («Anzahl der Versuche / Beobachtungen») und durch die sogenannte *Trefferwahrscheinlichkeit* p.

Eine *Wahrscheinlichkeitsverteilung* gibt an, mit welchen Wahrscheinlichkeiten eine Zufallsvariable X die möglichen Werte annimmt. Immer dann, wenn das einer Zufallsvariable zugrunde liegende Zufallsexperiment eine *Bernoullikette* ist, liegt eine Binomialverteilung vor.

Ist X Zufallsvariable für die «Anzahl der Treffer» in insgesamt n Bernoulliversuchen, so wird die Wahrscheinlichkeit P eines Ereignisses mit genau k Treffern ($0 \leqslant k \leqslant n$) mit der Trefferwahrscheinlichkeit p und der Kettenlänge n (Anzahl der Durchführungen des Experiments) mit folgender Formel berechnet:

$$P(X = k) = \binom{n}{k} \cdot p^k \cdot (1 - p)^{n-k}$$

Beispiel 1:
Eine verbeulte Münze mit P(«Zahl») $= \frac{1}{3}$ wird fünfmal geworfen. Um die Wahrscheinlichkeit, dass genau zweimal «Zahl» erscheint, zu berechnen, bestimmt man die Kettenlänge $n = 5$ und die Trefferwahrscheinlichkeit $p = \frac{1}{3}$. Damit gilt:

$$P(X = 2) = \binom{5}{2} \cdot \left(\frac{1}{3}\right)^2 \cdot \left(\frac{2}{3}\right)^3$$

Manchmal ist es auch geschickt oder hilfreich, mit dem Gegenereignis zu rechnen; dies ist vor allem (aber nicht immer) bei den Signalwörtern «mindestens» oder «höchstens» der Fall. Ist A ein Ereignis und $\bar{A}$ das zugehörige Gegenereignis, so gilt für die entsprechenden Wahrscheinlichkeiten:

$$P(A) = 1 - P(\bar{A})$$

Beispiel 2:
Eine verbeulte Münze mit P(«Zahl») $= \frac{1}{3}$ wird viermal geworfen. Um die Wahrscheinlichkeit, dass mindestens einmal «Zahl» erscheint, zu berechnen, bestimmt man die Kettenlänge $n = 4$

und die Trefferwahrscheinlichkeit $p = \frac{1}{3}$. Damit erhält man mit Hilfe des Gegenereignisses:

$$\begin{aligned} P(\text{«mindestens einmal Zahl»}) &= 1 - P(\text{«keine Zahl»}) \\ P(X \geqslant 1) &= 1 - P(X = 0) \\ &= 1 - \binom{4}{0} \cdot \left(\frac{1}{3}\right)^0 \cdot \left(\frac{2}{3}\right)^4 \end{aligned}$$

Oft ist auch von Interesse, mit welcher Wahrscheinlichkeit eine Zufallsvariable einen Wert kleiner oder größer als ein vorgegebenes k erzielt. Dafür müssen die einzelnen Wahrscheinlichkeiten addiert werden:

$$P(X \leqslant k) = P(X = 0) + P(X = 1) + P(X = 2) + \ldots + P(X = k)$$

bzw.

$$P(X > k) = 1 - P(X \leqslant k) = 1 - \left[P(X = 0) + P(X = 1) + P(X = 2) + \ldots + P(X = k)\right]$$

Beispiel 3:

Eine verbeulte Münze mit $P(\text{«Zahl»}) = \frac{2}{3}$ wird viermal geworfen. Um die Wahrscheinlichkeit, dass höchstens zweimal «Zahl» erscheint, zu berechnen, bestimmt man die Kettenlänge $n = 4$ und die Trefferwahrscheinlichkeit $p = \frac{2}{3}$. Damit gilt:

$$\begin{aligned} P(\text{«höchst. zweimal Zahl»}) &= P(\text{«keine Zahl»}) + P(\text{«einmal Zahl»}) + P(\text{«zweimal Zahl»}) \\ P(X \leqslant 2) &= P(X = 0) + P(X = 1) + P(X = 2) \\ &= \underbrace{\binom{4}{0} \cdot \left(\frac{2}{3}\right)^0 \cdot \left(\frac{1}{3}\right)^4}_{\text{keine Zahl}} + \underbrace{\binom{4}{1} \cdot \left(\frac{2}{3}\right)^1 \cdot \left(\frac{1}{3}\right)^3}_{\text{einmal Zahl}} + \underbrace{\binom{4}{2} \cdot \left(\frac{2}{3}\right)^2 \cdot \left(\frac{1}{3}\right)^2}_{\text{zweimal Zahl}} \end{aligned}$$

Aufgaben:

a) Die Zufallsvariable X ist binomialverteilt mit $n = 10$ und $p = 0,4$.

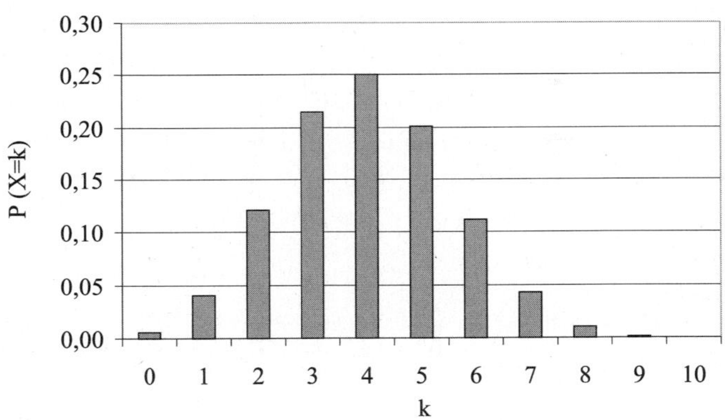

I) Berechnen Sie $P(X = 1)$.

II) Bestimmen Sie mit Hilfe der Abbildung näherungsweise $P(3 < X < 6)$ und $P(X > 6)$.

b) Von einer großen Ladung Apfelsinen sind 20% verdorben. Es wird eine Stichprobe von 5 Stück entnommen.

I) Wie groß ist die Wahrscheinlichkeit, dass in der Stichprobe genau eine Apfelsine verdorben ist?

II) Geben Sie ein Ereignis A und ein Ereignis B an, so dass gilt:

$$P(A) = \binom{5}{3} \cdot 0,2^3 \cdot 0,8^2$$

und

$$P(B) = 1 - 0,2^5$$

c) Die Zufallsvariable X ist binomialverteilt mit $n = 20$ und $p = 0,2$.

I) Berechnen Sie $P(X = 2)$.

II) Bestimmen Sie einen Rechenausdruck für $P(X < 2)$ und $P(X \neq 1)$.

d) Eine Blumenzwiebel keimt mit einer Wahrscheinlichkeit von 90%. Es werden 20 Zwiebeln gekauft.

I) Wie groß ist die Wahrscheinlichkeit, dass alle 20 Zwiebeln keimen?

II) Geben Sie ein Ereignis A und ein Ereignis B an, so dass gilt:

$$P(A) = \binom{20}{18} \cdot 0,9^{18} \cdot 0,1^2 + \binom{20}{19} \cdot 0,9^{19} \cdot 0,1^1 + 0,9^{20}$$

und

$$P(B) = 1 - 0,1^{20}$$

e) Die Zufallsvariable X ist binomialverteilt mit $n = 10$ und $p = 0,6$ und hat folgende Verteilung:

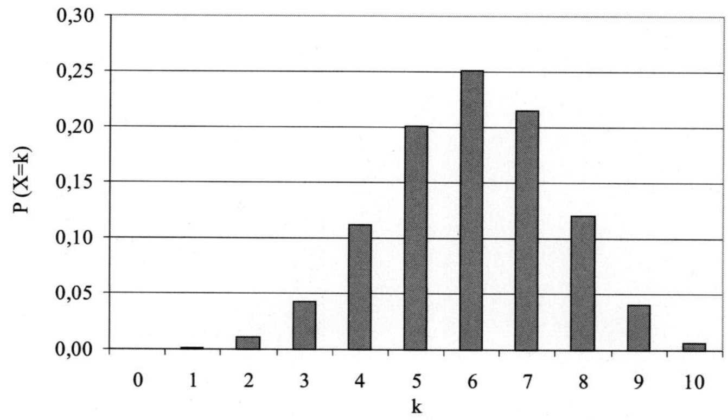

I) Berechnen Sie $P(X = 10)$.

II) Bestimmen Sie näherungsweise $P(X > 5)$ und $P(X \neq 4)$.

f) Laut Verpackungsangabe kommt es bei sachgerechter Pflanzung einer Tulpenzwiebel im nächsten Frühjahr mit einer Wahrscheinlichkeit von 98 % zu einer Blüte. Erklären Sie die Ungleichungen (I) und (II) im Kasten und interpretieren Sie das Ergebnis im Sachzusammenhang.

$$0{,}98^n > 0{,}75 \quad \text{(I)}$$
$$n < 14{,}24 \quad \text{(II)}$$

g) Zehn Raucher entschließen sich zu einer Entwöhnungskur. Zwei von ihnen sind starke Raucher, d.h. ihr Zigarettenkonsum übersteigt 20 Zigaretten pro Tag. Die Erfolgschancen der Behandlung liegen bei einem starken Raucher bei 60 %, bei einem nicht starken Raucher bei 70 %.
Wählen Sie die beiden Terme aus, welche die Wahrscheinlichkeit beschreiben, dass bei genau fünf der acht nicht starken Raucher die Entwöhnung erfolgreich ist. Begründen Sie kurz.

(i) $\binom{8}{3} \cdot 0{,}3^3 \cdot 0{,}7^5$ (ii) $0{,}7^5 \cdot 0{,}3^3$ (iii) $1 - \binom{8}{3} \cdot 0{,}3^3 \cdot 0{,}7^5$

(iv) $\binom{8}{5} \cdot 0{,}3^5 \cdot 0{,}7^3$ (v) $\binom{8}{5} \cdot 0{,}7^5 \cdot 0{,}3^3$ (vi) $\binom{8}{3} \cdot 0{,}7^3 \cdot 0{,}3^5$

h) Bei der Herstellung von Tassen werden erfahrungsgemäß 80% fehlerfrei glasiert. Man entnimmt der laufenden Produktion rein zufällig 10 Tassen.

I) Bestimmen Sie einen Term zur Berechnung der Wahrscheinlichkeit des Ereignisses A: «Von den entnommenen Tassen ist nur die 8. nicht fehlerfrei glasiert».

II) Beschreiben Sie in Worten ein Ereignis B, dessen Wahrscheinlichkeit folgendermaßen berechnet wird:

$$P(B) = \binom{10}{0} \cdot 0{,}8^{10} + \binom{10}{1} \cdot 0{,}8^9 \cdot 0{,}2^1 + \binom{10}{2} \cdot 0{,}8^8 \cdot 0{,}2^2$$

8.5 Erwartungswert und Standardabweichung □

Tipps ab Seite 101, Lösungen ab Seite 204

In diesem Kapitel geht es um den Erwartungswert und die Standardabweichung von *Zufallsvariablen*. Bei Zufallsvariablen handelt es sich nicht wirklich um Variablen, sondern um Funktionen. Eine Zufallsvariable ordnet den konkreten Beobachtungen eines Zufallsexperiments Werte zu.

1. Beispiel:

Bei der Ziehung von 4 Kugeln aus einer Urne mit 15 grünen und 5 gelben Kugeln kann man X definieren als Zufallsvariable für die Anzahl der gezogenen gelben Kugeln. Für den Versuchsausgang $\omega = \{\text{grün; gelb; gelb; gelb}\}$ gilt dann $X(\omega) = 3$, weil gelb drei Mal gezogen wurde. Eine weitere Zufallsvariable Y kann beispielsweise definiert werden für die Anzahl der gezogenen grünen Kugeln. Es ist dann $Y(\omega) = 1$.
Der *Erwartungswert* einer Zufallsvariablen wird häufig für die Gewinnerwartung eines Spiels oder für die Beurteilung der «Fairness» eines Spiels herangezogen. Anschaulich ergibt sich der Erwartungswert einer Zufallsvariable X bei genügend häufiger Wiederholung eines Zufallsexperiments als Mittelwert der Realisierungen von X.
Kann eine Zufallsvariable X bei jeder Durchführung des Zufallsexperiments k verschiedene Werte x_1; x_2; ...; x_k annehmen und sind die zugehörigen Wahrscheinlichkeiten $P(x_1)$; $P(x_2)$; ...; $P(x_k)$, so ergibt sich als Erwartungswert von X:

$$E[X] = x_1 \cdot P(x_1) + x_2 \cdot P(x_2) + \ldots + x_k \cdot P(x_k)$$

Ist die Zufallsvariable X binomialverteilt mit Kettenlänge n und Trefferwahrscheinlichkeit p, so gilt:

$$\mu = E(X) = n \cdot p$$

Die *Standardabweichung* einer Zufallsvariablen ist ein Maß für die Streuung der Zufallsvariablen, das heißt, ein Maß für die mittlere quadratische Abweichung der Zufallsvariablen von ihrem Erwartungswert. Ist μ der Erwartungswert der Zufallsvariable X, so gilt für die zugehörige Standardabweichung:

$$\sigma = \sqrt{E\left[(X-\mu)^2\right]}$$

Für die zu einer *binomialverteilten Zufallsvariable* gehörigen *Standardabweichung* gilt:

$$\sigma = \sqrt{n \cdot p \cdot (1-p)}$$

2. Beispiel:

Bei einem Spiel mit einem fairen Würfel erhält der Spieler die von ihm erwürfelte Augenzahl in Euro ausgezahlt. Die Zufallsvariable X, die die Höhe des Gewinns beschreibt, kann also die Werte 1 ; 2 ; ...;6 annehmen. Da die Wahrscheinlichkeit bei jedem Wurf $p = \frac{1}{6}$ ist, beträgt der zu erwartende Gewinn:

$$E[X] = 1 \cdot \frac{1}{6} + 2 \cdot \frac{1}{6} + 3 \cdot \frac{1}{6} + 4 \cdot \frac{1}{6} + 5 \cdot \frac{1}{6} + 6 \cdot \frac{1}{6} = \frac{1}{6} + \frac{2}{6} + \frac{3}{6} + \frac{4}{6} + \frac{5}{6} + \frac{6}{6} = \frac{21}{6} = \frac{7}{2}$$

Ein Spieler hat also mit einem durchschnittlichen Gewinn von 3,50 Euro zu rechnen. Soll das Spiel fair sein, so müsste der Einsatz des Spielers ebenfalls 3,50 Euro betragen. Zahlt er einen höheren Einsatz, so begünstigt das Spiel die Bank; zahlt er einen geringeren Einsatz, so wird der Spieler begünstigt.

3. Beispiel:

Bei einem Glücksspiel zieht ein Spieler eine von insgesamt 30 Kugeln (mit Zurücklegen) aus einer Urne. 18 dieser Kugeln sind mit dem Wert 1 , die übrigen 12 sind mit dem Wert -2 beschriftet. Im ersten Fall bekommt der Spieler einen Euro von der Bank, im zweiten Fall muss er zwei Euro an die Bank zahlen. Die Zufallsgröße X für den «Gewinn» des Spielers kann die Werte 1 und -2 annehmen. Es ist $P(X = 1) = \frac{18}{30} = \frac{3}{5}$ und $P(X = -2) = \frac{12}{30} = \frac{2}{5}$.
Der Erwartungswert von X ist:

$$E[X] = 1 \cdot \frac{3}{5} - 2 \cdot \frac{2}{5} = \frac{3}{5} - \frac{4}{5} = -\frac{1}{5}$$

Das Spiel ist also nicht fair; die Bank wird bevorzugt, da der Spieler durchschnittlich 0,20 Euro pro Spiel verliert.

4. Beispiel:

Ein Obsthändler behauptet, dass 10% seiner Äpfel verdorben sind.
Bei einer Stichprobe aus einer großen Kiste werden 50 Äpfel entnommen.
Da es nur die beiden Ausgänge «verdorben» oder «nicht verdorben» gibt, handelt es sich bei jeder Ziehung um ein Bernoulli-Experiment. Legt man X als Zufallsvariable für die Anzahl der verdorbenen Äpfel fest, so ist X binomialverteilt mit den Parametern $n = 50$ und $p = 0,1$.
Für den Erwartungswert von X gilt:

$$E(X) = \mu = n \cdot p = 50 \cdot 0,1 = 5$$

Für die Standardabweichung von X gilt:

$$\sigma = \sqrt{n \cdot p \cdot (1 - p)} = \sqrt{50 \cdot 0,1 \cdot 0,9} = \sqrt{4,5} \approx 2,2$$

Aufgaben:

a) Bei einem Glücksspiel sind in einer Urne 10 Kugeln: 1 weiße, 1 rote und 8 schwarze. Es wird eine Kugel gezogen. Der Einsatz beträgt 50 Cent. Bei «weiß» erhält man 4 Euro, bei «rot» 8 Euro und bei «schwarz» nichts.
Bestimmen Sie den Erwartungswert für den Gewinn.

b) Die Zufallsgröße X sei binomialverteilt.
  I) Bestimmen Sie den Erwartungswert von X für $n = 80$ und $p = 0,3$.
  II) Berechnen Sie die Trefferwahrscheinlichkeit p für $n = 50$ und Erwartungswert $E(X) = 20$.
  III) Bestimmen Sie die Kettenlänge n für $p = 0,6$ und Erwartungswert $E(X) = 12$.

c) Bei einem Glücksspiel wird nebenstehendes Glücksrad verwendet.
Die Mittelpunktswinkel betragen 180°, 120° und 60°.
Als Einsatz bezahlt man zwei Euro. Das Glücksrad wird einmal gedreht.
Man erhält den Betrag ausbezahlt, in dessen Sektor der Zeiger zu stehen kommt.
Berechnen Sie den Erwartungswert für den Gewinn.

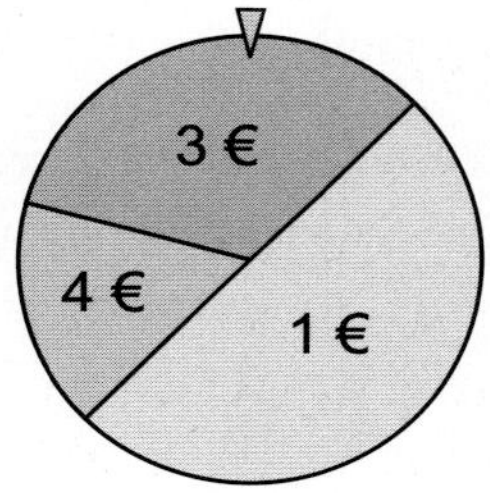

d) In einer Urne sind 10 Kugeln: 4 weiße, 4 rote und 2 schwarze. Es wird eine Kugel gezogen. Der Einsatz beträgt 1 Euro. Man erhält bei «weiß» 1 Euro, bei «rot» 2 Euro und bei «schwarz» nichts.
Bestimmen Sie den Erwartungswert für den Gewinn. Ist das Spiel fair?

e) Ein Glücksrad hat die Sektoren A, B und C mit folgender Wahrscheinlichkeitsverteilung:

Sektor	A	B	C
Wahrscheinlichkeit	0,3	0,5	0,2

Das Glücksrad wird für folgendes Glücksspiel verwendet:
Der Spieler zahlt einen Einsatz von 4 Euro. Dann wird das Glücksrad zweimal gedreht. Sind die zwei ermittelten Buchstaben gleich, erhält der Spieler 10 Euro. Sonst erhält er nichts. Ist das Spiel fair?

f) Die Zufallsvariable X hat folgende Wahrscheinlichkeitsverteilung:

x_i	-5	-1	0	3
$P(x_i)$	0,1	a	b	0,3

Der Erwartungswert von X beträgt 0,3.
Berechnen Sie a und b.

g) Die Zufallsgröße X kann die Werte 0, 1, 2 und 3 annehmen. Die Tabelle zeigt die Wahrscheinlichkeitsverteilung von X mit $p_1,\ p_2 \in [0;\ 1]$.

k	0	1	2	3
$P(X=k)$	p_1	$\frac{3}{10}$	$\frac{1}{5}$	p_2

Zeigen Sie, dass der Erwartungswert von X nicht größer als 2,2 sein kann.

h) Ein Händler behauptet, dass höchstens 5 % der von ihm gelieferten Glühbirnen defekt sind. Wie viele defekte Glühbirnen kann man bei einer Entnahme von 200 Glühbirnen durchschnittlich erwarten?
Bestimmen Sie die zugehörige Standardabweichung.

i) Die Zufallsgröße X sei binomialverteilt. Bestimmen Sie jeweils den Erwartungswert und die Standardabweichung von X.

I) $n = 80,\ p = 0{,}3$
II) $n = 50,\ p = 0{,}4$
III) $n = 20,\ p = 0{,}6$

j) Von einer großen Ladung Tomaten sind 20 % verdorben. Wie viele verdorbene Tomaten kann man bei einer Entnahme von 100 kg erwarten? Bestimmen Sie die zugehörige Standardabweichung.

Tipps – Analysis

1 Ableiten

1.1 Potenzfunktionen mit natürlichen Exponenten

a) - c) Verwenden Sie die Potenzregel $(a \cdot x^n)' = a \cdot n \cdot x^{n-1}$.

d) - e) Wenden Sie die Kettenregel an: $(u(v(x)))' = u'(v(x)) \cdot v'(x)$ (äußere Ableitung mal innere Ableitung).

f) - g) Wenden Sie die Produktregel $(u(x) \cdot v(x))' = u'(x) \cdot v(x) + u(x) \cdot v'(x)$ und die Kettenregel (äußere Ableitung mal innere Ableitung) an.

h) - i) Verwenden Sie die Potenzregel $(a \cdot x^n)' = a \cdot n \cdot x^{n-1}$.

1.2 Exponentialfunktionen

a) - d) Verwenden Sie zuerst die Produktregel und dann die Kettenregel.

e) - f) Verwenden Sie die Kettenregel, teilweise mehrfach.

1.3 Trigonometrische Funktionen

a) - b) Verwenden Sie die Kettenregel.

c) - e) Verwenden Sie die Produktregel und teilweise die Kettenregel.

f) Verwenden Sie die Kettenregel.

1.4 Logarithmusfunktionen

a) - d) Verwenden Sie die Kettenregel.

e) - h) Verwenden Sie zuerst die Produktregel und dann die Kettenregel.

i) Verwenden Sie die Kettenregel.

2 Stammfunktionen und Integrale

2.1 Stammfunktionen

2.1.1 Potenzfunktionen mit natürlichen Exponenten

a) - e) Benutzen Sie die Integrationsregel für Potenzfunktionen: Besitzt f die Form $f(x) = a \cdot x^n$, dann ist $\mathrm{F}(x) = a \cdot \frac{1}{n+1} x^{n+1} + c$; $n \neq -1$ eine Stammfunktion.

2.1.2 Exponentialfunktionen

a) - d) Für verkettete (verschachtelte) Funktionen mit innerem *linearen* Ausdruck gilt die Integrationsregel für lineare Integration:
«Äußere Stammfunktion geteilt durch innere Ableitung».
Bei einer e-Funktion mit $f(x) = a \cdot e^{k \cdot x + b}$ ist $e^{(\dots)}$ die äußere Funktion und $k \cdot x + b$ die innere Funktion. Der Parameter a verändert sich nicht beim Integrieren.

e) Lösen Sie zunächst die Klammer auf und verwenden Sie die Integrationsregeln für Potenzfunktionen bzw. lineare Integration.

f) Schreiben Sie den Bruch als Potenz mit negativem Exponenten und verwenden Sie die Integrationsregeln für Potenzfunktionen bzw. lineare Integration.

2.1.3 Logarithmusfunktionen

a)-c) Für verkettete (verschachtelte) Funktionen mit innerem *linearem* Ausdruck gilt die Integrationsregel für lineare Substitution:
«Äußere Stammfunktion geteilt durch innere Ableitung»
Bei gebrochenrationalen Funktionen mit $f(x) = a \cdot \frac{1}{bx+c}$, bei denen der Ausdruck im Nenner den Exponent 1 hat, ist $\frac{1}{(\dots)}$ die äußere Funktion und $bx + c$ die innere Funktion. Eine Stammfunktion der äußeren Funktion ist $\ln|(\dots)|$. Der Parameter a verändert sich nicht beim Integrieren.

2.1.4 Trigonometrische Funktionen

a) - e) Beachten Sie, dass $\sin(x)$ eine Stammfunktion von $\cos(x)$ und $-\cos(x)$ eine Stammfunktion von $\sin(x)$ ist.
Auch bei diesen Aufgaben gilt die Regel für verkettete Funktionen mit innerem *linearen* Ausdruck:
«Äußere Stammfunktion geteilt durch innere Ableitung».
Ist $f(x) = a \cdot \sin(bx + c)$, so ist $\sin(\dots)$ die äußere Funktion und $bx + c$ die innere Funktion. Der Parameter a verändert sich nicht beim Integrieren.

2.1.5 Logarithmusfunktionen

a)-c) Für verkettete (verschachtelte) Funktionen mit innerem *linearem* Ausdruck gilt die Integrationsregel für lineare Substitution:
«Äußere Stammfunktion geteilt durch innere Ableitung»
Bei gebrochenrationalen Funktionen mit $f(x) = a \cdot \frac{1}{bx+c}$, bei denen der Ausdruck im Nenner den Exponent 1 hat, ist $\frac{1}{(\dots)}$ die äußere Funktion und $bx + c$ die innere Funktion. Eine Stammfunktion der äußeren Funktion ist $\ln|(\dots)|$. Der Parameter a verändert sich nicht beim Integrieren.

2.2 Integrale

a) - f) Verwenden Sie den Hauptsatz der Differential- und Integralrechnung
$\int_a^b f(x)dx = \mathrm{F}(b) - \mathrm{F}(a)$, wobei F eine Stammfunktion von f ist.
Verwenden Sie die Regeln für die Stammfunktionen (siehe die Tipps zu 2.1).

2.3 Integralgleichungen

a) - c) Verwenden Sie den Hauptsatz der Differential- und Integralrechnung
$\int_a^b f(x)dx = \mathrm{F}(b) - \mathrm{F}(a)$, wobei F eine Stammfunktion von f ist. Lösen Sie die entstandene Gleichung durch Wurzelziehen oder Logarithmieren nach u auf.

2.4 Flächeninhalt zwischen zwei Kurven

a) - d) Bestimmen Sie jeweils die Integrationsgrenzen durch Gleichsetzen der Funktionsterme. Prüfen Sie, welche Kurve die obere Kurve ist. Stellen Sie nun ein Integral auf und wenden Sie den Hauptsatz der Differential- und Integralrechnung an: $\int_a^b f(x)dx = \mathrm{F}(b) - \mathrm{F}(a)$.

e) Den Inhalt A der markierten Fläche erhalten Sie, indem Sie die markierte Fläche in zwei Teilflächen A_1 und A_2 aufteilen. Die Teilfläche A_1 ist ein Rechteck, dessen Flächeninhalt Sie mit der Formel $\mathrm{A}_1 = a \cdot b$ berechnen. Die Seiten a und b des Rechtecks erhalten Sie, indem Sie die positive Schnittstelle der Geraden mit der Gleichung $y = 3$ und dem Graphen von f durch Gleichsetzen der Funktionsgleichungen bestimmen. Die Fläche A_2 wird durch die Gerade und dem Graphen von f begrenzt. Den Flächeninhalt von A_2 erhalten Sie mit Hilfe eines Integrals. Verwenden Sie den Hauptsatz der Differential- und Integralrechnung. Addieren Sie die beiden Flächeninhalte der Teilflächen.

2.5 Ins Unendliche reichende Flächen

a) Die Fläche wird anfänglich durch die vertikale Gerade $x = z$ mit $z > 0$ begrenzt. Setzen Sie z als obere Grenze ein und bestimmen Sie $\mathrm{A}(z)$. Lassen Sie dann $z \to \infty$ gehen.

b) I) Bestimmen Sie die Grenzen des Integrals und integrieren Sie die Funktion.

II) Betrachten Sie das Verhalten der Funktion für $x \to -\infty$. Welcher Term fällt weg?

III) Die Fläche zwischen zwei Kurven wird berechnet, indem man die Funktionsgleichung der unteren Kurve von der der oberen Kurve abzieht und dann integriert. Für die ins Unendliche reichende Fläche setzt man als untere Grenze z ein und bildet dann den Grenzwert $\lim\limits_{z \to -\infty} \mathrm{A}(z)$.

2.6 Angewandte Integrale

a) I) Der Regen hört auf, wenn die Niederschlagsrate gleich Null ist; bestimmen Sie die Nullstelle der Funktion.

II) Die gesamte Wassermenge können Sie bestimmen, indem Sie die Niederschlagsrate vom Beginn des Regens bis zum Ende integrieren.

III) Die mittlere Regenmenge erhalten Sie, indem Sie die Gesamtmenge durch die Anzahl der Tage teilen.

b) Die gegebene Funktion f beschreibt die Änderungsrate. Um zu berechnen, wieviel Wasser das Becken nach 9 Stunden enthält, müssen Sie zuerst eine Stammfunktion F von f bestimmen. Die Integrationskonstante c bestimmen Sie mit Hilfe des Anfangswerts. Anschließend müssen Sie $t = 9$ in die Integralfunktion einsetzen.

2.7 Rotationskörper

Rotiert der Graph einer Funktion f über dem Intervall $[a;b]$ um die x-Achse, so verwenden Sie die Formel:

$V_{rot} = \pi \cdot \int_a^b (f(x))^2 \, dx$. Beachten Sie, dass Sie unter Umständen die Binomischen Formeln verwenden müssen, um den Ausdruck in der Klammer auszurechnen.

Rotiert eine Fläche um die x-Achse, so müssen Sie zuerst die Integrationsgrenzen bestimmen (Schnittstellen) und anschließend für jede Kurve das Volumenintegral berechnen. Zum Schluss bilden Sie die Differenz der Volumenintegrale.

3 Gleichungen

3.1 Potenzgleichungen

a) - b) Verwenden Sie die pq- bzw. abc-Formel.

c) - d) Verwenden Sie den Satz vom Nullprodukt: Setzen Sie jeden einzelnen Faktor gleich Null und lösen Sie die entstandenen Gleichungen nach x auf.

e) - h) Klammern Sie x oder x^2 oder x^3 aus und bestimmen Sie die Lösungen mit Hilfe des Satzes vom Nullprodukt. Verwenden Sie die pq- oder abc-Formel.

i) - j) Es handelt sich um biquadratische Gleichungen. Substitutieren Sie x^2 durch z. und lösen Sie die quadratische Gleichung mit Hilfe der pq- oder abc-Formel nach z auf. Anschließend resubstituieren Sie wieder und lösen die Gleichungen durch Wurzelziehen.

k) - l) Formen Sie die Gleichung um, so dass die Potenz durch Wurzelziehen gelöst werden kann.

3.2 Potenzgleichungen mit Parameter

a) - d) Verwenden Sie zur Lösung der quadratischen Gleichung die abc-Formel. Führen Sie eine Fallunterscheidung durch: Ist der Term unter der Wurzel negativ, gibt es keine Lösung, ist er Null, gibt es eine Lösung, ist er positiv, gibt es zwei Lösungen. Lösen Sie die entsprechenden Ungleichungen.

e) - f) Lösen Sie die Gleichungen durch Ausklammern von x. Beachten Sie, dass es keine Lösung gibt, wenn der Nenner gleich Null ist; ansonsten gibt es genau eine Lösung.

3.3 Exponential- und Logarithmus-Gleichungen

a) Verwenden Sie den Satz vom Nullprodukt. Setzen Sie jeden einzelnen Faktor gleich Null und überlegen Sie, ob Lösungen existieren.

b) - c) Klammern Sie zuerst e^x bzw. e^{2x} aus und verwenden Sie dann den Satz vom Nullprodukt.

d) - e) Verwenden Sie den Satz vom Nullprodukt.

f) - g) Substitutieren Sie $e^x = z$ bzw. $e^{2x} = z$ oder $e^{\frac{1}{2}x} = z$ und lösen Sie dann die quadratische Gleichung mit der pq- oder abc-Formel. Durch anschließende Rücksubstitution von z können Sie x berechnen (Zahlen unter der Wurzel als Bruch schreiben).

h) - j) Vereinfachen Sie die Gleichungen so, dass Sie beide Seiten «e-hoch» nehmen können.

3.4 Trigonometrische Gleichungen

Skizzieren Sie den Verlauf von $\sin(x)$ bzw. $\cos(x)$. Achten Sie auf das Lösungsintervall.

a) - b) Substituieren Sie den Term in der Klammer durch z, lösen Sie die Gleichung und resubstituieren Sie wieder.

c) - e) Verwenden Sie den Satz vom Nullprodukt. Eventuell müssen Sie $\sin x$ ausklammern.

f) Verwenden Sie den Satz vom Nullprodukt und substituieren Sie den Term in der Klammer durch z, lösen Sie die Gleichung und resubstituieren Sie wieder.

4 Funktionen und Graphen

4.1 Von der Gleichung zur Kurve

4.1.1 Ganzrationale Funktionen

Den Schnittpunkt mit der y-Achse erhalten Sie durch Einsetzen von $x = 0$ in $f(x)$, die Schnittpunkte mit der x-Achse erhalten Sie durch Lösen der Gleichung $f(x) = 0$.
Zuerst wird gespiegelt und gestreckt, anschließend verschoben (Reihenfolge beachten!).

a) - b) Die Graphen sind Geraden. Hat eine Gerade die Gleichung $y = mx + b$, so ist b der y-Achsenabschnitt und m die Steigung der Geraden.

c) - f) Die Graphen sind Variationen der Graphen der beiden Grundfunktionen $f(x) = x^2$ (Parabel) oder $g(x) = x^3$ (kubische Parabel).

Ist $f(x) = a(x-b)^2 + c$ bzw. $g(x) = a(x-b)^3 + c$, so gibt es folgende Verwandlungen:
a: Streckfaktor in y-Richtung; $a < 0$: zusätzlich Spiegelung an der x-Achse.
$b > 0$ bzw. $b < 0$: Verschiebung nach rechts bzw. links.
$c > 0$ bzw. $c < 0$: Verschiebung nach oben bzw. unten.

4.1.2 Trigonometrische Funktionen

Die Graphen sind Variationen der Grundfunktionen $f(x) = \sin(x)$ bzw. $g(x) = \cos(x)$.
Ist $f(x) = a \cdot \sin(b \cdot (x-c)) + d$ bzw. $g(x) = a \cdot \cos(b \cdot (x-c)) + d$, so gibt es folgende Verwandlungen:
a: Streckfaktor in y-Richtung; $a < 0$: zusätzlich Spiegelung an der x-Achse.
b: Streckfaktor in x-Richtung.
$c > 0$ bzw. $c < 0$: Verschiebung nach rechts bzw. links.
$d > 0$ bzw. $d < 0$: Verschiebung nach oben bzw. unten.
Periode: $p = \frac{2\pi}{b}$.

4.1.3 Exponentialfunktionen

Zur Bestimmung der Asymptoten betrachten Sie $f(x)$ für $x \longrightarrow \pm\infty$.
Die Graphen sind Variationen der Grundfunktionen $f(x) = e^x$ bzw. $g(x) = e^{-x}$.
Ist $f(x) = a \cdot e^{x-b} + c$ bzw. $g(x) = a \cdot e^{-(x-b)} + c$, so gibt es folgende Verwandlungen:
a: Streckfaktor in y-Richtung; $a < 0$: zusätzlich Spiegelung an der x-Achse.
$b > 0$ bzw. $b < 0$: Verschiebung nach rechts bzw. links.
$c > 0$ bzw. $c < 0$: Verschiebung nach oben bzw. unten.

4.1.4 Logarithmusfunktionen

Zur Bestimmung des Definitionsbereichs müssen Sie beachten, dass das Argument der Logarithmusfunktion (der Ausdruck in der Klammer) stets positiv sein muss.
Ist $f(x) = a \cdot \ln(x-b) + c$, so gibt es folgende Verwandlungen:
a: Streckfaktor in y-Richtung; $a < 0$: zusätzlich Spiegelung an der x-Achse.
$b > 0$ bzw. $b < 0$: Verschiebung nach rechts bzw. links.
$c > 0$ bzw. $c < 0$: Verschiebung nach oben bzw. unten.

4.2 Aufstellen von Funktionen mit Randbedingungen

4.2.1 Ganzrationale Funktionen

Für alle ganzrationalen Funktionen gilt:

- Parabel 2. Grades: $f(x) = ax^2 + bx + c$

- Zur y-Achse symmetrische Parabel 2. Grades: $f(x) = ax^2 + c$
- Parabel 3. Grades: $f(x) = ax^3 + bx^2 + cx + d$

Zu den gegebenen Aufgaben:

1. Bilden Sie die 1. und 2. Ableitung des jeweiligen Ansatzes (dies ist nicht nötig, falls es keine Angaben über die Steigung oder über die Extrempunkte gibt).
2. Verwenden Sie die Bedingungen der Kurvendiskussion:
   - Schnittpunkt mit der x-Achse: $f(x) = 0$
   - Schnittpunkt mit der y-Achse: $x = 0$
   - Extrempunkt: $f'(x) = 0$
   - Wendepunkt: $f''(x) = 0$
3. Sie brauchen so viele Gleichungen wie Unbekannte! Stellen Sie die Gleichungen auf und lösen Sie sie nach den Parametern (a, b, c, ...) auf.

4.2.2 Exponentialfunktionen

Stellen Sie zwei Gleichungen mit zwei Unbekannten auf und lösen Sie das Gleichungssystem; dazu müssen Sie eventuell noch ableiten. Verwenden Sie die Tipps aus dem vorgehenden Kapitel.

4.2.3 Trigonometrische Funktionen

Eine verallgemeinerte Sinusfunktion hat die Gleichung $f(x) = a \cdot \sin(b \cdot (x - c)) + d$, eine verallgemeinerte Kosinusfunktion die Gleichung $f(x) = a \cdot \cos(b \cdot (x - c)) + d$.
Die Eigenschaften des Graphen und die Koeffizienten a, b, c, d hängen dabei folgendermaßen zusammen:

- Streckfaktor in y-Richtung: a
- Streckfaktor in x-Richtung: b
- Verschiebung nach links bzw. rechts: $c < 0$ bzw. $c > 0$
- Verschiebung nach unten bzw. oben: $d < 0$ bzw. $d > 0$
- Periode: $p = \frac{2\pi}{b}$ bzw. $b = \frac{2\pi}{p}$

4.3 Von der Kurve zur Gleichung

4.3.1 Ganzrationale Funktionen

Es handelt sich bei allen Graphen um Funktionen 2. bis 4. Grades. Es gibt verschiedene Lösungswege:

1. Ansatz als allgemeine Funktion (ähnlich wie das Aufstellen von Funktionen mit Randbedingungen), z.B. $f(x) = ax^2 + bx + c$. Aus der Zeichnung werden drei Punkte bestimmt und drei Gleichungen aufgestellt, die man anschließend nach a, b und c auflöst. Dieser Weg ist etwas langwierig, führt aber immer zum Ziel.

2. Ansatz mit Hilfe der Linearfaktoren. Dieser Ansatz funktioniert nur dann, wenn die Funktion eindeutig ablesbare Nullstellen besitzt (z.B. bei den Aufgaben c) bis f)). Sind $x_1, \ldots, x_n$ Nullstellen, so gilt: $f(x) = a \cdot (x - x_1) \cdot \ldots \cdot (x - x_n)$. Der Faktor a kann mit Hilfe eines abgelesenen Punktes bestimmt werden.

3. Ansatz als verschobene Grundfunktion: Wenn man eine Normalparabel $f(x) = x^2$ nach oben oder unten verschieben will, so addiert man eine Konstante c. Will man sie nach rechts oder links verschieben, so setzt man für eine Verschiebung nach rechts um eine Längeneinheit den Ausdruck $(x - 1)$ statt x ein. Bei einer Verschiebung um 2 LE nach links entsprechend $(x + 2)$ statt x.

Tipps für die Aufgaben:

a) $f(x) = x^2$, nach links verschoben
b) $f(x) = x^2$, nach links und unten verschoben
c) $f(x) = -x^2$, nach rechts und oben verschoben
d) Ansatz mit Hilfe der Nullstellen (Linearfaktorzerlegung)

4.3.2 Trigonometrische Funktionen

Allgemeine Tipps: Siehe Tipps zu Kapitel 4.2.3

Es handelt sich um Sinus- bzw. Kosinusfunktionen der Form $f(x) = a \cdot \sin(b \cdot (x - c)) + d$ bzw. $f(x) = a \cdot \cos(b \cdot (x - c)) + d$. Überlegen Sie, welche der in Kapitel «Von der Kurve zur Gleichung» aufgezählten Veränderungen des Graphen in Frage kommen. Prüfen Sie zuerst, ob der Graph nach oben verschoben ist (bestimmen Sie die waagerechte «Mittelachse»). Prüfen Sie dann, ob der Graph nach links oder rechts verschoben ist (eine unverschobene Sinusfunktion hat einen Wendepunkt bei $x = 0$) und bestimmen Sie anschließend die Periode p. Zum Schluß bestimmen Sie den Abstand des Hoch-bzw. Tiefpunkts zur «Mittelachse» und damit die Amplitude/ Streckung a.

4.4 Graphen von f, f' und F

4.4.1 Von f zu f'

a) I) Prüfen Sie, ob die Ableitungskurve an der Stelle $x = 1$ eine waagrechte Tangente hat.

II) Überlegen Sie, welche Steigung die Tangenten an die Ableitungskurve haben.

III) Prüfen Sie, ob die Ableitungskurve für $x > 1$ unterhalb der x-Achse verläuft.

b) I) Prüfen Sie, ob die Ableitungskurve an der Stelle $x = 1$ eine Tangente mit waagrechter Steigung sowie ein Minimum oder Maximum hat.

II) Prüfen Sie, ob die Steigung der Tangente an die Ableitungskurve bei $x = 2$ extremal ist.

III) Prüfen Sie, ob die Ableitungskurve für $x > 1$ unterhalb der x-Achse verläuft.

c) I) Prüfen Sie ob die Ableitungskurve für $x < -1$ stets unterhalb der x-Achse verläuft.

II) Prüfen Sie, ob die Ableitungskurve bei $x = 0$ eine waagrechte Tangente hat.

III) Bestimmen Sie anhand der Graphen die Werte $f'(0)$ und $f(-1)$.

4.4.2 Von f' zu f

Es sind Aussagen über eine Stammfunktion f der gezeichneten Kurve von f' zu bewerten. Dabei gilt für alle Stammfunktionen f:

- $f'(x) = 0$ und VZW von $+$ nach $- \Rightarrow$ Der Graph von f hat einen Hochpunkt.
- $f'(x) = 0$ und VZW von $-$ nach $+ \Rightarrow$ Der Graph von f hat einen Tiefpunkt.
- $f'(x)$ hat einen Extrempunkt $\Rightarrow$ Der Graph von f hat einen Wendepunkt.

a) I) Überlegen Sie, was es für die Ableitung einer Funktion bedeutet, wenn der Graph der Funktion einen Extrempunkt besitzt.

II) Was bedeutet es für eine Kurve, wenn sie in einem Punkt eine waagerechte Tangente besitzt? Welche Steigung hat die Kurve in einem derartigen Punkt?

III) Was bedeutet es für die Ableitungskurve, wenn der Graph der Funktion f einen Wendepunkt besitzt? Finden Sie solche Punkte in der Kurve von f'?

IV) Beachten Sie, ob der Graph von f' für $0 \leqslant x \leqslant 2$ oberhalb oder unterhalb der x-Achse verläuft.

b) I) Überlegen Sie, was es für die Ableitung einer Funktion bedeutet, wenn der Graph der Funktion einen Extrempunkt besitzt.

II) Welchen Wert nimmt die Ableitung einer Funktion an einem Extremwert an? Was muss zusätzlich noch gelten, damit es sich um einen Hochpunkt handelt (wie sehen die Vorzeichenwechsel der Steigung aus)?

III) Überlegen Sie, welchen Grad das Polynom der gezeichneten Ableitungskurve besitzt.

IV) Überlegen Sie, was man tun muss, um Informationen über die Steigung einer Kurve in einem Punkt zu bekommen. Welche Funktion gibt «Auskunft» über die Steigungswerte der Kurve in jedem Punkt?

c) I) Skizzieren Sie der Graph einer Funktion zur gegebenen Ableitungsfunktion; benutzen Sie dazu die Extremwerte und die Nullstelle der angegebenen Ableitungsfunktion. Hat der Graph von f bei $x = 0$ einen Hoch- oder Tiefpunkt (Vorzeichenwechsel beachten)?

II) Beachten Sie, ob der Graph von f' stets oberhalb oder unterhalb der x-Achse verläuft.

III) Prüfen Sie, welche Bedingungen die Kurve der angegebenen Ableitungsfunktion erfüllen muss, damit die Funktion f an der Stelle $x = 0$ einen Tiefpunkt hat. Beachten Sie den Vorzeichenwechsel.

IV) Überlegen Sie, was es für der Graph der Ableitung bedeutet, wenn eine Kurve einen oder mehrere Extrempunkte besitzt.

4.4.3 Von f zu F

Allgemeine Tipps:

- Skizzieren Sie zuerst die Ableitung bzw. eine Stammfunktion.
- Der Graph von F hat einen Hochpunkt an der Stelle x_1, wenn $f(x_1) = 0$ und an dieser Nullstelle bei f ein Vorzeichenwechsel (VZW) von $+$ nach $-$ stattfindet.
- Der Graph von F hat einen Tiefpunkt an der Stelle x_2, wenn $f(x_2) = 0$ und bei f an dieser Stelle ein VZW von $-$ nach $+$ stattfindet.
- Der Graph von F hat einen Wendepunkt an der Stelle x_3, wenn f einen Extrempunkt an dieser Stelle hat.

Die Stammfunktion

a) I) Überlegen Sie, welche Art von Funktion vorliegt. Wie sieht der Graph der Ableitungsfunktion einer Geraden aus?

II) Bestimmen Sie $f(1)$ und beachten Sie, dass $f(x) = \mathrm{F}'(x)$ ist.

III) Streng monoton zunehmend für f bedeutet, dass f' immer > 0 ist (warum?). In der Aufgabe ist allerdings gefragt, ob f' monoton zunehmend ist. Also muss man f'' untersuchen.

IV) y-achsensymmetrisch bedeutet $f(-x) = f(x)$.

b) I) Welche Gestalt besitzt der Graph der Ableitungsfunktion einer Parabel 2. Grades? Überlegen Sie, welche Aussagen Sie sicher über dieser Graph treffen können.

II) Beachten Sie, ob der Graph von f für $0 \leqslant x \leqslant 1$ oberhalb oder unterhalb der x-Achse verläuft.

III) Überlegen Sie, was es für die Funktion f bedeutet, wenn die Stammfunktion Extremstellen besitzt (f ist die 1. Ableitung von F).

4.5 Kurvendiskussion

4.5.1 Elemente der Kurvendiskussion

a) Die Bedingungen für ein Minimum sind $f'(x) = 0$ und Vorzeichenwechsel von f' von $-$ nach $+$. Prüfen Sie, ob diese auf den Punkt zutreffen.

b) Zur Berechnung von $f(g(2))$ setzen Sie $x = 2$ in $g(x)$ und das Ergebnis in $f(x)$ ein. Zur Berechnung von $g(f(2))$ setzen Sie $x = 2$ in $f(x)$ und das Ergebnis in $g(x)$ ein.
Setzen Sie $g(x)$ in $f(x)$ ein und lösen Sie die Gleichung $f(g(x)) = 0{,}1$ durch Wurzelziehen.

c) Lösen Sie die Ungleichung $(x+3) \cdot (x-1) > 0$ durch funktionale Betrachtung: Überlegen Sie, wie der Graph von f verläuft und bestimmen Sie die Nullstellen von f. Alternativ können Sie die Ungleichung auch durch Fallunterscheidung lösen.

d) Überlegen Sie, durch welche Punkte der Graph von f verläuft und ob es Extrem- oder Wendepunkte gibt. Beachten Sie Symmetrien.

e) Die Bedingungen für einen Tiefpunkt sind: $f'(x) = 0$ und Vorzeichenwechsel von f' von $-$ nach $+$ bzw. $f''(x) > 0$. Prüfen Sie, ob diese auf den Punkt zutreffen. Benutzen Sie zum Ableiten die Produktregel.

f) Lösen Sie die Ungleichung $-x^2 + 3x + 7 > 3$ durch funktionale Betrachtung: Überlegen Sie, wie der Graph von f verläuft und bestimmen Sie die Schnittstellen von f mit der Geraden $y = 3$. Lösen Sie die entstandene Gleichung mit Hilfe der pq- oder abc-Formel.

g) Bestimmen Sie die 1. Ableitung von f mit Hilfe der Produkt- und Kettenregel. Beachten Sie, dass Graph der Funktion f streng monoton fallend ist, wenn $f'(x) < 0$ gilt. Lösen Sie die Ungleichung und beachten Sie, dass $e^{-2x} > 0$ ist.

h) Die Bedingung für einen Sattelpunkt ist $f'(x_0) = 0$ und kein Vorzeichenwechsel von f' an der Stelle x_0.

i) Wendepunkte bestimmen Sie mit Hilfe von $f''(x)$ und $f'''(x)$.

j) Überlegen Sie, an welcher Stelle x die 1. Ableitung Null ist und ob die 1. Ableitung das Vorzeichen von $-$ nach $+$ wechselt.

k) Berechnen Sie die Steigung in P mit Hilfe der 1. Ableitung. Überlegen Sie, welche Art von Punkten eine waagerechte Tangente hat.

l) Für den Nachweis eines Wendepunkts verwenden Sie die 2. und 3. Ableitung.

4.5.2 Symmetrie

Die Bedingung für y-Achsensymmetrie ist $f(-x) = f(x)$, die Bedingung für Ursprungssymmetrie ist $f(-x) = -f(x)$. Setzen Sie $-x$ in $f(x)$ ein und formen Sie den Term um.

4.5.3 Tangenten und Normalen

Die Gleichung einer Tangente lautet: $y = f'(u) \cdot (x - u) + f(u)$, die entsprechende Normale hat die Gleichung $y = -\frac{1}{f'(u)} \cdot (x - u) + f(u)$.

a) Bestimmen Sie die Tangentensteigung in P mit Hilfe der 1. Ableitung. Setzen Sie die Koordinaten des Punktes P und die Tangentensteigung in die Tangentengleichung ein. Für die Normalensteigung m_n gilt: $m_n = -\frac{1}{m_t}$ mit $m_t =$ Steigung der Tangente.

b) Bestimmen Sie zuerst den Wendepunkt und dann die Steigung der Tangente bzw. der Normalen und stellen Sie die Geradengleichungen auf.

c) I) Da die Tangentensteigung schon bekannt ist, muss in dieser Aufgabe der Punkt P bestimmt werden, in dem der Graph von f die Steigung $m = -2$ besitzt. Also wird die erste Ableitung gleich -2 gesetzt und x_P bestimmt. Mit den Koordinaten des Punktes und der Steigung wird anschließend die Tangentengleichung aufgestellt.

II) Man verfährt ähnlich wie bei I), nur muss die Steigung der Tangente erst aus der Steigung der angegebenen Geraden ermittelt werden. Für die Steigung zweier aufeinander senkrecht stehender Geraden m_1 und m_2 gilt: $m_2 = -\frac{1}{m_1}$.

III) Man verfährt ähnlich wie bei I), die Steigung paralleler Geraden ist gleich: $m_t = m_g$.

d) Wenn von einem Punkt P, der nicht auf einer Kurve liegt, eine Tangente an eine Kurve gelegt werden soll, kann man folgendermaßen vorgehen:

1. Der Berührpunkt hat die Koordinaten B $(u \mid f(u))$.
2. Mit Hilfe der 1. Ableitung und B bestimmt man die Tangentengleichung in Abhängigkeit von u.
3. Der Punkt P wird in die Tangentengleichung eingesetzt und die Gleichung nach u aufgelöst.

4.5.4 Funktionenscharen / Funktionen mit Parameter

a) I) Setzen Sie für t Werte wie ± 1; ± 2 bzw. 0 ein und skizzieren Sie die Kurven.
II) Setzen Sie die entsprechenden Punkte in die Funktionsgleichung ein und stellen Sie nach t um.

b) - c) Bestimmen Sie zuerst die Schnittstelle x_{s}. Für die Ableitungen im Schnittpunkt muss gelten: $f'(x_{\text{s}}) \cdot g'(x_{\text{s}}) = -1$. Setzen Sie die Ableitungen ein, setzen Sie dann den Ausdruck für x_{s} ein und lösen Sie nach t auf.

d) Berechnen Sie die Nullstelle des Graphen der Funktion f_t in Abhängigkeit von t und lesen Sie die Nullstellen der abgebildeten Graphen ab. Setzen Sie diese Terme gleich. Alternativ können Sie auch die Schnittpunkte der Graphen mit der y-Achse ablesen und den Schnittpunkt des Graphen von f_t mit der y-Achse in Abhängigkeit von t berechnen.

e) Bestimmen Sie mit Hilfe der Produkt- und Kettenregel die 1. und 2. Ableitung von f_t. Setzen Sie die 1. Ableitung gleich Null und berechnen Sie die Extremstelle von $f_t(x)$. Prüfen Sie mit Hilfe der 2. Ableitung, ob es sich tatsächlich um eine Extremstelle handelt. Schließlich setzen Sie $x = 2$ mit der berechneten Extremstelle gleich und lösen die Gleichung nach t auf.

4.5.5 Krümmungsverhalten von Kurven

Bestimmen Sie mit Hilfe von Ketten-, Produkt- und Quotientenregel die 1. und 2. Ableitung.
Eine Kurve ist linksgekrümmt, wenn gilt: $f''(x) > 0$, sie ist rechtsgekrümmt, wenn $f''(x) < 0$.
Lösen Sie jeweils die entstandene Ungleichung.
Manchmal ist es hilfreich, die linke Seite der Ungleichung als weitere Kurve aufzufassen und sich zu überlegen, wann diese oberhalb bzw. unterhalb der x-Achse verläuft.

4.5.6 Ortskurven

Die Gleichung der Ortskurve beschreibt den Zusammenhang zwischen dem gegebenen x-Wert und dem gegebenen y-Wert (jeweils in Abhängigkeit eines Parameters), d.h. man sucht die Gleichung, in die man den x-Wert einsetzen kann, um den y-Wert zu erhalten.
Gehen Sie folgendermaßen vor:

1. x-Wert so umformen, dass der Parameter alleine steht, z.B. $x = \frac{4}{t} \Rightarrow t = \frac{4}{x}$.
2. Parameter (in Abhängigkeit von x) in den y-Wert einsetzen, z.B. $y = t^2 = \left(\frac{4}{x}\right)^2$.
3. Durch Ausrechnen erhalten Sie den y-Wert in Abhängigkeit von x, z.B. $y = \frac{16}{x^2}$ und damit die Gleichung der Ortskurve.

Bei den Aufgaben d) und e) müssen Sie zunächst den gesuchten Punkt bestimmen. Hierbei gehen Sie wie bei einer «normalen» Funktion ohne Parameter vor. Beachten Sie: Die Parameter werden beim Ableiten wie Zahlen behandelt!

4.6 Extremwertaufgaben

Allgemein können Sie beim Lösen von Extremwertaufgaben nach folgendem Schema vorgehen:

1. Skizzieren Sie die Problemstellung.
2. Schreiben Sie die Größe auf, die minimiert oder maximiert werden soll. Das kann z.B. $\mathrm{A} = r \cdot h$ für eine Fläche in Abhängigkeit von r und h sein. In diesem Ausdruck dürfen verschiedene Variablen vorkommen.
3. Formulieren Sie die Nebenbedingungen. Im Beispiel von oben könnte dies z.B. $r + h = 100$ sein, wenn in der Aufgabe formuliert ist, dass r und h zusammen 100 ergeben müssen.
4. Lösen Sie die Nebenbedingung nach einer Variablen auf, z.B. $r = 100 - h$, und setzen Sie diese in den Ausdruck bei 2. ein. Dadurch ergibt sich, von welcher Variablen die sogenannte «Zielfunktion» abhängig ist. Löst man die Nebenbedingung nach r auf und setzt sie in die Gleichung unter 2. ein, ergibt sich im Beispiel: $\mathrm{A}(h) = (100 - h) \cdot h$.
5. Nun können die Extremstellen der Zielfunktion der Fläche in Abhängigkeit von h durch Ableiten und Nullsetzen der Ableitung untersucht werden. Handelt es sich um ein lokales Minimum, muss man noch die Randwerte überpüfen, d.h. man setzt den kleinst- und größtmöglichen x-Wert der Definitionsmenge in die Zielfunktion ein und vergleicht mit den Werten der Extremstelle. (Dies ist allerdings nicht nötig, wenn die 2. Ableitung keine Variablen mehr enthält, also inbesondere bei allen quadratsichen Funktionen.)

Zu den Aufgaben:

a) I) Die gesuchte Größe ist der Umfang des Rechtecks. Die Grundseite des Rechtecks wird als $2x$ gewählt. Nebenbedingung: Für die Höhe h gilt $h = f(x)$. Stellen Sie die Zielfunktion für den Umfang auf, setzen Sie die Nebenbedingung ein und bestimmen Sie das Maximum.

II) Die gesuchte Größe ist die Fläche des Rechtecks. Die Grundseite des Rechtecks wird als $2x$ gewählt. Nebenbedingung: Für die Höhe h gilt $h = f(x)$. Stellen Sie die Zielfunktion für die Fläche auf, setzen Sie die Nebenbedingung ein und bestimmen Sie das Maximum.

b) Die gesuchte Größe ist der Flächeninhalt des Dreiecks OPQ. Nach dem Ableiten stellt man die Gleichung der Normalen auf. Für die Normalensteigung gilt $m_n = -\frac{1}{m_t}$ (wobei m_t die Tangentensteigung ist). Diese wird mit der Kurve G geschnitten, um den Schnittpunkt Q zu bestimmen. Anschließend wird eine Flächenfunktion aufgestellt, wobei die Strecke $\overline{OQ}$ die Grundseite des Dreiecks bildet und $|\ f(u)\ |$ die Höhe. Die Flächenfunktion wird abgeleitet und der Extremwert bestimmt.

c) Skizzieren Sie die Graphen der beiden Funktionen.
Bestimmen Sie die Koordinaten der Punkte P und Q und überlegen Sie sich, wie Sie die Länge von PQ in Abhängigkeit von u bestimmen können. Stellen Sie hierzu eine Funktionsgleichung (Zielfunktion) auf. Zur Berechnung des Maximums verwenden Sie die 1. und 2. Ableitung (Produkt- und Kettenregel).
Die maximale Länge erhalten Sie, indem Sie das berechnete u in die Zielfunktion einsetzen.

4.7 Verständnis von Zusammenhängen

a) Überlegen Sie, welche Stellen durch das Gleichsetzen der Funktionsterme bestimmt werden und welche Bedeutung das Integral haben kann.

b) Überlegen Sie, welche Summe jeweils durch die Integrale gebildet wird.

c) Überlegen Sie, welcher Punkt des Graphen bestimmt wird, welche Steigung die Funktion an diesem Punkt hat und was für eine Gerade beschrieben wird.

d) Überlegen Sie, welche Summe durch das Integral bestimmt wird und welche Bedeutung die Integrationsgrenzen haben. Beachten Sie, dass ein Jahr 52 Wochen hat.

e) Verwenden Sie als Ansatz für eine ganzrationale Funktion f vierten Grades die Gleichung $f(x) = ax^4 + bx^3 + cx^2 + dx + e$ sowie deren Ableitungen. Beachten Sie, dass als notwendige Bedingung für Wendepunkte des Graphen von f die Gleichung $f''(x) = 0$ zu lösen wäre. Überlegen Sie, wie viele Lösungen diese Gleichung maximal hat und was dies für die maximale Anzahl der Wendepunkte des Graphen von f bedeutet.

f) Überlegen Sie, welche Bedeutung $x = u$ und damit $d(u)$ hat. Beachten Sie, dass durch $d'(u) = 0$ Extremstellen berechnet werden. Überlegen Sie, welche Bedeutung ein negatives Ergebnis der 2. Ableitung hat.

g) Beachten Sie, dass mit Hilfe der angegebenen Formel der Abstand zweier Punkte bestimmt wird. Überlegen, Sie, welches der zweite Punkt neben P ist und welche Bedeutung die Gleichung dann hat.

Geometrie

5 Punkte, Geraden und Ebenen

5.1 Lineare Gleichungssysteme

Verwenden Sie das Gaußsche Eliminierungsverfahren und bringen Sie das Gleichungssystem auf Dreiecksform. Alternativ können Sie auch die Matrixschreibweise verwenden.
Falls das Gleichungssystem einen Widerspruch hat, ist es nicht lösbar, falls es eine wahre Aussage entsteht, wählen Sie eine Unbekannte gleich t und bestimmen die anderen Unbekannten in Abhängigkeit von t.

5.2 Rechnen mit Vektoren

5.2.1 Rechenregeln und Betrag

Für das Rechnen mit Vektoren gelten folgende Gesetze:

Addition: $\begin{pmatrix} a_x \\ a_y \\ a_z \end{pmatrix} + \begin{pmatrix} b_x \\ b_y \\ b_z \end{pmatrix} = \begin{pmatrix} a_x + b_x \\ a_y + b_y \\ a_z + b_z \end{pmatrix}$ Subtraktion: $\begin{pmatrix} a_x \\ a_y \\ a_z \end{pmatrix} - \begin{pmatrix} b_x \\ b_y \\ b_z \end{pmatrix} = \begin{pmatrix} a_x - b_x \\ a_y - b_y \\ a_z - b_z \end{pmatrix}$

Skalare Multiplikation: $s \cdot \begin{pmatrix} a_x \\ a_y \\ a_z \end{pmatrix} = \begin{pmatrix} s \cdot a_x \\ s \cdot a_y \\ s \cdot a_z \end{pmatrix}$ (Zahl · Vektor = Vektor), für $s \in \mathbb{R}$

Skalarprodukt: $\begin{pmatrix} a_x \\ a_y \\ a_z \end{pmatrix} \cdot \begin{pmatrix} b_x \\ b_y \\ b_z \end{pmatrix} = a_x \cdot b_x + a_y \cdot b_y + a_z \cdot b_z$ (Vektor · Vektor = Zahl)

Betrag bzw. Länge: $\left| \begin{pmatrix} a_x \\ a_y \\ a_z \end{pmatrix} \right| = \sqrt{a_x^2 + a_y^2 + a_z^2}$

5.2.2 Orts- und Verbindungsvektoren

a) Ortsvektoren setzen am Ursprung $O(0 \mid 0 \mid 0)$ an. Verbindungsvektoren zwischen zwei Punkten erhalten Sie mit Hilfe der Differenz der Ortsvektoren. Bestimmen Sie jeweils die Länge (Betrag) der Verbindungsvektoren.

b) Stellen Sie jeweils drei Verbindungsvektoren zwischen je zwei Punkten auf und berechnen Sie deren Länge.

c) Tragen Sie in Ihre Skizze jeweils die gegebenen und gesuchten Punkte sowie den Ursprung O ein. Bestimmen Sie mit Hilfe einer Vektorkette den Ortsvektor des gesuchten Punktes. Geben Sie die Koordinaten des gesuchten Punktes an.

d) Tragen Sie in Ihre Skizze die gegebenen und gesuchten Punkte sowie den Ursprung O ein. Achten Sie dabei auf die Reihenfolge der Punkte (*gegen* den Uhrzeigersinn). Bestimmen Sie mit Hilfe einer Vektorkette den Ortsvektor des gesuchten Punktes. Geben Sie die Koordinaten des gesuchten Punktes an.

e) Da je vier Kanten parallel sind, gilt
$\overrightarrow{BF} = \overrightarrow{CG} = \overrightarrow{DH} = \overrightarrow{AE}$, $\overrightarrow{BC} = \overrightarrow{AD} = \overrightarrow{FG} = \overrightarrow{EH}$ und $\overrightarrow{AB} = \overrightarrow{EF} = \overrightarrow{DC} = \overrightarrow{HG}$.
Bestimmen Sie mit Hilfe einer Vektorkette den Ortsvektor des gesuchten Punktes. Geben Sie die Koordinaten des gesuchten Punktes an.

f) Tragen Sie in Ihre Skizze die gegebenen und gesuchten Punkte sowie den Ursprung O ein. Bestimmen Sie mit Hilfe einer Vektorkette den Ortsvektor des gesuchten Punktes. Geben Sie die Koordinaten des gesuchten Punktes an. Die Länge einer Kante ist die Länge des Verbindungsvektors der beiden Eckpunkte.

5.2.3 Orthogonalität von Vektoren

a) Zwei Vektoren stehen genau dann senkrecht aufeinander, wenn das Skalarprodukt gleich Null ist. Ist das Skalarprodukt ungleich Null, dann sind die beiden Vektoren nicht orthogonal.

b) Es sind Vektoren zu suchen, deren Skalarprodukt mit $\vec{n}$ Null ergibt.

c) Bestimmen Sie das Skalarprodukt von je zwei Verbindungsvektoren. Falls ein Ergebnis Null ergibt, sind die beiden Vektoren orthogonal.

5.3 Geraden

5.3.1 Aufstellen von Geradengleichungen

Verwenden Sie den Ortsvektor des einen Punktes als Stützvektor. Bilden Sie den Richtungsvektor, indem Sie den Verbindungsvektor zwischen den beiden Punkten aufstellen.

5.3.2 Punktprobe

Setzen Sie den Ortsvektor des Punktes in die Geradengleichung ein und prüfen Sie, ob sich für alle drei Komponenten der gleiche Parameter ergibt.

5.3.3 Gegenseitige Lage von Geraden

Für die gegenseitige Lage von zwei Geraden gibt es vier Möglichkeiten: Die Geraden können sich schneiden, parallel, identisch oder windschief sein.

Zur Bestimmung der gegenseitigen Lage prüft man zuerst die Richtungsvektoren auf lineare Abhängigkeit bzw. Unabhängigkeit:

1. Sind die Richtungsvektoren ein Vielfaches voneinander (linear abhängig), können die Geraden parallel oder identisch sein.
   Sie sind identisch, wenn ein Punkt der einen Geraden auf der anderen Geraden liegt (positive Punktprobe), sonst sind sie parallel (negative Punktprobe).

2. Sind die Richtungsvektoren kein Vielfaches voneinander (linear unabhängig), können die Geraden sich schneiden oder windschief sein.
   Durch Gleichsetzen erhält man den Schnittpunkt oder einen Widerspruch, welcher angibt, dass die Geraden windschief sind.

5.3.4 Allgemeines Verständnis von Geraden

Legen Sie eine Skizze an, um zu veranschaulichen, welche Beziehung für die Stütz- und Richtungsvektoren gelten muss. Überlegen Sie, welche Beziehung die Richtungsvektoren haben.

5.4 Ebenen

5.4.1 Parameterform der Ebenengleichung

a), b) Nehmen Sie einen der Punkte als «Stützpunkt». Die Verbindungsvektoren zwischen den Punkten ergeben die Spannvektoren.

c), d) Der Stützvektor der Geraden dient als Stützvektor der Ebene, der Richtungsvektor bildet den ersten Spannvektor. Den zweiten Spannvektor erhalten Sie, indem Sie den Verbindungsvektor zwischen dem Stützpunkt und dem angegebenen Punkt bilden.

5.4.2 Koordinatengleichung einer Ebene

Um eine Ebenengleichung aufzustellen, braucht man in der Regel entweder einen Punkt, der in der Ebene liegt, und zwei Spannvektoren oder einen Punkt A, der in der Ebene liegt, und einen Normalenvektor $\vec{n}$. Den Punkt setzt man in den Ansatz $n_x x + n_y y + n_z z = d$ ein und bestimmt d.

Ein Normalenvektor $\vec{n}$ errechnet sich mit Hilfe des Vektorprodukts aus den beiden Spannvektoren (siehe Seite 42).

a), b) Wählen Sie einen der 3 Punkte als «Stützpunkt» und bestimmen Sie die Spannvektoren als Verbindungsvektoren zwischen dem ersten Punkt und den beiden anderen Punkten. Anschließend bestimmen Sie einen Normalenvektor wie oben beschrieben und verwenden den Ansatz $n_x x + n_y y + n_z z = d$. Setzen Sie die Koordinaten einer der drei Punkte ein, um d zu erhalten.

c), d) Als Stützvektor bietet sich der Stützvektor der Geraden an. Als 1. Spannvektor benutzen Sie den Richtungsvektor der Geraden, als 2. Spannvektor bestimmen Sie den Verbindungsvektor zwischen dem Punkt außerhalb der Geraden und dem «Stützpunkt» der Geraden.

e) - g) Bestimmen Sie zuerst den Stützvektor der Ebene. Bestimmen Sie dazu den Schnittpunkt der beiden Geraden. Der Ortsvektor des Schnittpunktes dient als Stützvektor, die beiden Richtungsvektoren der Geraden werden als Spannvektoren der Ebene genommen. (wichtig: Wenn man s und t mit Hilfe von zwei Gleichungen bestimmt hat, muss man s und t in der 3. Gleichung überprüfen).

h), i) Wenn das Gleichungssystem zu einem Widerspruch wie z.B. $3 = 0$ führt, besitzt es keine Lösung. Die Geraden schneiden sich dann nicht. Untersuchen Sie die beiden Richtungsvektoren. Sind diese linear abhängig, dann sind die Geraden parallel.

j) Um die Ebenengleichung aufzustellen, brauchen Sie einen Punkt der Ebene und einen Normalenvektor. Die Spiegelebene befindet sich genau in der Mitte zwischen A und A*. Anhand einer Skizze kann man sich gut klarmachen, wie der Normalenvektor aussehen muss.

k) Wenn die Ebene E die Gerade g enthält, dann sind der Normalenvektor von E und der Richtungsvektor von g orthogonal. Damit ist das Skalarprodukt dieser beiden gleich Null. Gleiches gilt für den Normalenvektor von E und den Normalenvektor der bekannten Ebene F. Wenn man die beiden Skalarprodukte ausrechnet, erhält man zwei Gleichungen mit den 3 Unbekannten n_x, n_y und n_z. Eine Unbekannte wird gesetzt, die anderen ausgerechnet. Auf diese Weise erhält man $\vec{n}$. Zum Schluss setzt man noch $\vec{n}$ und den «Stützpunkt» der Geraden in den Ansatz $n_x x + n_y y + n_z z = d$ ein.

l) Drei der gegebenen Punkte benutzt man, um eine Ebene aufzustellen. Mit dem letzten macht man eine Punktprobe.

5.4.3 Ebenen im Koordinatensystem

Zuerst bestimmt man die Spurpunkte, dies sind die Schnittpunkte der Ebene mit den Koordinatenachsen. Überlegen Sie, welchen Wert die y- und die z-Koordinate für einen Schnittpunkt der Ebene mit der x-Achse besitzen. Man setzt ein und formt nach x um. Ebenso verfährt man für die anderen Spurpunkte.

5.4.4 Bestimmen von Geraden und Ebenen in einem Quader

a) Der Punkt O des Quaders liegt im Ursprung des Koordinatensystems. Bestimmen Sie die übrigen Punkte, indem Sie die Ortsvektoren addieren.

b) Die Gleichung kann wie im vorherigen Kapitel rechnerisch bestimmt werden, oder durch Überlegung und Ablesen an der Zeichnung.

c) Um eine Geradengleichung aufzustellen, braucht man einen Stützvektor und einen Richtungsvektor.

d) Wählen Sie drei der angegebenen Punkte und stellen Sie die Ebenengleichung wie im vorangegangenen Kapitel auf.

5.5 Gegenseitige Lage von Geraden und Ebenen

5.5.1 Gegenseitige Lage

Eine Gerade und eine Ebene können auf drei verschiedene Arten zueinander liegen: g schneidet E, g ist parallel zu E oder g liegt in E.

Liegt die Ebene in Koordinatenform vor, wird die Gerade als «allgemeiner Punkt» geschrieben und in die Ebenengleichung eingesetzt. Anschließend wird der Parameter der Geraden bestimmt und gegebenenfalls in die Geradengleichung eingesetzt, um den Schnittpunkt zu bestimmen. Liegt die Ebene in Parameterform vor, setzen Sie die Ebenengleichung und die Geradengleichung gleich und lösen Sie das Gleichungssystem mit 3 Unbekannten.

Beim Lösen der Gleichung können drei Fälle auftreten:

1. Es gibt eine eindeutige Lösung: Die Gerade schneidet die Ebene.
2. Es tritt ein Widerspruch auf (wie z.B. $3 = 0$): Die Gerade ist parallel zur Ebene.
3. Die Gleichung hat unendlich viele Lösungen (beim Lösen ergibt sich z.B. $3 = 3$ oder $0 = 0$): Die Gerade liegt in der Ebene.

5.5.2 Vermischte Aufgaben

a) Wenn $g \parallel$ E, so gilt: $\overrightarrow{r_g} \cdot \vec{n} = 0$. Für den Richtungsvektor $\overrightarrow{r_g}$ der Geraden gibt es unendlich viele Möglichkeiten.

b) Da $g \perp$ E, so gilt: $\overrightarrow{r_g} = k \cdot \vec{n}$; $k \in \mathbb{R}$, d.h. der Richtungsvektor $\overrightarrow{r_g}$ ist linear abhängig zum Normalenvektor zu wählen.

c) Setzen Sie den allgemeinen Punkt von g in die Ebenengleichung ein; bei einem Widerspruch haben g und E keine gemeinsamen Punkte.

d) Setzen Sie den allgemeinen Punkt von g in die Ebenengleichung ein; bei einer wahren Aussage enthält E die Gerade g.

5.6 Gegenseitige Lage zweier Ebenen

Auch hier gibt es verschiedene Lösungswege, abhängig davon, welche Art von Ebenengleichung vorliegt. Da der Weg über die Koordinatengleichung oft am einfachsten zu rechnen ist, werden viele Aufgaben auf diese Weise gelöst. Gerade beim Schnitt von zwei Ebenen kann es sich lohnen, eine Gleichung in die Koordinatenform umzuformen.

Die beiden Ebenengleichungen in Koordinatenform bilden ein lineares Gleichungssystem mit zwei Gleichungen und drei Variablen.

Beim Lösen des Gleichungssystems bzw. der Gleichung können drei Fälle auftreten:

1. Es gibt eine Lösung, wenn man eine Variable als t einsetzt und nach den anderen Variablen auflöst: Die Ebenen schneiden sich in einer Schnittgeraden.
2. Es tritt ein Widerspruch auf (wie z.B. $3 = 0$): Die beiden Ebenen sind parallel.
3. Die eine Gleichung ist ein Vielfaches der anderen Gleichung: Die beiden Ebenen sind identisch.

5.6.1 Schnitt von zwei Ebenen

a) - c) Bestimmen Sie jeweils die Schnittgerade. Bei Aufgabe c) lässt sich x_2 direkt ablesen.

d) - e) Schreiben Sie E_1 in drei Gleichungen für x_1, x_2 und x_3 um, setzen Sie diese in die Koordinatenebene E_2 ein und lösen Sie nach einem Parameter auf. Dieser wird dann wieder in E_1 eingesetzt, die Vektoren zusammengefasst und so die Gleichung der Schnittgeraden bestimmt.

f) - g) Gleichsetzen der beiden Ebenen führt zu einem Gleichungssystem mit 4 Unbekannten und 3 Gleichungen. Bringen Sie dieses mit Hilfe des Gauß-Verfahrens auf Stufenform. Sie erhalten einen Ausdruck wie z.B. $t = 2 - u$. Setzen Sie diesen Ausdruck für t in die Ebenengleichung ein und fassen Sie die Vektoren zusammen um die Gleichung der Schnittgeraden zu erhalten.

5.6.2 Parallele Ebenen

Beim Bestimmen von t muss man überlegen, wie die beiden Normalenvektoren zueinander stehen müssen, damit die Ebenen parallel sind.

5.6.3 Verschiedene Aufgaben zur Lage zweier Ebenen

Wenn zwei Ebenen identisch sind, so müssen ihre Normalenvektoren linear abhängig voneinander sein und ein Punkt der einen Ebene muss in der anderen Ebene liegen. Stehen sie orthogonal zueinander, so muss das Skalarprodukt der beiden Normalenvektoren gleich Null sein.

6 Abstände, Winkel und Spiegelungen

6.1 Abstandsberechnungen

6.1.1 Abstand Punkt – Ebene

Verwenden Sie das Lotfußpunktverfahren: Stellen Sie eine zu E orthogonale Gerade Lotgerade l auf, die durch den angegebenen Punkt geht. Schneiden Sie l mit E und berechnen Sie den Abstand des Schnittpunktes zum gegebenen Punkt, indem Sie die Länge des entsprechenden Verbindungsvektors bestimmen.

6.1.2 Abstand Punkt – Gerade

Den Abstand eines Punktes P von einer Geraden g bestimmt man in drei Schritten:

1. Zuerst stellt man eine Hilfsebene E_H auf. Diese Hilfsebene enthält den Punkt P und ist orthogonal zu g, d.h. der Richtungsvektor von g dient als Normalenvektor der Ebene.
2. Die Hilfsebene wird mit g geschnitten, dies ergibt den Schnittpunkt L.
3. Der Verbindungsvektor $\overrightarrow{LP}$ wird aufgestellt, sein Betrag (= seine Länge) ist der gesuchte Abstand.

6.1.3 Abstand paralleler Geraden

Zuerst muss bewiesen werden, dass die beiden Geraden echt parallel sind. Dies geschieht mit Hilfe der Richtungsvektoren und einer Punktprobe. Anschließend berechnet man den Abstand eines Punktes der Geraden h zur Geraden g wie in den vorangehenden Aufgaben.

6.1.4 Verschiedene Aufgaben

a)-b) Schreiben Sie die Gerade als «allgemeinen Punkt» A. Wenn dieser von P und Q gleich weit entfernt sein soll, muss gelten: $|\overrightarrow{\mathrm{PA}}| = |\overrightarrow{\mathrm{QA}}|$. Man setzt ein, löst nach t auf und setzt in die Geradengleichung ein.

c) Auch bei dieser Aufgabe wird die Gerade als «allgemeiner Punkt» geschrieben. Es gilt: $|\overrightarrow{\mathrm{AP}}| = 3$. Setzen Sie ein und lösen Sie nach t auf.

d) Stellen Sie zuerst die Gleichung der Ebene durch ABC auf und berechnen Sie den Abstand des Punktes S mit Hilfe der Abstandsformel.

e) Setzen Sie in die Abstandsformel den Punkt, die Ebene und den Abstand ein. Anschließend wird nach b aufgelöst. Dabei muss eine Fallunterscheidung gemacht werden, wenn man die Betragsgleichung lösen will. Es ergeben sich zwei Werte für b.

f)-h) Schreiben Sie die Gerade als «allgemeinen Punkt». Anschließend wird dieser, der Abstand und die Ebene in die Abstandsformel eingesetzt und nach dem Parameter s der Geraden aufgelöst. Dabei muss eine Fallunterscheidung gemacht werden. Die Lösungen s_1 und s_2 werden zum Schluss in die Geradengleichung eingesetzt.

i) Zuerst ist zu zeigen, dass die Gerade parallel zur Ebene ist. Dazu benötigt man das Skalarprodukt. Anschließend setzt man einen Punkt der Geraden und die Ebene in die Abstandsformel ein und berechnet den Abstand.

j) Zuerst ist zu zeigen, dass die beiden Ebenen parallel sind. Anschließend bestimmt man einen Punkt in einer der Ebenen und setzt diesen und die andere Ebene in die Abstandsformel ein und berechnet den Abstand.

6.2 Winkelberechnungen

a) Überlegen Sie, zwischen welchen Vektoren man den Winkel berechnet.
Verwenden Sie die Formel $\cos(\varphi) = \frac{\vec{a}\cdot\vec{b}}{|\vec{a}||\vec{b}|}$ für den Winkel zwischen zwei Vektoren $\vec{a}$ und $\vec{b}$.

b) Um den spitzen Winkel φ zwischen zwei Geraden zu berechnen, verwenden Sie die Formel $\cos(\varphi) = \frac{|\vec{u}_1\cdot\vec{u}_2|}{|\vec{u}_1||\vec{u}_2|}$, wobei $\vec{u}_1$ und $\vec{u}_2$ die beiden Richtungsvektoren der Geraden sind.

6.3 Spiegelungen

6.3.1 Punkt an Punkt

Machen Sie eine Skizze. Überlegen Sie, welche Vektoren man aneinanderhängen muss, um von P zum Spiegelpunkt P^* zu gelangen, wenn z.B. Q in der Mitte liegen soll.

6.3.2 Punkt an Ebene

Machen Sie eine Skizze. Der Punkt A wird an dem Punkt der Ebene, der A am nächsten ist, gespiegelt. Um diesen Punkt zu bestimmen, braucht man eine Hilfsgerade durch A, die senkrecht auf der Ebene steht.

6.3.3 Punkt an Gerade

Machen Sie auch hier eine Skizze. Der Punkt P wird an dem Punkt der Gerade gespiegelt, der den kleinsten Abstand zu P besitzt. Um diesen zu bestimmen, braucht man eine Hilfsebene. Diese geht durch P und steht senkrecht zur Geraden.

6.3.4 Allgemeine Spiegelungen

a) Machen Sie eine Skizze. Um die neue Gerade aufzustellen, braucht man einen Stützvektor und einen Richtungsvektor.

   I) Überlegen Sie, wie der Richtungsvektor aussieht, wenn die neue Gerade parallel zur alten Geraden sein soll. Wie erhält man den neuen «Stützpunkt»?

   II) Die Gerade schneidet die Ebene E. Den Schnittpunkt von g mit E haben Gerade und Spiegelgerade gemeinsam. Nun braucht man noch einen 2. Punkt, um den Richtungsvektor aufzustellen. Dazu muss man einen Punkt der Geraden an der Ebene spiegeln. Welcher Punkt bietet sich dazu an?

b) Machen Sie eine Skizze. Es gibt zwei verschiedene Fälle: Entweder beide Ebenen sind parallel, dann muss man nur einen Punkt von E_1 an E_2 spiegeln. Sind die Ebenen nicht parallel, so wird zuerst die Schnittgerade bestimmt. Überlegen Sie, wann die Normalenvektoren die gleichen bleiben und wann nicht.

7 Lineare Abbildungen und Matrizen

7.1 Rechnen mit Matrizen

Folgende Eigenschaften gelten für das Rechnen mit Matrizen:

1. Matrizen werden als $n \times m$ (gelesen «n kreuz m») Matrizen bezeichnet, wobei n die Anzahl der Zeilen und m die Anzahl der Spalten ist (Merkhilfe: ZVS = Zeile vor Spalte).
2. Die Zahlen, die in der Matrix stehen, heißen Elemente oder Einträge, sie werden grundsätzlich durch zwei Indices gekennzeichnet. Dabei gibt der erste Index die jeweilige Zeile und der zweite die jeweilige Spalte an. Manchmal werden 2×2 Matrizen auch als

$\begin{pmatrix} a_1 & b_1 \\ a_2 & b_2 \end{pmatrix}$ dargestellt. Bei dieser Darstellung kann man leichter den Überblick behalten, da nur ein Index vorhanden ist.

3. Vektoren haben eine Spalte und können daher als 2×1 bzw. 3×1 Matrizen behandelt werden.
4. Matrizen werden mit Großbuchstaben gekennzeichnet, die Einträge mit Kleinbuchstaben.

Addition / Subtraktion

Die Summe / Differenz von zwei Matrizen wird berechnet, indem man jeweils die Elemente der beiden Matrizen mit gleichen Indices addiert / subtrahiert. Beispiel:

$$\begin{pmatrix} a_{11} & a_{12} \\ a_{21} & a_{22} \end{pmatrix} + \begin{pmatrix} b_{11} & b_{12} \\ b_{21} & b_{22} \end{pmatrix} = \begin{pmatrix} a_{11}+b_{11} & a_{12}+b_{12} \\ a_{21}+b_{21} & a_{22}+b_{22} \end{pmatrix}$$

Es können also nur Matrizen mit gleicher Zeilen- und Spaltenanzahl miteinander addiert bzw. voneinander subtrahiert werden.

Skalare Multiplikation

Eine Matrix wird mit einem Skalar (einer Zahl) multipliziert, indem jedes Elemente der Matrix mit dem Skalar multipliziert wird. Beispiel:

$$s \cdot \begin{pmatrix} a_{11} & a_{12} \\ a_{21} & a_{22} \end{pmatrix} = \begin{pmatrix} s \cdot a_{11} & s \cdot a_{12} \\ s \cdot a_{21} & s \cdot a_{22} \end{pmatrix}$$

Matrizenmultiplikation

Folgende Eigenschaften sind zu beachten:

1. Bei der Multiplikation von Matrizen kommt es auf die Reihenfolge an: In der Regel gilt $A \cdot B \neq B \cdot A$ (d. h. die Matrizenmultiplikation ist nicht kommutativ).
2. Das Produkt $A \cdot B$ kann nur berechnet werden, wenn die *Spalten*anzahl von A gleich der *Zeilen*anzahl von B ist.
3. Die Ergebnismatrix hat die *Zeilen*anzahl der ersten Matrix und die *Spalten*anzahl der zweiten Matrix. Siehe auch das Beispiel der Multiplikation einer Matrix mit einem Vektor auf der nächsten Seite.

Die eigentliche Multiplikation

Um das jeweilige Element der Ergebnismatrix zu berechnen, werden die Zeilen der ersten Matrix jeweils skalar mit den Spalten der zweiten Matrix multipliziert. Zur Berechnung empfiehlt sich das sogenannte Falksche Schema; dazu wird die zweite Matrix oberhalb der Ergebnismatrix plaziert, dies erleichtert das Rechnen.

Beispiel:

$$A = \begin{pmatrix} a_{11} & a_{12} \\ a_{21} & a_{22} \end{pmatrix} = \begin{pmatrix} 1 & 2 \\ 3 & 4 \end{pmatrix}, B = \begin{pmatrix} b_{11} & b_{12} \\ b_{21} & b_{22} \end{pmatrix} = \begin{pmatrix} 5 & 6 \\ 7 & 8 \end{pmatrix}, C = \begin{pmatrix} c_{11} & c_{12} \\ c_{21} & c_{22} \end{pmatrix}$$

gesucht ist das Produkt $A \cdot B = C$

Falksches Schema:

$$\begin{array}{cc} & \begin{pmatrix} b_{11} & b_{12} \\ \downarrow & \\ b_{21} & b_{22} \end{pmatrix} \\ \begin{pmatrix} a_{11} \rightarrow a_{12} \\ a_{21} \quad a_{22} \end{pmatrix} & \begin{pmatrix} c_{11} & c_{12} \\ c_{21} & c_{22} \end{pmatrix} \end{array} \quad \text{mit} \quad \begin{aligned} c_{11} &= a_{11} \cdot b_{11} + a_{12} \cdot b_{21} \\ c_{12} &= a_{11} \cdot b_{12} + a_{12} \cdot b_{22} \\ c_{21} &= a_{21} \cdot b_{11} + a_{22} \cdot b_{21} \\ c_{22} &= a_{21} \cdot b_{12} + a_{22} \cdot b_{22} \end{aligned}$$

beziehungsweise:

$$\begin{array}{cc} & \begin{pmatrix} 5 & 6 \\ \downarrow & \\ 7 & 8 \end{pmatrix} \\ \begin{pmatrix} 1 \rightarrow 2 \\ 3 \quad 4 \end{pmatrix} & \begin{pmatrix} c_{11} & c_{12} \\ c_{21} & c_{22} \end{pmatrix} \end{array} \quad \text{mit} \quad \begin{aligned} c_{11} &= 1 \cdot 5 + 2 \cdot 7 = 19 \\ c_{12} &= 1 \cdot 6 + 2 \cdot 8 = 22 \\ c_{21} &= 3 \cdot 5 + 4 \cdot 7 = 43 \\ c_{22} &= 3 \cdot 6 + 4 \cdot 8 = 50 \end{aligned}$$

Also ist:

$$\begin{pmatrix} 1 & 2 \\ 3 & 4 \end{pmatrix} \cdot \begin{pmatrix} 5 & 6 \\ 7 & 8 \end{pmatrix} = \begin{pmatrix} 19 & 22 \\ 43 & 50 \end{pmatrix}$$

Multiplikation einer Matrix mit einem Vektor

Ein Vektor wird als 2×1 bzw. 3×1-Matrix aufgefasst; entsprechend gelten die gleichen Regeln wie bei der Multiplikation von Matrizen. Das Ergebnis der Multiplikation einer Matrix mit einem Vektor ist ein Vektor. Beispiel:

Matrix A ist eine 2×2 Matrix, $\vec{x}$ ist eine 2×1 Matrix, das Ergebnis ist also eine 2×1 Matrix:

$$\mathrm{A} \cdot \vec{x} = \begin{pmatrix} a_{11} & a_{12} \\ a_{21} & a_{22} \end{pmatrix} \cdot \begin{pmatrix} x_1 \\ x_2 \end{pmatrix} = \begin{pmatrix} a_{11} \cdot x_1 + a_{12} \cdot x_2 \\ a_{21} \cdot x_1 + a_{22} \cdot x_2 \end{pmatrix}$$

beziehungsweise mit $\mathrm{A} = \begin{pmatrix} 1 & 2 \\ 3 & 4 \end{pmatrix}$ und $\vec{x} = \begin{pmatrix} 5 \\ 6 \end{pmatrix}$:

$$\mathrm{A} \cdot \vec{x} = \begin{pmatrix} 1 & 2 \\ 3 & 4 \end{pmatrix} \cdot \begin{pmatrix} 5 \\ 6 \end{pmatrix} = \begin{pmatrix} 1 \cdot 5 + 2 \cdot 6 \\ 3 \cdot 5 + 4 \cdot 6 \end{pmatrix} = \begin{pmatrix} 17 \\ 39 \end{pmatrix}$$

7.2 Inverse Matrizen

Es gibt verschiedene Möglichkeiten, eine inverse Matrix zu bestimmen: Das Gauß-Verfahren lässt sich dabei auf alle Matrizen anwenden. Für 2×2-Matrizen kann auch folgende Formel verwendet werden:

Ist $\mathrm{A} = \begin{pmatrix} a_1 & b_1 \\ a_2 & b_2 \end{pmatrix}$, so gilt für die inverse Matrix: $\mathrm{A}^{-1} = \frac{1}{\det(\mathrm{A})} \cdot \begin{pmatrix} b_2 & -b_1 \\ -a_2 & a_1 \end{pmatrix}$.

Dabei ist $\det(\mathrm{A})$ die Determinante von A: $\det(\mathrm{A}) = \begin{vmatrix} a_1 & b_1 \\ a_2 & b_2 \end{vmatrix} = a_1 b_2 - a_2 b_1$.

Merkhilfe für die Bestimmung der inversen Matrix einer 2×2 Matrix:

- Die Elemente auf der Hauptdiagonale werden vertauscht
- Die restlichen Elemente werden mit -1 multipliziert
- Die so erhaltene Matrix wird mit $\frac{1}{\det A}$ multipliziert

Bestimmung der inversen Matrix mit Hilfe des Gauß-Verfahrens

Um die Inverse einer Matrix zu bestimmen, schreibt man die Einheitsmatrix neben die Matrix und formt dann beide Matrizen mit Hilfe von sogenannten elementaren Umformungen so lange gleichzeitig um, bis links die Einheitsmatrix steht. Dann steht rechts die Inverse der Ausgangsmatrix. Die elementaren Umformungen sind:

1. Addieren des Vielfachen einer Zeile zu einer anderen Zeile
2. Vertauschen zweier Zeilen
3. Multiplizieren einer Zeile mit einem Wert ungleich Null

Die Vorgehensweise entspricht weitgehend der Lösung eines Linearen Gleichungssystems mit Hilfe des Gauß-Verfahrens.

Ergibt sich bei der Umformung eine Leerzeile, so ist die Matrix nicht invertierbar, es gibt keine Inverse.

a) Zueinander invers bedeutet $A \cdot B = E$ und $B \cdot A = E$. Multiplizieren Sie die beiden Matrizen. Genau dann, wenn die beiden Matrizen zueinander invers sind, ist das Ergebnis die Einheitsmatrix $E = \begin{pmatrix} 1 & 0 \\ 0 & 1 \end{pmatrix}$.

b) Verwenden Sie entweder die oben angegebene Formel oder das Gauß-Verfahren.

Stochastik

8 Wahrscheinlichkeitsrechnung

8.1 Baumdiagramme und Pfadregeln

8.1.1 Ziehen mit Zurücklegen

a) I) Zeichnen Sie ein Baumdiagramm mit den Ästen rot (r), weiß (w) und gelb (g). Beachten Sie, dass die Wahrscheinlichkeiten bei jedem Ziehen gleich bleiben. Überlegen Sie, welche Ergebnisse zum gesuchten Ereignis gehören und verwenden Sie die Pfadregeln.

II) Zeichnen Sie ein Baumdiagramm mit den Ästen weiß (w) und nicht weiß ($\bar{w}$). Beachten Sie, dass die Wahrscheinlichkeiten bei jedem Ziehen gleich bleiben. Überlegen Sie, welches Ergebnis zum gesuchten Ereignis gehört und verwenden Sie die 1. Pfadregel.

b) I) Zeichnen Sie ein Baumdiagramm mit den Ästen rot (r) und nicht rot ($\bar{r}$). Beachten Sie, dass die Wahrscheinlichkeiten bei jedem Ziehen gleich bleiben. Überlegen Sie, welches Ergebnis zum gesuchten Ereignis gehört und verwenden Sie die 1. Pfadregel.

II) Überlegen Sie, welche Ergebnisse zum gesuchten Ereignis gehören und verwenden Sie die Pfadregeln oder rechnen Sie alternativ mit dem Gegenereignis $\overline{A}$ und verwenden Sie $P(A) = 1 - P(\bar{A})$.

c) I) Zeichnen Sie ein Baumdiagramm mit den Ästen rot (r) und gelb (g). Beachten Sie, dass die Wahrscheinlichkeiten bei jedem Ziehen gleich bleiben. Überlegen Sie, welche Ergebnisse zum gesuchten Ereignis gehören und verwenden Sie die Pfadregeln oder rechnen Sie alternativ mit dem Gegenereignis $\overline{A}$ und verwenden Sie $P(A) = 1 - P(\bar{A})$.

II) Wählen Sie n als Anzahl der gelben Kugeln und zeichnen Sie ein Baumdiagramm. Bestimmen Sie die Wahrscheinlichkeit für das gesuchte Ereignis mit Hilfe des Gegenereignisses in Abhängigkeit von n; verwenden Sie $P(A) = 1 - P(\bar{A})$. Stellen Sie eine quadratische Gleichung auf und lösen Sie diese durch Wurzelziehen und Fallunterscheidung. Beachten Sie, dass $n > 0$ sein muss.

d) I) Überlegen Sie, wie viele Kugeln insgesamt mindestens vorhanden sein müssen und beachten Sie, ob sich die Wahrscheinlichkeiten für rot oder schwarz bei jedem Ziehen ändern oder nicht.

II) Rechnen Sie mit dem Gegenereignis $\overline{A}$ und verwenden Sie $P(A) = 1 - P(\bar{A})$ sowie die 1. Pfadregel.

8.1.2 Ziehen ohne Zurücklegen

a) I) Zeichnen Sie ein Baumdiagramm mit den Ästen rot (r), grün (g) und blau (b). Beachten Sie, dass sich die Wahrscheinlichkeiten bei jedem Ziehen ändern. Überlegen Sie, welche Ergebnisse zum gesuchten Ereignis gehören und verwenden Sie die Pfadregeln.

II) Zeichnen Sie ein Baumdiagramm mit den Ästen blau (b) und nicht blau ($\bar{b}$). Beachten Sie, dass sich die Wahrscheinlichkeiten bei jedem Ziehen ändern. Überlegen Sie, welches Ergebnis zum gesuchten Ereignis gehört und verwenden Sie die 1. Pfadregel.

b) I) Überlegen Sie, wie viele Kugeln insgesamt mindestens vorhanden sein müssen und beachten Sie, ob sich die Wahrscheinlichkeiten für rot oder schwarz bei jedem Ziehen ändern oder nicht.

II) Überlegen Sie, welche Ergebnisse zum gesuchten Ereignis gehören und verwenden Sie die Pfadregeln.

c) I) Beachten Sie, dass gleichzeitiges Ziehen einem Ziehen ohne Zurücklegen entspricht und dass sich die Wahrscheinlichkeiten bei jedem Ziehen ändern. Überlegen Sie, welche Ergebnisse zum gesuchten Ereignis gehören und verwenden Sie die Pfadregeln.

II) Zeichnen Sie ein Baumdiagramm mit den Ästen weiß (w) und nicht weiß ($\bar{w}$). Beachten Sie, dass sich die Wahrscheinlichkeiten bei jedem Ziehen ändern. Rechnen Sie mit dem Gegenereignis $\overline{A}$ und verwenden Sie $P(A) = 1 - P(\bar{A})$ sowie die 1. Pfadregel.

d) I) Wählen Sie n als Anzahl der roten Kugeln und zeichnen Sie ein Baumdiagramm mit den Ästen rot (r) und weiß (w). Beachten Sie, dass sich die Wahrscheinlichkeiten bei jedem Ziehen ändern. Bestimmen Sie die Wahrscheinlichkeit für das gesuchte Ereignis mit Hilfe der 1. Pfadregel in Abhängigkeit von n, stellen Sie eine quadratische Gleichung auf und lösen Sie diese mit Hilfe der *pq*- bzw. *abc*-Formel. Beachten Sie, dass $n > 0$ sein muss.

II) Bestimmen Sie die Wahrscheinlichkeit für das gesuchte Ereignis mit Hilfe des Gegenereignisses in Abhängigkeit von n; verwenden Sie $P(A) = 1 - P(\bar{A})$. Stellen Sie eine quadratische Gleichung auf und lösen Sie diese mit Hilfe der *pq*- bzw. *abc*-Formel. Beachten Sie, dass $n > 0$ sein muss.

8.1.3 Mehrstufige Experimente

a) I) Zeichnen Sie ein Baumdiagramm mit den Ästen rot (r) und blau (b). Beachten Sie, dass es sich um ein dreistufiges Experiment handelt und sich beim Ziehen mit Zurücklegen die Wahrscheinlichkeiten nicht ändern. Überlegen Sie, welche Ergebnisse zum gesuchten Ereignis gehören und verwenden Sie die Pfadregeln.

II) Zeichnen Sie ein Baumdiagramm mit den Ästen rot (r) und blau (b). Beachten Sie, dass es sich um ein dreistufiges Experiment handelt und sich die Wahrscheinlichkeiten bei jedem Ziehen ändern. Überlegen Sie, welche Ergebnisse zum gesuchten Ereignis gehören und verwenden Sie die Pfadregeln.

b) I) Zeichnen Sie ein Baumdiagramm mit den Ästen Gewinn (g) und Niete (n). Beachten Sie, dass sich beim Ziehen ohne Zurücklegen die Wahrscheinlichkeiten bei jedem Ziehen ändern. Überlegen Sie, welche Ergebnisse zum gesuchten Ereignis gehören und verwenden Sie die Pfadregeln.

II) Überlegen Sie, welche Lose zuerst gezogen werden müssen und verwenden Sie die 1. Pfadregel.

c) I) Zeichnen Sie ein Baumdiagramm mit den Ästen Packung (P_1 bzw. P_2 und P_3) sowie gelb (g) und weiß (w). Beachten Sie, dass sich beim Ziehen ohne Zurücklegen die Wahrscheinlichkeiten bei jedem Ziehen ändern. Überlegen Sie, welche Ergebnisse zum gesuchten Ereignis gehören und verwenden Sie die Pfadregeln.

II) Beachten Sie, dass es sich um ein dreistufiges Experiment handelt. Bestimmen Sie jeweils die Wahrscheinlichkeit für das Wählen einer Schachtel und anschließend die Wahrscheinlichkeiten für das Ziehen von zwei gelben Tabletten (falls möglich). Beachten Sie, dass sich beim Ziehen ohne Zurücklegen die Wahrscheinlichkeiten bei jedem Zug ändern.

d) I) Beachten Sie, dass es sich um ein vierstufiges Experiment handelt, bei welchem die Wahrscheinlichkeiten miteinander multipliziert werden. Die Wahrscheinlichkeiten einer jeden Stufe erhalten Sie mit Hilfe der 1. Pfadregel für das Ziehen ohne Zurücklegen.

II) Zeichnen Sie ein Baumdiagramm mit den Ästen rot (r) und schwarz (s). Beachten Sie, dass sich beim Ziehen ohne Zurücklegen die Wahrscheinlichkeiten bei jedem Ziehen ändern. Überlegen Sie, wie viele Karten am Ende in Stapel 2 sind und welche Ergebnisse zum gesuchten Ereignis gehören; verwenden Sie die Pfadregeln.

8.2 Unabhängigkeit und Vierfeldertafeln

a) Wenn A und B unabhängig sind, so sind auch A und $\overline{B}$, $\overline{A}$ und B bzw. $\overline{A}$ und $\overline{B}$ voneinander unabhängig und es gilt jeweils der spezielle Multiplikationssatz.

b) $P(R)$, $P(m)$ und $P(m \cap R)$ entsprechen den jeweiligen relativen Häufigkeiten. Prüfen Sie nach, ob dafür der spezielle Multiplikationssatz gilt.

c) Ergänzen Sie zunächst die Zeile oder Spalte, in der schon zwei Zahlen stehen. Beachten Sie, dass sich «rechts unten» 1 ergeben muss. Prüfen Sie Unabhängigkeit mit dem speziellen Multiplikationssatz: $P(A \cap B) = P(a) \cdot P(B)$.

d) Überlegen Sie, welche der angegebenen Zahlen bei der Vierfeldertafel innen und welche außen stehen.

8.3 Bedingte Wahrscheinlichkeit

Bei Fragen nach der bedingten Wahrscheinlichkeit sind Vierfeldertafeln und Baumdiagramme hilfreich, wenn Sie folgendes beachten:

	A	$\overline{A}$	
B	$P(A\cap B)$	$P(\overline{A}\cap B)$	$P(B)$
$\overline{B}$	$P(A\cap \overline{B})$	$P(\overline{A}\cap \overline{B})$	$P(\overline{B})$
	$P(A)$	$P(\overline{A})$	1

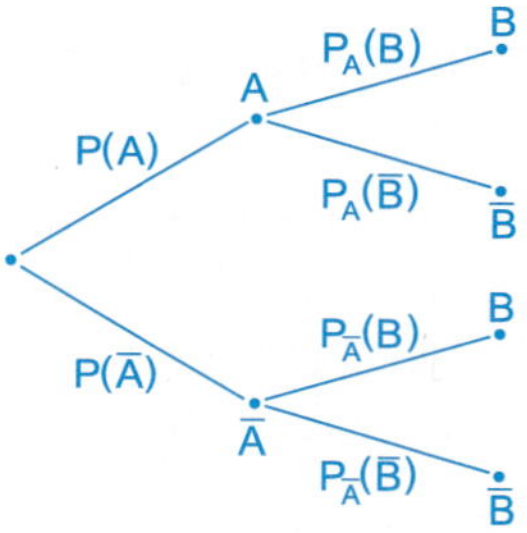

$P(A\cap B) = P(A)\cdot P_A(B) = P(B)\cdot P_B(A)$.
Damit kann man auch bei anspruchsvollen Aufgabenstellungen die Orientierung behalten.

a) Erstellen Sie eine Vierfeldertafel und verwenden Sie: a: über 40 Jahre, j: bis 40 Jahre, L: Leserin. Schreiben Sie zunächst alle Wahrscheinlichkeiten, die sich aus den Angaben errechnen lassen, als relative Häufigkeiten formal auf.

  I) Bestimmen Sie mit Hilfe der Vierfeldertafel und der bedingten Wahrscheinlichkeit $P_a(L)$.

  II) Bestimmen Sie mit Hilfe der Vierfeldertafel und der bedingten Wahrscheinlichkeit $P_j(\overline{L})$.

b) Verwenden Sie: k: krank, g $(=\overline{k})$: gesund, «+»: positiv getestet, «−»: negativ getestet. Aus der Aufgabenstellung lassen sich P(k), $P_k(+)$ und $P_g(-)$ ablesen. Erstellen Sie eine Vierfeldertafel und bestimmen Sie P(g), $P(k\cap +)$, $P(g\cap -)$.

  I) Bestimmen Sie mit Hilfe der Vierfeldertafel und der bedingten Wahrscheinlichkeit $P_+(k)$.

  II) Bestimmen Sie mit Hilfe der Vierfeldertafel und der bedingten Wahrscheinlichkeit $P_-(g)$.

c) Notieren Sie zunächst formal, welche Wahrscheinlichkeiten den verschiedenen %-Angaben entsprechen. Stellen Sie eine Vierfeldertafel auf (a: über 70 Jahre, j: bis 70 Jahre, m: männlich, w: weiblich). Beachten Sie, dass gilt: $P(m\cap a) = P(a)\cdot P_a(m)$ und $P(m\cap j) = P(j)\cdot P_j(m)$.

  I) Bestimmen Sie mit Hilfe der Vierfeldertafel und der bedingten Wahrscheinlichkeit $P_m(j)$.

  II) Bestimmen Sie mit Hilfe der Vierfeldertafel und der bedingten Wahrscheinlichkeit $P_w(a)$.

8.4 Binomialverteilung

a) I) Verwenden Sie die Formel $P(X = k) = \binom{n}{k} \cdot p^k \cdot (1-p)^{n-k}$.

II) Überlegen Sie, welche Wahrscheinlichkeiten addiert werden müssen.

b) I) Bestimmen Sie n, p und k und verwenden Sie die Formel $P(X = k) = \binom{n}{k} \cdot p^k \cdot (1-p)^{n-k}$.

II) Für ein Ereignis A beachten Sie den Zusammenhang zur Formel $P(X = k) = \binom{n}{k} \cdot p^k \cdot (1-p)^{n-k}$.
Für ein Ereignis B formen Sie die gegebene Wahrscheinlichkeit so um, dass die obige Formel sichtbar wird; beachten Sie, dass für ein Gegenereignis gilt: $P(A) = 1 - P(\bar{A})$.

c) I) Verwenden Sie die Formel $P(X = k) = \binom{n}{k} \cdot p^k \cdot (1-p)^{n-k}$.

II) Überlegen Sie, welche Wahrscheinlichkeiten addiert werden müssen bzw. rechnen Sie mit dem Gegenereignis $\overline{A}$ und verwenden Sie $P(A) = 1 - P(\bar{A})$.

d) I) Bestimmen Sie n, p und k und verwenden Sie die Formel $P(X = k) = \binom{n}{k} \cdot p^k \cdot (1-p)^{n-k}$.

II) Für das Ereignis A beachten Sie, dass es aus drei Ergebnissen besteht; stellen Sie den Zusammenhang zur Formel $P(X = k) = \binom{n}{k} \cdot p^k \cdot (1-p)^{n-k}$ her.
Für das Ereignis B formen Sie die gegebene Wahrscheinlichkeit so um, dass die obige Formel sichtbar wird; beachten Sie, dass für ein Gegenereignis gilt: $P(A) = 1 - P(\bar{A})$.

e) I) Verwenden Sie die Formel $P(X = k) = \binom{n}{k} \cdot p^k \cdot (1-p)^{n-k}$.

II) Überlegen Sie, welche Wahrscheinlichkeiten addiert werden müssen bzw. rechnen Sie mit dem Gegenereignis $\overline{A}$ und verwenden Sie $P(A) = 1 - P(\bar{A})$.

f) Überlegen Sie zunächst, was der Term $0{,}98^n$ beschreibt, wenn 0,98 die Erfolgswahrscheinlichkeit ist, dass eine zufällig ausgewählte und sachgerecht gepflanzte Tulpenzwiebel im Frühjahr tatsächlich blüht.
Erläutern Sie damit Ungleichung (I) und überlegen Sie, wie man zu Ungleichung (II) kommt.

g) Überlegen Sie, wie groß die Anzahl der nicht starken Raucher ist. Da man auch mit dem Gegenereignis rechnen kann, gibt es zwei richtige Lösungswege, von denen einer das Gegenereignis berechnet.

h) I) Multiplizieren Sie die Wahrscheinlichkeiten jeder Stufe.

II) Bestimmen Sie die Wahrscheinlichkeit, dass eine Tasse nicht fehlerfrei glasiert ist und überlegen Sie, wie viele von den entnommenen Tassen höchstens nicht fehlerfrei glasiert sind.

8.5 Erwartungswert und Standardabweichung

a) Bestimmen Sie die Wahrscheinlichkeiten für die möglichen Ereignisse. Den Erwartungswert E von X (Zufallsvariable für die Höhe des Gewinns) erhalten Sie, indem Sie die möglichen Auszahlungsbeträge mit den zugehörigen Wahrscheinlichkeiten multiplizieren und den Einsatz subtrahieren.

b) Verwenden Sie jeweils die Formel: $E(X) = n \cdot p$. Bestimmen Sie die Standardabweichung σ mit Hilfe der Formel $\sigma = \sqrt{n \cdot p \cdot (1-p)}$.

c) Bestimmen Sie die Wahrscheinlichkeiten für die möglichen Ereignisse. Den Erwartungswert E von X (Zufallsvariable für die Höhe des Gewinns) erhalten Sie, indem Sie die möglichen Auszahlungsbeträge mit den zugehörigen Wahrscheinlichkeiten multiplizieren und den Einsatz subtrahieren.

d) Bestimmen Sie die Wahrscheinlichkeiten für die möglichen Ereignisse. Den Erwartungswert E von X (Zufallsvariable für die Höhe des Gewinns) erhalten Sie, indem Sie die möglichen Auszahlungsbeträge mit den zugehörigen Wahrscheinlichkeiten multiplizieren und den Einsatz subtrahieren. Beachten Sie, dass ein Spiel fair ist, wenn der Erwartungswert für den Gewinn Null beträgt.

e) Bestimmen Sie zunächst mit Hilfe eines Baumdiagrammes und den Pfadregeln die Wahrscheinlichkeit für das gesuchte Ereignis. Den Erwartungswert E von X (Zufallsvariable für die Höhe der Auszahlung) erhalten Sie, indem Sie die möglichen Auszahlungsbeträge mit den zugehörigen Wahrscheinlichkeiten multiplizieren und den Einsatz subtrahieren. Beachten Sie, dass ein Spiel fair ist, wenn der Erwartungswert für den Gewinn Null beträgt.

f) Den Erwartungswert $E(X)$ der Zufallsvariablen X erhalten Sie, indem Sie die möglichen Werte von x_i mit den zugehörigen Wahrscheinlichkeiten multiplizieren und die Ergebnisse addieren. Lösen Sie die Gleichung $E(X) = 0,3$ nach a auf. Beachten Sie, dass die Summe aller Wahrscheinlichkeiten 1 ergeben muss und bestimmen Sie damit b.

g) Bestimmen Sie den Erwartungswert von X, indem Sie die Werte von X mit der zugehörigen Wahrscheinlichkeit multiplizieren und die Ergebnisse addieren. Überlegen Sie, welchen Wert p_2 höchstens annehmen kann und bestimmen Sie damit den Maximalwert des Erwartungswerts.

h) Bestimmen Sie p und n und verwenden Sie die Formeln $E(X) = \mu = n \cdot p$ und $\sigma = \sqrt{n \cdot p \cdot (1-p)}$.

i) Verwenden Sie die Formeln $E(X) = \mu = n \cdot p$ und $\sigma = \sqrt{n \cdot p \cdot (1-p)}$.

j) Bestimmen Sie p und n und verwenden Sie die Formeln $E(X) = \mu = n \cdot p$ und $\sigma = \sqrt{n \cdot p \cdot (1-p)}$.

Lösungen – Analysis

1 Ableiten

Klammern und Multiplikationszeichen werden bei den Lösungen dazu verwendet, um Ausdrücke übersichtlich zu machen (z.B. um bei der Produktregel zu zeigen, wo sich u' und v' befinden).

1.1 Potenzfunktionen mit natürlichen Exponenten

a) $f'(x) = 4 \cdot 5x^4 - 2 \cdot 3x^2 = 20x^4 - 6x^2$

b) $f'(x) = 2 \cdot 3x^2 - 6 \cdot 2x = 6x^2 - 12x$

c) $f'(x) = 4x^3 - 3 \cdot 2x + 0 = 4x^3 - 6x$

d) $f'(x) = 3 \cdot (4x+1)^2 \cdot 4 = 12 \cdot (4x+1)^2$

e) $f'(x) = 5 \cdot 4 \cdot \left(2x^2+1\right)^3 \cdot 4x = 80x \cdot \left(2x^2+1\right)^3$

f) $f'(x) = 3x^2 \cdot (3x+2) + x^3 \cdot 3 = 9x^3 + 6x^2 + 3x^3 = 12x^3 + 6x^2$

g) $f'(x) = 3x^2 \cdot (2x+1)^4 + x^3 \cdot 4 \cdot (2x+1)^3 \cdot 2 = 3x^2 \cdot (2x+1)^4 + 8x^3 \cdot (2x+1)^3$

h) $f_a{}'(x) = 3ax^2 - 6ax$

i) $f_t{}'(x) = 2t^2x - 4t$

1.2 Exponentialfunktionen

a) $f'(x) = 6x \cdot e^{-4x} + 3x^2 \cdot e^{-4x} \cdot (-4) = e^{-4x}\left(6x - 12x^2\right) = 6xe^{-4x}(1-2x)$

b) $f'(x) = \frac{3}{2}x^2 \cdot e^{2x} + \frac{1}{2}x^3 \cdot e^{2x} \cdot 2 = e^{2x}\left(\frac{3}{2}x^2 + x^3\right) = x^2e^{2x}\left(\frac{3}{2} + x\right)$

c) $f'(x) = 2e^{-x} + (2x+5) \cdot e^{-x} \cdot (-1) = e^{-x}(-2x-3)$

d) $f'(x) = 6x \cdot e^{-2x} + (3x^2-4) \cdot e^{-2x} \cdot (-2) = e^{-2x}\left(6x - 6x^2 + 8\right)$

e) $f'(x) = 2 \cdot (4x + e^{-x}) \cdot (4 + e^{-x} \cdot (-1)) = 2 \cdot (4x + e^{-x}) \cdot (4 - e^{-x})$

f) $f'(x) = 3 \cdot (e^x + e^{-x})^2 \cdot (e^x - e^{-x})$

1.3 Trigonometrische Funktionen

a) $f'(x) = \frac{1}{6} \cdot \cos\left(3x^2\right) \cdot 6x = x \cdot \cos\left(3x^2\right)$

b) $f'(x) = \frac{1}{2} \cdot \left(-\sin\left(2x^3\right)\right) \cdot 6x^2 = -3x^2 \cdot \sin\left(2x^3\right)$

c) $f'(x) = 2 \cdot \cos\left(\frac{1}{2}x^2 + 4\right) + 2x \cdot \left(-\sin\left(\frac{1}{2}x^2 + 4\right)\right) \cdot x = 2 \cdot \cos\left(\frac{1}{2}x^2 + 4\right) - 2x^2 \cdot \sin\left(\frac{1}{2}x^2 + 4\right)$

d) $f'(x) = 2x \cdot \sin(4x+3) + x^2 \cdot \cos(4x+3) \cdot 4 = 2x \cdot \sin(4x+3) + 4x^2 \cdot \cos(4x+3)$

e) $f'(x) = 2x \cdot \cos\left(\frac{1}{2}x - 1\right) + x^2 \cdot \left(-\sin\left(\frac{1}{2}x - 1\right)\right) \cdot \frac{1}{2} = 2x \cdot \cos\left(\frac{1}{2}x - 1\right) - \frac{1}{2}x^2 \cdot \sin\left(\frac{1}{2}x - 1\right)$

f) $f'(x) = 3 \cdot (x + \cos(x))^2 \cdot (1 - \sin(x))$

1.4 Logarithmusfunktionen

a) $f'(x) = \frac{1}{2+3x^2} \cdot 6x = \frac{6x}{2+3x^2}$

b) $f'(x) = \frac{4x+1}{2x^2+x}$

c) $f'(x) = \frac{8x-2}{4x^2-2x+1}$

d) $f'(x) = \frac{2ax+b}{ax^2+bx+c}$

e) $f'(x) = 2\ln(4+x) + \frac{2x}{4+x}$

f) $f'(x) = 2x\ln\left(x^2+1\right) + x^2 \cdot \frac{2x}{x^2+1} = 2x\ln\left(x^2+1\right) + \frac{2x^3}{x^2+1}$

g) $f'(x) = 2\ln(3x+2) + (2x-3)\frac{3}{3x+2} = 2\ln(3x+2) + \frac{6x-9}{3x+2}$

h) $f'(x) = (2x-2) \cdot \ln\left(x^2+1\right) + \left(x^2-2x\right)\frac{2x}{x^2+1} = (2x-2) \cdot \ln\left(x^2+1\right) + \frac{2x^3-4x^2}{x^2+1}$

i) $f'(x) = \frac{2x}{x^2+t}$

2 Stammfunktionen und Integrale

2.1 Stammfunktionen

2.1.1 Potenzfunktionen mit natürlichen Exponenten

a) $\mathrm{F}(x) = \frac{2}{4}x^4 - \frac{\frac{4}{3}}{3}x^3 + 2x + c = \frac{1}{2}x^4 - \frac{4}{9}x^3 + 2x + c$

b) $\mathrm{F}(x) = \frac{10}{5}x^5 + \frac{2}{4}x^4 - \frac{1}{2}x^2 + c = 2x^5 + \frac{1}{2}x^4 - \frac{1}{2}x^2 + c$

c) $\mathrm{F}(x) = \frac{3}{4}x^4 - \frac{4}{2}x^2 + c = \frac{3}{4}x^4 - 2x^2 + c$

d) $\mathrm{F}_a(x) = \frac{4a}{4}x^4 - \frac{3a}{3}x^3 + c = ax^4 - ax^3 + c$

e) $\mathrm{F}_t(x) = \frac{2t}{3}x^3 - \frac{t^2}{2}x^2 + x + c$

2.1.2 Exponentialfunktionen

a) Lineare Integration: $\mathrm{F}(x) = \frac{3}{2}e^{2x} + c$

b) Lineare Integration: $\mathrm{F}(x) = 4 \cdot \frac{e^{-x}}{-1} + c = -4e^{-x} + c$

c) Lineare Integration: $\mathrm{F}(x) = 3 \cdot \frac{e^{-3x}}{-3} + \frac{1}{4}x^4 + c = -e^{-3x} + \frac{1}{4}x^4 + c$

d) Lineare Integration: $\mathrm{F}(x) = 6 \cdot \frac{e^{3x+2}}{3} + c = 2e^{3x+2} + c$

e) Zuerst wird die Klammer aufgelöst: $f(x) = 2x^2 - 12e^{3x}$, daraus folgt:
$\mathrm{F}(x) = 2 \cdot \frac{1}{3} \cdot x^3 - 12 \cdot \frac{1}{3} \cdot e^{3x} + c = \frac{2}{3}x^3 - 4e^{3x} + c$

f) Zuerst wird der Bruch als Potenz mit negativem Exponenten geschrieben:
$f(x) = 2 \cdot e^{-2x} + x^{-2}$, daraus folgt:
$\mathrm{F}(x) = 2 \cdot \frac{e^{-2x}}{-2} + \frac{1}{-1}x^{-1} + c = -e^{-2x} - \frac{1}{x} + c$

2.1.3 Trigonometrische Funktionen

a) Lineare Integration: $\mathrm{F}(x) = 3 \cdot \frac{\sin(2x+1)}{2} + c = \frac{3}{2}\sin(2x+1) + c$

b) Lineare Integration: $\mathrm{F}(x) = 4 \cdot \frac{-\cos(-3x+2)}{-3} + c = \frac{4}{3}\cos(-3x+2) + c$

c) Lineare Integration: $\mathrm{F}(x) = \frac{2}{3} \cdot \frac{\sin(\pi x)}{\pi} + c = \frac{2}{3\pi}\sin(\pi x) + c$

d) Lineare Integration: $\mathrm{F}(x) = 4 \cdot \frac{\sin(4x+4)}{4} + c = \sin(4x+4) + c$

e) Lineare Integration: $\mathrm{F}(x) = 3 \cdot \frac{-\cos(3x-9)}{3} + c = -\cos(3x-9) + c$

2.1.4 Logarithmusfunktionen

a) Lineare Substitution: $\mathrm{F}(x) = 6 \cdot \frac{\ln|x-2|}{1} = 6 \cdot \ln|x-2|$.

b) Lineare Substitution: $\mathrm{F}(x) = 3 \cdot \frac{\ln|2x|}{2} = \frac{3}{2} \cdot \ln|2x|$.

c) Lineare Substitution: $\mathrm{F}(x) = 4 \cdot \frac{\ln|2x-1|}{2} = 2 \cdot \ln|2x-1|$.

2.2 Integrale

Mit Hilfe des Hauptsatzes der Differential- und Integralrechnung $\int_a^b f(x)dx = \mathrm{F}(b) - \mathrm{F}(a)$ ergibt sich:

a) $\int_0^{\frac{\pi}{2}} (4 \cdot \sin(2x))\,\mathrm{d}x = \left[-\frac{4}{2} \cdot \cos(2x)\right]_0^{\frac{\pi}{2}} = [-2 \cdot \cos(2x)]_0^{\frac{\pi}{2}} = -2 \cdot \cos\left(2 \cdot \frac{\pi}{2}\right) - (-2 \cdot \cos(2 \cdot 0))$
$= -2 \cdot (-1) - (-2) = 4$

b) $\int_{-1}^{0} (1 + e^{-x})\,\mathrm{d}x = [x - e^{-x}]_{-1}^{0} = 0 - e^{-0} - \left(-1 - e^{-(-1)}\right) = -1 + 1 + e = e$

c) $\int_1^2 \left(1 + \frac{3}{x^2}\right)\mathrm{d}x = \int_1^2 (1 + 3 \cdot x^{-2})\,\mathrm{d}x = \left[x + \frac{3}{-1}x^{-1}\right]_1^2 = \left[x - \frac{3}{x}\right]_1^2 = 2 - \frac{3}{2} - \left(1 - \frac{3}{1}\right) = 2{,}5$

d) $\int_0^1 (2x^3 + 1)\,\mathrm{d}x = \left[\frac{2}{4}x^4 + x\right]_0^1 = \left(\frac{2}{4} \cdot 1^4 + 1\right) - \left(\frac{2}{4} \cdot 0^4 + 0\right) = \frac{1}{2} + 1 = \frac{3}{2}$

e) $\int_1^3 (6x^2 + 2x)\,\mathrm{d}x = \left[\frac{6}{3}x^3 + \frac{2}{2}x^2\right]_1^3 = \left[2x^3 + x^2\right]_1^3$
$= \left(2 \cdot 3^3 + 3^2\right) - \left(2 \cdot 1^3 + 1^2\right) = (54 + 9) - (2 + 1) = 60$

f) $\int_0^2 (2x - 2e^{-2x})\,\mathrm{d}x = \left[x^2 - \frac{2}{-2}e^{-2x}\right]_0^2 = \left[x^2 + e^{-2x}\right]_0^2 = \left(2^2 + e^{-2 \cdot 2}\right) - \left(0^2 + e^{-2 \cdot 0}\right)$
$= 4 + e^{-4} - 1 = 3 + e^{-4}$

2.3 Integralgleichungen

a) Mit Hilfe des Hauptsatzes der Differential- und Integralrechnung kann man die Gleichung durch Wurzelziehen nach u auflösen:

$$\begin{aligned} \int_0^u \frac{1}{2}x^2\mathrm{d}x &= \frac{9}{2} \\ \left[\frac{1}{6}x^3\right]_0^u &= \frac{9}{2} \\ \frac{1}{6}u^3 - \frac{1}{6} \cdot 0^3 &= \frac{9}{2} \\ \frac{1}{6}u^3 &= \frac{9}{2} \\ u^3 &= 27 \\ u &= 3 \end{aligned}$$

b) Mit Hilfe des Hauptsatzes der Differential- und Integralrechnung kann man die Gleichung durch Wurzelziehen nach u auflösen:

$$\begin{aligned}
\int_1^u x^4 \mathrm{d}x &= \frac{31}{5} \\
\left[\frac{1}{5}x^5\right]_1^u &= \frac{31}{5} \\
\frac{1}{5}u^5 - \frac{1}{5}\cdot 1^5 &= \frac{31}{5} \\
\frac{1}{5}u^5 - \frac{1}{5} &= \frac{31}{5} \\
u^5 - 1 &= 31 \\
u^5 &= 32 \\
u &= 2
\end{aligned}$$

c) Mit Hilfe des Hauptsatzes der Differential- und Integralrechnung kann man die Gleichung durch Logarithmieren nach u auflösen:

$$\begin{aligned}
\int_0^u 2e^x \mathrm{d}x &= 1 \\
\left[2e^x\right]_0^u &= 1 \\
2e^u - \left(2e^0\right) &= 1 \\
2e^u - 2 &= 1 \\
2e^u &= 3 \\
e^u &= \frac{3}{2} \\
u &= \ln\left(\frac{3}{2}\right)
\end{aligned}$$

2.4 Flächeninhalt zwischen zwei Kurven

a) Schnittstellen bestimmen durch Gleichsetzen und Ausklammern:
$x - x^2 = 0 \Rightarrow x \cdot (1-x) = 0 \Rightarrow x_1 = 0, x_2 = 1$
Obere Kurve: $f(x)$ (z.B. durch Einsetzen für $x = \frac{1}{2}$)

$$\begin{aligned}
\mathrm{A} &= \int_0^1 \left(x + 1 - \left(x^2 + 1\right)\right) \mathrm{d}x \\
&= \int_0^1 \left(-x^2 + x\right) \mathrm{d}x \\
&= \left[-\frac{1}{3}x^3 + \frac{1}{2}x^2\right]_0^1 \\
&= -\frac{1}{3} + \frac{1}{2} - 0 = \frac{1}{6} \text{ FE}
\end{aligned}$$

b) Schnittstellen bestimmen durch Gleichsetzen und Wurzelziehen: $x_1 = -2, x_2 = 2$
Obere Kurve: $f(x)$ (nach unten geöffnete Parabel).

$$\begin{aligned}
\mathrm{A} &= \int_{-2}^{2} \left(4 - x^2 - (x^2 - 4)\right) \mathrm{d}x \\
&= \int_{-2}^{2} \left(-2x^2 + 8\right) \mathrm{d}x \\
&= \left[-\frac{2}{3}x^3 + 8x\right]_{-2}^{2} \\
&= -\frac{16}{3} + 16 - \left(+\frac{16}{3} - 16\right) \\
&= 32 - \frac{32}{3} \\
&= \frac{64}{3} = 21{,}33 \text{ FE}
\end{aligned}$$

c) Gesucht ist die Fläche im Intervall $\mathrm{I} = [0; \pi]$. Schnittstellen bestimmen durch Gleichsetzen: $2 \cdot \sin(x) = -\sin(x) \Rightarrow 3 \cdot \sin(x) = 0 \Rightarrow x_1 = 0,\ x_2 = \pi$
Obere Kurve: $f(x)$, (da $2\sin(x) \geqslant 0$ und $-\sin(x) \leqslant 0$ im Intervall I gilt)

$$\begin{aligned}
\mathrm{A} &= \int_{0}^{\pi} \left(2 \cdot \sin(x) - (-\sin(x))\right) \mathrm{d}x \\
&= \int_{0}^{\pi} \left(3 \cdot \sin(x)\right) \mathrm{d}x \\
&= \left[-3 \cdot \cos(x)\right]_{0}^{\pi} \\
&= -3 \cdot \cos\pi - (-3 \cdot \cos 0) \\
&= -3 \cdot (-1) + 3 \cdot 1 \\
&= 6 \text{ FE}
\end{aligned}$$

d) Gesucht ist die Fläche im Intervall $\mathrm{I} = [0; 2]$. Schnittstelle bestimmen:

$$2 = \frac{1}{2}x^2 \Rightarrow x = 2$$

Obere Kurve: Gerade g

$$\begin{aligned}
\mathrm{A} &= \int_{0}^{2} \left(2 - \frac{1}{2}x^2\right) \mathrm{d}x \\
&= \left[2 \cdot x - \frac{1}{6}x^3\right]_{0}^{2} \\
&= 2 \cdot 2 - \frac{1}{6} \cdot 2^3 - \left(2 \cdot 0 - \frac{1}{6} \cdot 0^3\right) \\
&= 4 - \frac{8}{6} = \frac{8}{3} \text{ FE}
\end{aligned}$$

e) Den Inhalt A der markierten Fläche erhält man, indem man die markierte Fläche in zwei Teilflächen A_1 und A_2 aufteilt.
Der Graph von f schneidet die x-Achse bei $x = 1$, weil $f(1) = 1^2 - 1 = 0$.

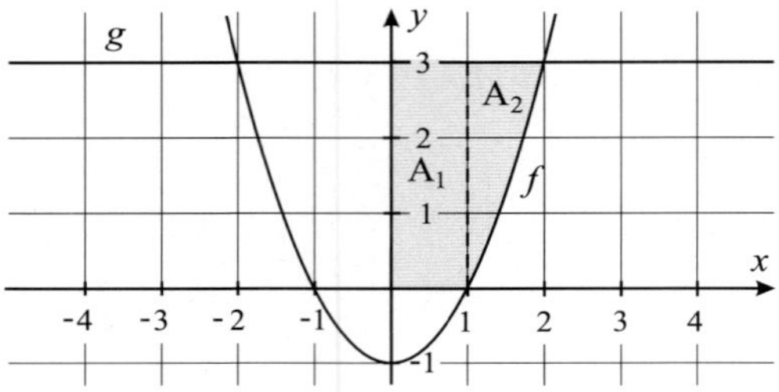

Die Schnittstelle der Geraden mit der Gleichung $y = 3$ und dem Graphen von f erhält man durch Gleichsetzen:

$$x^2 - 1 = 3$$
$$x^2 = 4$$
$$x_{1,2} = \pm 2$$

Wegen $x > 0$ kommt nur $x_1 = 2$ als Schnittstelle in Frage.
Die Fläche A_1 ist ein Rechteck mit den Seiten $a = 1$ und $b = 3$.
Damit gilt:

$$A_1 = a \cdot b = 1 \cdot 3 = 3$$

Die Fläche A_2 wird durch die Gerade g und dem Graph von f begrenzt. Den Flächeninhalt A_2 erhält man mit Hilfe eines Integrals. Da die Gerade g oberhalb des Graphen von f verläuft, gilt:

$$\begin{aligned}
A_2 &= \int_1^2 (3 - f(x))\,dx \\
&= \int_1^2 \left(3 - \left(x^2 - 1\right)\right) dx \\
&= \int_1^2 \left(4 - x^2\right) dx \\
&= \left[4x - \frac{1}{3}x^3\right]_1^2 \\
&= 4 \cdot 2 - \frac{1}{3} \cdot 2^3 - \left(4 \cdot 1 - \frac{1}{3} \cdot 1^3\right) \\
&= 8 - \frac{8}{3} - 4 + \frac{1}{3} \\
&= 4 - \frac{7}{3} = \frac{5}{3}
\end{aligned}$$

Damit erhält man für den Flächeninhalt der markierten Fläche:

$$A = A_1 + A_2 = 3 + \frac{5}{3} = \frac{14}{3}$$

Der Flächeninhalt beträgt $\frac{14}{3}$ FE.

2.5 Ins Unendliche reichende Flächen

a) I) Gesucht ist die Fläche zwischen der x-Achse, y-Achse und der Kurve mit der unteren Grenze $x = 0$. Für $z > 0$ ist:

$$A(z) = \int_0^z e^{-x} dx = \left[-e^{-x}\right]_0^z = -e^{-z} - (-1) = 1 - e^{-z}$$

Geht nun $z \longrightarrow \infty$, so geht $A(z) = 1 - e^{-z} \longrightarrow 1$.

Es ist also $\lim\limits_{z \to \infty} A(z) = 1$, damit ist der Flächeninhalt 1 FE.

II) Gesucht ist die Fläche zwischen der x-Achse, y-Achse und der Kurve mit der unteren Grenze $x = 0$. Für $z > 0$ ist:

$$A(z) = \int_0^z e^{-3x+1} dx = \left[-\frac{1}{3}e^{-3x+1}\right]_0^z = -\frac{1}{3}e^{-3z+1} + \frac{1}{3}e$$

Für $z \longrightarrow \infty$ geht $A(z) = -\frac{1}{3}e^{-3z+1} + \frac{1}{3}e \longrightarrow \frac{1}{3}e$.

Es ist also $\lim\limits_{z \to \infty} A(z) = \frac{1}{3}e$, damit ist der Flächeninhalt $\frac{1}{3}e$ FE.

III) Gesucht ist die Fläche zwischen der x-Achse, y-Achse und der Kurve mit der unteren Grenze $x = 0$. Für $z > 0$ ist:

$$A(z) = \int_0^z 2e^{-4x-2} dx = \left[-\frac{1}{4} \cdot 2e^{-4x-2}\right]_0^z = -\frac{1}{2}e^{-4z-2} + \frac{1}{2}e^{-2}$$

Für $z \longrightarrow \infty$ geht $A(z) = -\frac{1}{2}e^{-4z-2} + \frac{1}{2}e^{-2} \longrightarrow \frac{1}{2}e^{-2}$.

Es ist also $\lim\limits_{z \to \infty} A(z) = \frac{1}{2}e^{-2}$, damit ist der Flächeninhalt $\frac{1}{2}e^{-2}$ FE.

b) I) Um die obere Grenze zu bestimmen, wird zuerst die Nullstelle der Funktion bestimmt: $e - e^x = 0 \Rightarrow e = e^x \Rightarrow x = 1$. Der Inhalt des gesuchten Flächenstücks wird also durch eine Integration in den Grenzen von 0 bis 1 berechnet:

$$\int_0^1 (e - e^x)\, dx = \left[e \cdot x - e^x\right]_0^1 = e - e - (-1) = 1\,\text{FE}$$

II) Um die Asymptote zu bestimmen, betrachtet man den Grenzwert für $x \to -\infty$. Es ist $\lim\limits_{x\to-\infty} f(x) = e$, da der zweite Term für kleine Werte von x gegen Null geht. Die Asymptote ist daher die Gerade mit der Gleichung $y = e$.

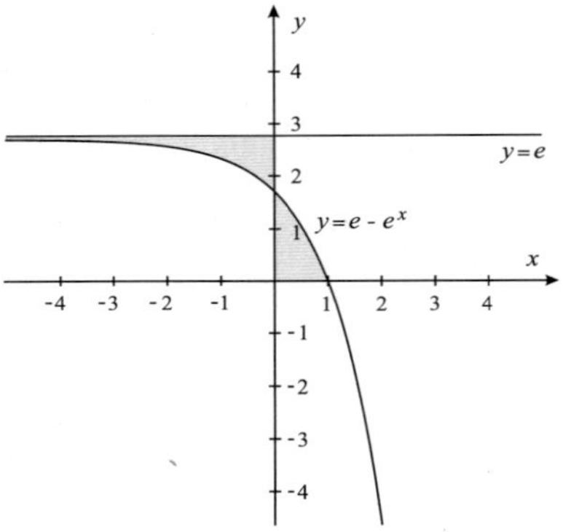

III) Um die ins Unendliche reichende Fläche zwischen der Asymptoten und der Kurve zu berechnen, muss man die Differenz zwischen der Geradengleichung und der Funktion integrieren:
$A(z) = \int_z^0 (e-(e-e^x))\,dx = \left[e^x\right]_z^0 = 1-e^z.$
Für den Grenzwert gilt: $\lim\limits_{z\to-\infty} A(z) = 1\,\text{FE}$.
Also sind beide Flächenstücke gleich groß.

2.6 Angewandte Integrale

a) Es ist $r(t) = 23 - 0{,}02 \cdot e^t$ mit $t \geqslant 0$.

I) Um den Zeitpunkt zu bestimmen, an dem der Regen aufhört, wird die Funktion r gleich Null gesetzt: $r(t) = 23 - 0{,}02 \cdot e^t = 0 \Rightarrow 23 = 0{,}02 \cdot e^t \Rightarrow t \approx 7{,}048$.
Nach 7 Tagen hört es also auf zu regnen.

II) Die Wassermenge, die im Laufe dieser Zeit auf jeden Quadratmeter niedergegangen ist, wird ermittelt, indem die Niederschlagsratenfunktion in den Grenzen von 0 bis 7 integriert wird.

$$\int_0^7 r(t)dt = \int_0^7 (23-0{,}02\cdot e^t)\,dt = \left[23t - 0{,}02\cdot e^t\right]_0^7 = 23\cdot 7 - 0{,}02\cdot e^7 - \left(0 - 0{,}02\cdot e^0\right)$$
$$\approx 139{,}09$$

Auf jeden Quadratmeter sind also rund 139,1 Liter Wasser niedergegangen.

III) Die mittlere Regenmenge erhält man, indem man die Gesamtmenge des Regens durch die Anzahl der Tage teilt: $\frac{139{,}1}{7} = 19{,}87$.
Also sind im Mittel 19,87 Liter Regen pro Tag auf jeden Quadratmeter niedergegangen.

b) Da $f(t) = -0{,}5t + 3$; $t \geqslant 0$ die Zu- und Abflussrate beschreibt, muss man eine Stammfunktion F bestimmen, die die Menge des im Becken vorhandenen Wassers beschreibt:

$F(t) = -0{,}25t^2 + 3t + c$.

Die Konstante c wird mit Hilfe des Anfangswerts bestimmt. Am Anfang befinden sich 10 Liter Wasser im Becken, daher gilt: $F(0) = -0{,}25 \cdot 0^2 + 3 \cdot 0 + c = 10 \Rightarrow c = 10$.

Also ist $F(t) = -0,25 \cdot t^2 + 3t + 10$.
Um zu berechnen, wieviel Wasser das Becken nach 9 Stunden enthält, wird $t = 9$ in $F(t)$ eingesetzt: $F(9) = -0,25 \cdot 9^2 + 3 \cdot 9 + 10 = 16,75$.
Das Becken enthält nach 9 Stunden 16,75 Liter Wasser.

2.7 Rotationskörper

a) Es ist $f(x) = \frac{1}{4}e^{2x}$ über dem Intervall $[0;1]$. Für das Volumen des Rotationskörpers gilt:
$$V_{rot} = \pi \cdot \int_0^1 \left(\tfrac{1}{4}e^{2x}\right)^2 dx = \pi \cdot \int_0^1 \tfrac{1}{16}e^{4x} dx = \pi \cdot \left[\tfrac{1}{4 \cdot 16}e^{4x}\right]_0^1 = \pi \cdot \left(\tfrac{1}{64}e^4 - \tfrac{1}{64}e^0\right) = 2,63$$
Das Volumen des Rotationskörpers beträgt 2,63 VE.

b) Es ist $f(x) = \frac{2}{x}$ über dem Intervall $[1;2]$. Für das Volumen des Rotationskörpers gilt:
$$V_{rot} = \pi \cdot \int_1^2 \left(\tfrac{2}{x}\right)^2 dx = \pi \cdot \int_1^2 \tfrac{4}{x^2} dx = \pi \cdot \int_1^2 4x^{-2} dx = \pi \cdot \left[\tfrac{4}{-1} \cdot x^{-1}\right]_1^2 = \pi \cdot (-2 - (-4))$$
$$= 2\pi = 6,28$$
Das Volumen des Rotationskörpers beträgt 6,28 VE.

c) Es ist $f(x) = e^x$ und $y = e$ (Parallele zur x-Achse).
Die linke Integrationsgrenze ist die y-Achse: $x_1 = 0$.
Die rechte Integrationsgrenze erhält man durch Schneiden von $f(x) = e^x$ und $y = e$:
$e^x = e \Rightarrow x_2 = 1$. Um das Volumen des Rotationskörpers zu bestimmen, berechnet man zuerst die Volumenintegrale der jeweiligen Kurven und bildet anschließend die Differenz:
$$V_{1rot} = \pi \cdot \int_0^1 e^2 dx = \pi \cdot \left[e^2 \cdot x\right]_0^1 = \pi \cdot (e^2 - 0) = \pi \cdot e^2$$
$$V_{2rot} = \pi \cdot \int_0^1 (e^x)^2 dx = \pi \cdot \int_0^1 e^{2x} dx = \pi \cdot \left[\tfrac{1}{2}e^{2x}\right]_0^1 = \pi \cdot \left(\tfrac{1}{2}e^2 - \tfrac{1}{2}e^0\right) = \pi \cdot \left(\tfrac{1}{2}e^2 - \tfrac{1}{2}\right)$$
$$V_{rot} = V_{1rot} - V_{2rot} = \pi \cdot e^2 - \pi \cdot \left(\tfrac{1}{2}e^2 - \tfrac{1}{2}\right) = \pi \cdot \left(\tfrac{1}{2}e^2 + \tfrac{1}{2}\right) = 13,18$$
Das Volumen des Rotationskörpers beträgt 13,18 VE.

3 Gleichungen

3.1 Potenzgleichungen

a) Die Gleichung $x^2+3x-4=0$ lässt sich mit der pq- bzw. der abc-Formel lösen: $x_1=1$ und $x_2=-4$.

b) Die Gleichung $x^2+\frac{2}{5}x-\frac{3}{5}=0$ lässt sich mit der pq- bzw. der abc-Formel lösen: $x_1=\frac{3}{5}$, $x_2=-1$.

c) Die Gleichung $(x-1)\cdot(x-4)^2=0$ löst man mit dem Satz vom Nullprodukt: $x-1=0$ führt zur Lösung $x_1=1$ und $(x-4)^2=0$ bzw. $x-4=0$ führt zur Lösung $x_2=4$.

d) Die Gleichung $x^2\cdot(3x-6)=0$ löst man mit dem Satz vom Nullprodukt: $x^2=0$ führt zu $x_1=0$ und $3x-6=0$ führt zu $x_2=2$.

e) Bei der Gleichung $x^3-4x=0$ kann man x ausklammern: $x\cdot(x^2-4)=0$. Diese Gleichung löst man mit dem Satz vom Nullprodukt: $x=0$ führt zu $x_1=0$ und $x^2-4=0$ führt durch Wurzelziehen zu $x_2=2$ und $x_3=-2$.

f) Bei der Gleichung $2x^4-3x^3=0$ kann man x^3 ausklammern: $x^3\cdot(2x-3)=0$. Diese Gleichung löst man mit dem Satz vom Nullprodukt: $x^3=0$ führt zu $x_1=0$ und $2x-3=0$ führt zu $x_2=\frac{3}{2}$.

g) Bei der Gleichung $x^4-3x^3+2x^2=0$ kann man x^2 ausklammern: $x^2\cdot(x^2-3x+2)=0$. Diese Gleichung löst man mit dem Satz vom Nullprodukt: $x^2=0$ führt zu $x_1=0$ und $x^2-3x+2=0$ führt mit Hilfe der pq- oder abc-Formel zu $x_2=1$ und $x_3=2$.

h) Bei der Gleichung $x^3-5x^2+6x=0$ kann man x ausklammern: $x\cdot\left(x^2-5x+6\right)=0$. Diese Gleichung löst man mit dem Satz vom Nullprodukt: $x=0$ führt zu $x_1=0$ und $x^2-5x+6=0$ führt mit Hilfe der pq- bzw. abc-Formel zu $x_2=2$ und $x_3=3$. Die Gleichung hat damit die Lösungsmenge $\mathrm{L}=\{0;2;3\}$.

i) Bei der Gleichung $x^4-4x^2+3=0$ führt die Substitution $x^2=z$ zu $z^2-4z+3=0$. Lösen mit Hilfe der pq- oder abc-Formel ergibt $z_1=1$ und $z_2=3$. Die Rücksubstitution $x^2=1$ führt durch Wurzelziehen zu $x_{1,2}=\pm1$ und $x^2=3$ führt zu $x_{3,4}=\pm\sqrt{3}$.

j) Bei der Gleichung $2x^4-5x^2+2=0$ führt die Substitution $x^2=z$ zu $2z^2-5z+2=0$. Lösen mit Hilfe der pq- oder abc-Formel ergibt $z_1=2$ und $z_2=\frac{1}{2}$. Die Rücksubstitution $x^2=2$ führt durch Wurzelziehen zu $x_{1,2}=\pm\sqrt{2}$ und $x^2=\frac{1}{2}$ führt zu $x_{3,4}=\pm\sqrt{\frac{1}{2}}$.

k) Die Gleichung $2x^3-5=15$ führt zu $x^3=10$. Durch Wurzelziehen erhält man die Lösung $x=\sqrt[3]{10}$.

l) Die Gleichung $3x^4+8=29$ führt zu $x^4=7$. Durch Wurzelziehen erhält man die Lösungen $x_1=\sqrt[4]{7}$ und $x_2=-\sqrt[4]{7}$.

3.2 Potenzgleichungen mit Parameter

a) Die Gleichung $x^2+4x+2t=0$ löst man mit Hilfe der abc-Formel:

$$x_{1,2}=\frac{-4\pm\sqrt{4^2-4\cdot1\cdot2t}}{2\cdot1}=\frac{-4\pm\sqrt{16-8t}}{2}$$

Ist der Term unter der Wurzel negativ, gibt es keine Lösung, ist er Null, gibt es eine Lösung, ist er positiv, gibt es zwei Lösungen. Dies führt zu folgenden Fallunterscheidungen:
Keine Lösung für $16-8t<0$ bzw. $2<t$.
Eine Lösung für $16-8t=0$ bzw. $t=2$.
Zwei Lösungen für $16-8t>0$ bzw. $2>t$.

b) Die Gleichung $3x^2-4x=2a$ bzw. $3x^2-4x-2a=0$ löst man mit Hilfe der abc-Formel:

$$x_{1,2}=\frac{-(-4)\pm\sqrt{(-4)^2-4\cdot3\cdot(-2a)}}{2\cdot3}=\frac{4\pm\sqrt{16+24a}}{6}$$

Ist der Term unter der Wurzel negativ, gibt es keine Lösung, ist er Null, gibt es eine Lösung, ist er positiv, gibt es zwei Lösungen. Dies führt zu folgenden Fallunterscheidungen:
Keine Lösung für $16+24a<0$ bzw. $a<-\frac{2}{3}$.
Eine Lösung für $16+24a=0$ bzw. $a=-\frac{2}{3}$.
Zwei Lösungen für $16+24a>0$ bzw. $a>-\frac{2}{3}$.

c) Die Gleichung $x^2-3tx+\frac{9}{4}=0$ löst man mit Hilfe der abc-Formel:

$$x_{1,2}=\frac{-(-3t)\pm\sqrt{(-3t)^2-4\cdot1\cdot\frac{9}{4}}}{2\cdot1}=\frac{3t\pm\sqrt{9t^2-9}}{2}$$

Ist der Term unter der Wurzel negativ, gibt es keine Lösung, ist er Null, gibt es eine Lösung, ist er positiv, gibt es zwei Lösungen. Dies führt zu folgenden Fallunterscheidungen:
Keine Lösung für $9t^2-9<0$ bzw. $t^2<1$, also $-1<t<1$.
Eine Lösung für $9t^2-9=0$ bzw. $t^2=1$, also $t_1=-1$ und $t_2=1$.
Zwei Lösungen für $9t^2-9>0$ bzw. $t^2>1$, also $t<-1$ oder $t>1$.

d) Die Gleichung $9x^2-3ux+1=0$ löst man mit Hilfe der abc-Formel:

$$x_{1,2}=\frac{-(-3u)\pm\sqrt{(-3u)^2-4\cdot9\cdot1}}{2\cdot9}=\frac{3u\pm\sqrt{9u^2-36}}{18}$$

Ist der Term unter der Wurzel negativ, gibt es keine Lösung, ist er Null, gibt es eine Lösung, ist er positiv, gibt es zwei Lösungen. Dies führt zu folgenden Fallunterscheidungen:
Keine Lösung für $9u^2-36<0$ bzw. $u^2<4$, also $-2<u<2$.
Eine Lösung für $9u^2-36=0$ bzw. $u^2=4$, also $u_1=-2$ und $u_2=2$.
Zwei Lösungen für $9u^2-36>0$ bzw. $u^2>4$, also $u<-2$ oder $u>2$.

e) Die Gleichung $ax - 2x = 5$ kann man durch Ausklammern von x lösen. Es ergibt sich: $x \cdot (a-2) = 5$ bzw. $x = \frac{5}{a-2}$.
Es gibt keine Lösung, wenn der Nenner gleich Null ist: $a - 2 = 0 \Rightarrow a = 2$.
Für $a \neq 2$ gibt es genau eine Lösung.

f) Die Gleichung $tx = 3x + 4$ bzw. $tx - 3x = 4$ löst man durch Ausklammern von x. Es ergibt sich: $x \cdot (t-3) = 4$ bzw. $x = \frac{4}{t-3}$.
Es gibt keine Lösung, wenn der Nenner gleich Null ist: $t - 3 = 0 \Rightarrow t = 3$.
Für $t \neq 3$ gibt es genau eine Lösung.

3.3 Exponential- und Logarithmusgleichungen

a) Die Gleichung $\left(x^2-4\right) \cdot e^{0,5x} = 0$ löst man mit dem Satz vom Nullprodukt: $x^2 - 4 = 0$ führt zu den Lösungen $x_1 = -2$ und $x_2 = 2$. Die Gleichung $e^{0,5x} = 0$ besitzt keine weitere Lösung.

b) Die Gleichung $e^{3x} - 3e^x = 0$ führt durch Ausklammern zu $e^x \cdot \left(e^{2x} - 3\right) = 0$. Mithilfe des Satzes vom Nullprodukt ergibt sich: Die Gleichung $e^x = 0$ besitzt keine Lösung, die Gleichung $e^{2x} - 3 = 0$ führt zu $x = \frac{\ln(3)}{2}$.

c) Die Gleichung $e^{5x} = 4e^{2x}$ führt zu $e^{5x} - 4e^{2x} = 0$ bzw. durch Ausklammern zu $e^{2x} \cdot \left(e^{3x} - 4\right) = 0$. Mithilfe des Satzes vom Nullprodukt ergibt sich: Die Gleichung $e^{2x} = 0$ besitzt keine Lösung, die Gleichung $e^{3x} - 4 = 0$ führt zu $x = \frac{\ln(4)}{3}$.

d) Die Gleichung $(2x+4) \cdot \left(e^{2x} - 4\right) = 0$ löst man mit dem Satz vom Nullprodukt: $2x + 4 = 0$ führt zur Lösung $x_1 = -2$ und $e^{2x} - 4 = 0$ hat die Lösung $x_2 = \frac{\ln(4)}{2}$.

e) Die Gleichung $\left(2x^2 - 2\right) \cdot \left(e^{-x} - 2\right) = 0$ löst man mit dem Satz vom Nullprodukt: $2x^2 - 2 = 0$ führt zu den Lösungen $x_{1,2} = \pm 1$ und $e^{-x} - 2 = 0$ hat die Lösung $x_3 = -\ln(2)$.

f) Bei der Gleichung $e^{2x} - 6e^x + 5 = 0$ substituiert man $e^x = z$: Wegen $e^{2x} = (e^x)^2$ gilt $e^{2x} = z^2$. Die Gleichung $e^{2x} - 6e^x + 5 = 0$ wird damit zu $z^2 - 6z + 5 = 0$. Lösen mit pq- oder abc-Formel ergibt $z_1 = 5$ und $z_2 = 1$. Die Rücksubstitution $e^x = 5$ führt zur Lösung $x_1 = \ln(5)$, die Rücksubstitution $e^x = 1$ führt zur Lösung $x_2 = \ln(1) = 0$.

g) Bei der Gleichung $e^{4x} - 5e^{2x} + 6 = 0$ substituiert man $e^{2x} = z$: Da $e^{4x} = \left(e^{2x}\right)^2$ gilt $e^{4x} = z^2$. Die Gleichung $e^{4x} - 5e^{2x} + 6 = 0$ wird damit zu $z^2 - 5z + 6 = 0$. Lösen mit Hilfe der pq- oder abc-Formel ergibt $z_1 = 2$ und $z_2 = 3$. Die Rücksubstitution $e^{2x} = 2$ führt zur Lösung $x_1 = \frac{\ln(2)}{2}$, die Rücksubstitution $e^{2x} = 3$ führt zur Lösung $x_2 = \frac{\ln(3)}{2}$.

h) $2 \cdot (1 - \ln x) = 1$ führt zu $2 - 2\ln x = 1$ bzw. $\ln x = \frac{1}{2}$. Nimmt man beide Seiten «e-hoch», so erhält man: $e^{\ln x} = e^{\frac{1}{2}}$, daraus folgt $x = e^{\frac{1}{2}}$

i) Die Gleichung $\ln(3-x) = 0$ kann man lösen, indem man beide Seiten «e-hoch» nimmt; man erhält: $e^{\ln(3-x)} = e^0 \Rightarrow 3 - x = 1 \Rightarrow x = 2$.

j) Die Gleichung $\ln(2x-3)=0$ kann man lösen, indem man beide Seiten «e-hoch» nimmt; man erhält: $e^{\ln(2x-3)}=e^0 \Rightarrow 2x-3=1 \Rightarrow x=2.$,

3.4 Trigonometrische Gleichungen

a) Bei der Gleichung $\sin(3x)=1;\ x\in[0;2\pi]$ substituiert man $3x=z$.
Dies führt zu $\sin(z)=1$ mit den möglichen Lösungen $z_1=\frac{\pi}{2}$, $z_2=\frac{5}{2}\pi$, $z_3=\frac{9}{2}\pi,\ldots$
Die Resubstitution $z_1=\frac{\pi}{2}=3x$ ergibt $x_1=\frac{\pi}{6}$, $z_2=\frac{5}{2}\pi=3x$ ergibt $x_2=\frac{5}{6}\pi$,
$z_3=\frac{9}{2}\pi=3x$ ergibt $x_3=\frac{3}{2}\pi$, $z_4=\frac{13}{2}\pi$ ergibt keine weitere Lösung, da $\frac{13}{6}\pi\notin[0;2\pi]$
Als Lösungsmenge erhält man $\mathrm{L}=\left\{\frac{1}{6}\pi;\frac{5}{6}\pi;\frac{3}{2}\pi\right\}$.

b) Bei der Gleichung $\cos\left(x-\frac{\pi}{2}\right)=-1;\ x\in[-\pi;2\pi]$ substituiert man $x-\frac{\pi}{2}=z$.
Dies führt zu $\cos(z)=-1$ mit den möglichen Lösungen $z_1=-\pi$, $z_2=\pi$, $z_3=3\pi,\ldots$
Die Resubstitution $z_1=-\pi=x-\frac{\pi}{2}$ ergibt $x_1=-\frac{\pi}{2}$, $z_2=\pi=x-\frac{\pi}{2}$ ergibt $x_2=\frac{3}{2}\pi$,
$z_3=3\pi$ ergibt keine weitere Lösung.
Als Lösungsmenge erhält man $\mathrm{L}=\left\{-\frac{\pi}{2};\frac{3}{2}\pi\right\}$.

c) Die Gleichung $\cos(x)\cdot(\sin(x)-1)=0;\ x\in[0;\pi]$ löst man mit dem Satz vom Nullprodukt: $\cos(x)=0$ hat im angegebenen Intervall die Lösung $x=\frac{\pi}{2}$.
$\sin(x)-1=0$ bzw. $\sin(x)=1$ hat ebenfalls die Lösung $x=\frac{\pi}{2}$.
Als Lösungsmenge erhält man $\mathrm{L}=\left\{\frac{\pi}{2}\right\}$.

d) Die Gleichung $\sin(x)\cdot(\sin(x)+1)=0;\ x\in[0;2\pi]$ löst man mit dem Satz vom Nullprodukt: $\sin(x)=0$ hat im angegebenen Intervall die Lösungen $x_1=0$, $x_2=\pi$ und $x_3=2\pi$.
$\sin(x)+1=0$ bzw. $\sin(x)=-1$ hat die Lösung $x_4=\frac{3}{2}\pi$.
Als Lösungsmenge erhält man $\mathrm{L}=\left\{0;\pi;\frac{3}{2}\pi;2\pi\right\}$.

e) Die Gleichung $\cos(x)\cdot(\cos(x)+1)=0;\ x\in[0;\pi]$ löst man mit dem Satz vom Nullprodukt: $\cos(x)=0$ hat im angegebenen Intervall die Lösung $x_1=\frac{1}{2}\pi$.
$\cos(x)+1=0$ bzw. $\cos(x)=-1$ hat die Lösung $x_2=\pi$.
Als Lösungsmenge erhält man $\mathrm{L}=\left\{\frac{1}{2}\pi;\pi\right\}$.

f) Die Gleichung $\left(x^2-4\right)\cdot\sin\left(x-\frac{\pi}{2}\right)=0;\ x\in[0;2\pi]$ löst man mit dem Satz vom Nullprodukt. $x^2-4=0$ hat die Lösungen $x_{1,2}=\pm2$, es kommt aber wegen $x\in[0;2\pi]$ nur $x_1=2$ als Lösung in Frage. Bei der Gleichung $\sin\left(x-\frac{\pi}{2}\right)=0$ substituiert man $x-\frac{\pi}{2}=z$. Dies führt zu $\sin(z)=0$ mit den möglichen Lösungen $z_1=0$, $z_2=\pi$, $z_3=2\pi,\ldots$ Die Resubstitution $z_1=0=x-\frac{\pi}{2}$ ergibt $x_1=\frac{\pi}{2}$, $z_2=\pi=x-\frac{\pi}{2}$ ergibt $x_2=\frac{3}{2}\pi$, $z_3=2\pi$ ergibt keine weitere Lösung.
Als Lösungsmenge erhält man $\mathrm{L}=\left\{\frac{\pi}{2};2;\frac{3}{2}\pi\right\}$.

4 Funktionen und Graphen

4.1 Von der Gleichung zur Kurve

4.1.1 Ganzrationale Funktionen

a) g_1: $f(x) = \frac{1}{2}x + 1$. Schnittpunkt mit der y-Achse: $f(0) = \frac{1}{2} \cdot 0 + 1 = 1 \Rightarrow \text{S}(0 \mid 1)$
Schnittpunkt mit der x-Achse: $f(x) = 0$ bzw. $\frac{1}{2}x + 1 = 0$ führt zu $x = -2 \Rightarrow \text{N}(-2 \mid 0)$
Es handelt sich um eine Gerade mit y-Achsenabschnitt $b = 1$ und Steigung $m = \frac{1}{2}$.

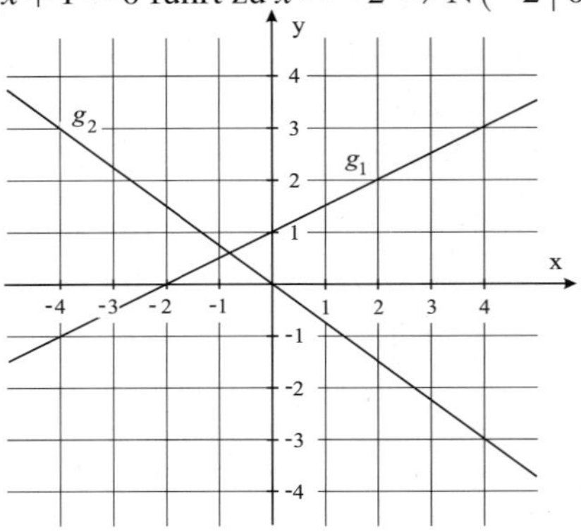

b) g_2: $f(x) = -\frac{3}{4}x$. Schnittpunkt mit der y-Achse: $f(0) = -\frac{3}{4} \cdot 0 = 0 \Rightarrow \text{S}(0 \mid 0)$. Schnittpunkt mit der x-Achse: $f(x) = 0$ bzw. $-\frac{3}{4}x = 0$ führt zu $x = 0 \Rightarrow \text{N}(0 \mid 0)$. Es handelt sich um eine Ursprungsgerade (Gerade durch den Koordinatenursprung) mit y-Achsenabschnitt $b = 0$ und Steigung $m = -\frac{3}{4}$.

c) $f(x) = (x-1)^2 - 4$. Schnittpunkt mit der y-Achse: $f(0) = (0-1)^2 - 4 = -3 \Rightarrow \text{S}(0 \mid -3)$
Schnittpunkt mit der x-Achse: $f(x) = 0$ bzw. $(x-1)^2 - 4 = 0$ führt zu $x_1 = 3$, $x_2 = -1 \Rightarrow \text{N}_1(3 \mid 0), \text{N}_2(-1 \mid 0)$. Es handelt sich um eine Normalparabel, die um eine LE nach rechts und 4 LE nach unten verschoben wurde, d.h. eine nach oben geöffnete Normalparabel mit Scheitel bei $(1 \mid -4)$.

d) $f(x) = -x^2 + 4$. Schnittpunkt mit der y-Achse: $f(0) = -0^2 + 4 = 4 \Rightarrow \text{S}(0 \mid 4)$
Schnittpunkt mit der x-Achse: $f(x) = 0$ bzw. $-x^2 + 4 = 0$ führt zu $x_1 = 2, x_2 = -2$
$\Rightarrow \text{N}_1(2 \mid 0), \text{N}_2(-2 \mid 0)$.
Es handelt sich um eine Normalparabel, die an der x-Achse gespiegelt und dann um vier LE nach oben verschoben wurde, d.h. eine nach unten geöffnete Normalparabel mit S $(0 \mid 4)$.

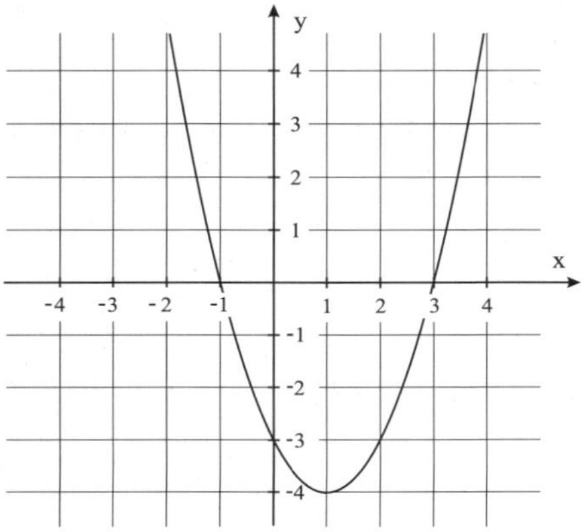

c) $f(x) = (x-1)^2 - 4$

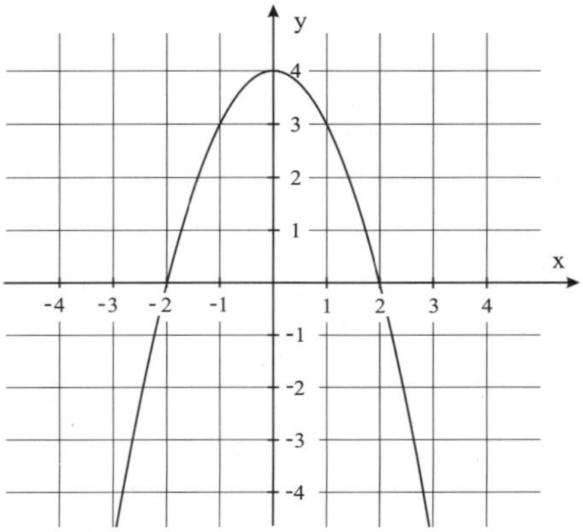

d) $f(x) = -x^2 + 4$

e) $f(x) = -\frac{1}{2}x^2 + 4,5$.
Schnittpunkt mit der y-Achse: $f(0) = -\frac{1}{2} \cdot 0^2 + 4,5 = 4,5 \Rightarrow \mathrm{S}(0 \mid 4,5)$.
Schnittpunkt mit der x-Achse: $f(x) = 0$ bzw. $f(x) = -\frac{1}{2}x^2 + 4,5 = 0$ führt zu den Lösungen $x_1 = 3$, $x_2 = -3$. Daraus folgt: $\mathrm{N}_1(3 \mid 0)$, $\mathrm{N}_2(-3 \mid 0)$.
Es handelt sich um eine Normalparabel, die an der x-Achse gespiegelt, mit Faktor $\frac{1}{2}$ in y-Richtung gestaucht und um 4,5 LE nach oben verschoben wurde.

f) $f(x) = (x-1)^3 + 1$.
Schnittpunkt mit der y-Achse: $f(0) = (0-1)^3 + 1 = 0 \Rightarrow \mathrm{S}(0 \mid 0)$.
Schnittpunkt mit der x-Achse: $f(x) = 0$ bzw. $f(x) = (x-1)^3 + 1 = 0$ führt zu $x = 0 \Rightarrow \mathrm{N}(0 \mid 0)$.
Es handelt sich um eine kubische Parabel, die um eine LE nach rechts und eine LE nach oben verschoben wurde.

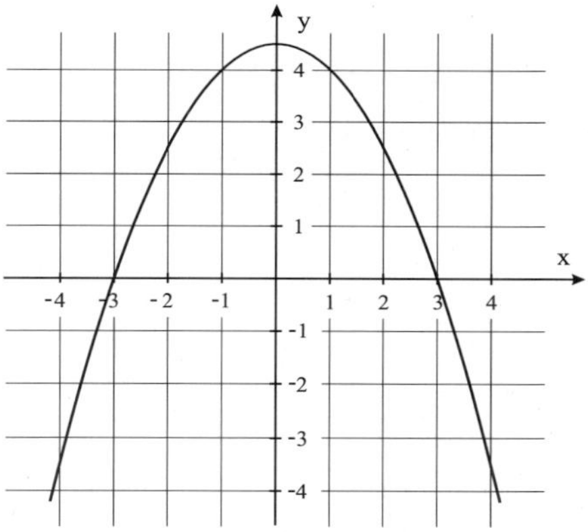

e) $f(x) = -\frac{1}{2}x^2 + 4,5$

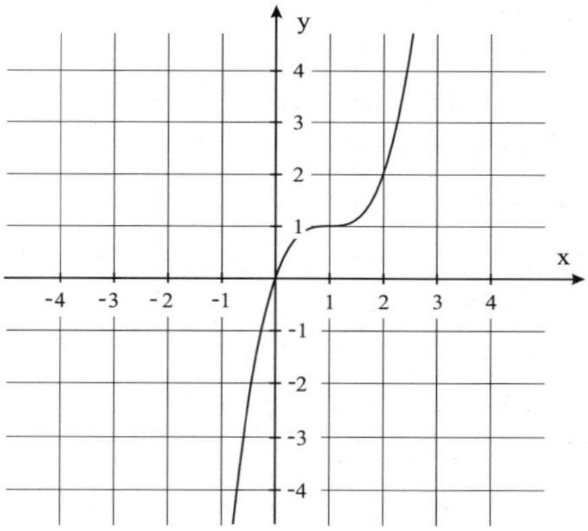

f) $f(x) = (x-1)^3 + 1$

4.1.2 Trigonometrische Funktionen

a) $f(x) = 2\sin(x)$, Periode: $p = \frac{2\pi}{1} = 2\pi$. Der Graph der Funktion $g(x) = \sin(x)$ wurde mit Faktor 2 in y-Richtung gestreckt.

b) $f(x) = \frac{1}{2}\cos(x)$, Periode: $p = \frac{2\pi}{1} = 2\pi$. Der Graph von $g(x) = \cos(x)$ wurde mit Faktor $\frac{1}{2}$ in y-Richtung gestaucht (bzw. gestreckt).

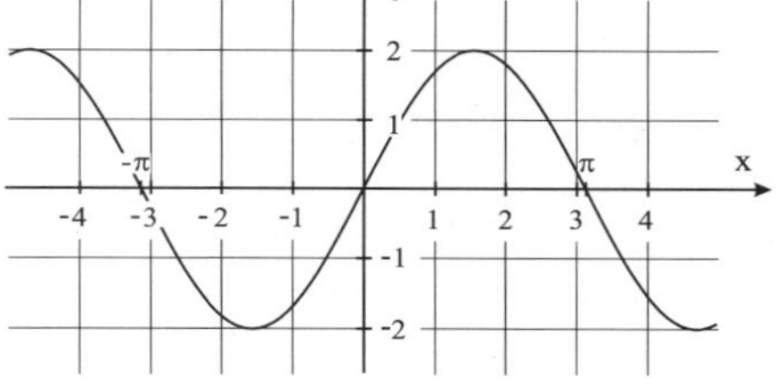

a) $f(x) = 2\sin(x)$

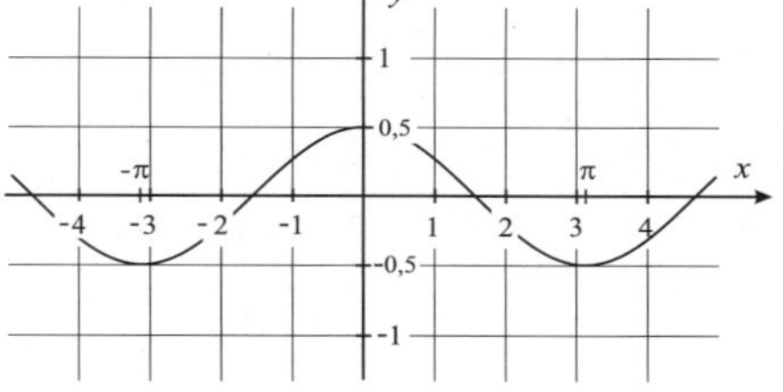

b) $f(x) = \frac{1}{2}\cos(x)$

c) $f(x) = \sin(2x)$, Periode: $p = \frac{2\pi}{2} = \pi$.
Der Graph der Funktion $g(x) = \sin(x)$ wurde mit Faktor 2 in x-Richtung gestaucht.

d) $f(x) = -\sin(2x) + 1$, Periode: $p = \frac{2\pi}{2} = \pi$.
Der Graph der Funktion $g(x) = \sin(x)$ wurde an der x-Achse gespiegelt, mit Faktor 2 in x-Richtung gestaucht und um eine LE nach oben verschoben.

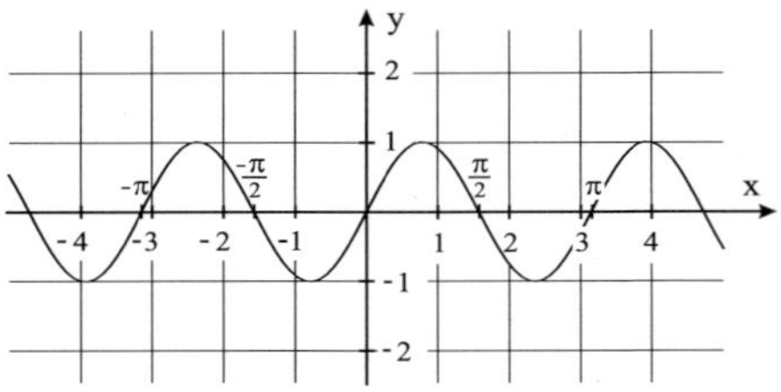

c) $f(x) = \sin(2x)$

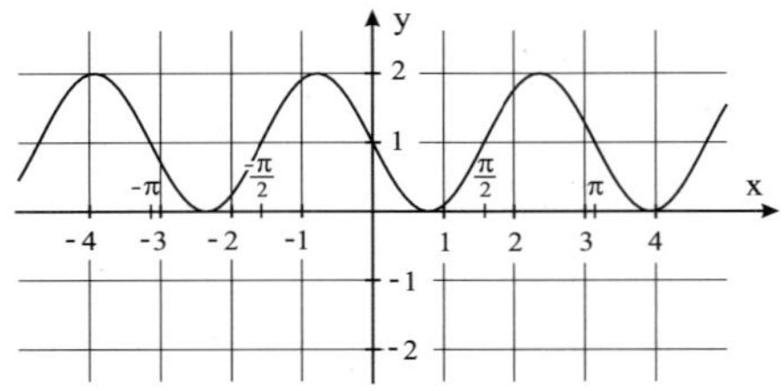

d) $f(x) = -\sin(2x) + 1$

e) $f(x) = \sin\left(\frac{1}{2}\pi(x+1)\right)$, Periode: $p = \frac{2\pi}{\frac{1}{2}\pi} = 4$. der Graph der Funktion $g(x) = \sin(x)$ wurde in x-Richtung gestaucht und um eine LE nach links verschoben.

f) $f(x) = \frac{1}{2}\sin(\frac{\pi}{4}x) + \frac{3}{2}$, Periode: $p = \frac{2\pi}{\frac{\pi}{4}} = 8$. Der Graph der Funktion $g(x) = \sin(x)$ wurde in x-Richtung gestreckt und in y-Richtung mit Faktor $\frac{1}{2}$ gestaucht, anschließend wurde es um $\frac{3}{2}$ LE nach oben verschoben.

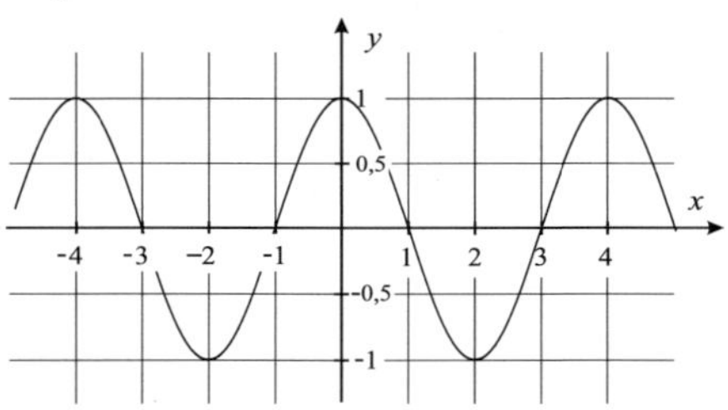

e) $f(x) = \sin\left(\frac{1}{2}\pi(x+1)\right)$

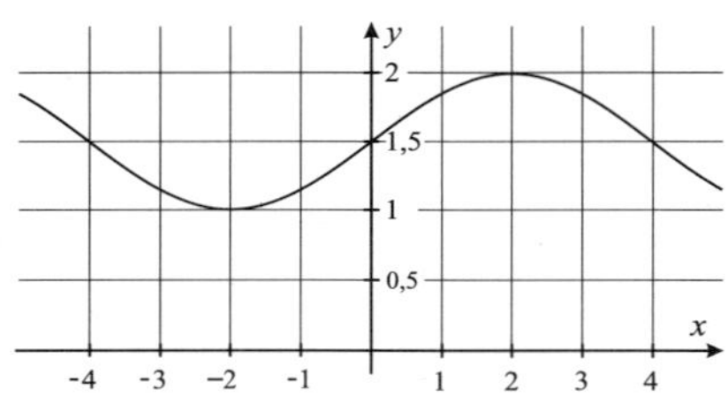

f) $f(x) = \frac{1}{2}\sin(\frac{\pi}{4}x) + \frac{3}{2}$

4.1.3 Exponentialfunktionen

a) $f(x) = e^{x-1} + 1$. Asymptote: $x \to -\infty$ führt zu $y = 1$ (waagerechte Asymptote).
Der Graph der Funktion $g(x) = e^x$ wurde um eine LE nach rechts und eine LE nach oben verschoben.

b) $f(x) = -e^{x-1} + 1$. Asymptote: $x \to -\infty$ führt zu $y = 1$ (waagerechte Asymptote).
Der Graph der Funktion $g(x) = e^x$ wurde an der x-Achse gespiegelt und anschließend um eine LE nach rechts und eine LE nach oben verschoben.

c) $f(x) = e^{-(x-1)} + 2$. Asymptote: $x \to \infty$ führt zu $y = 2$ (waagerechte Asymptote).
Der Graph der Funktion $g(x) = e^x$ wurde erst an der y-Achse gespiegelt und dann um eine LE nach rechts und zwei LE nach oben verschoben.

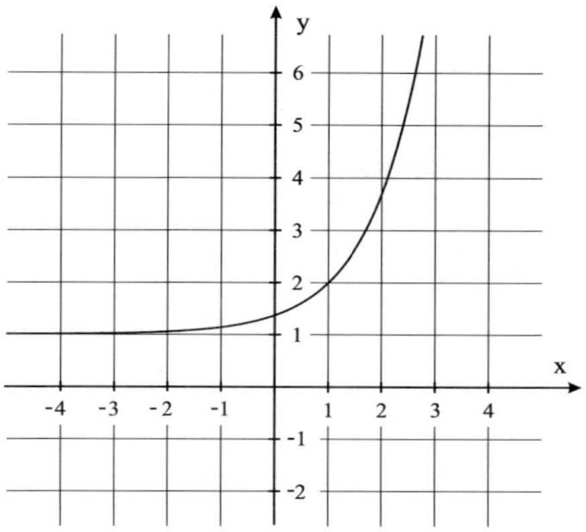

a) $f(x) = e^{x-1} + 1$

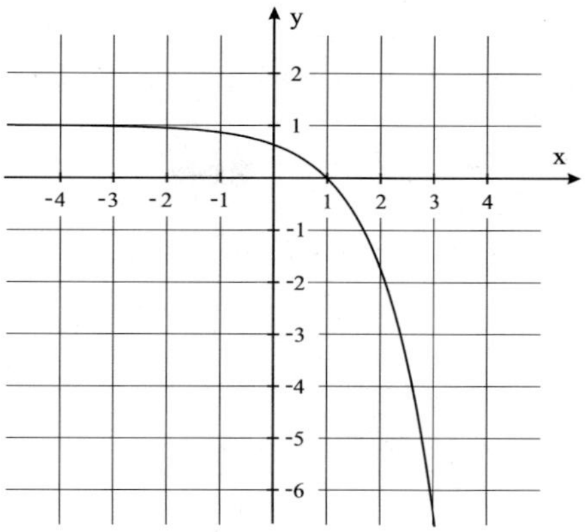

b) $f(x) = -e^{x-1} + 1$

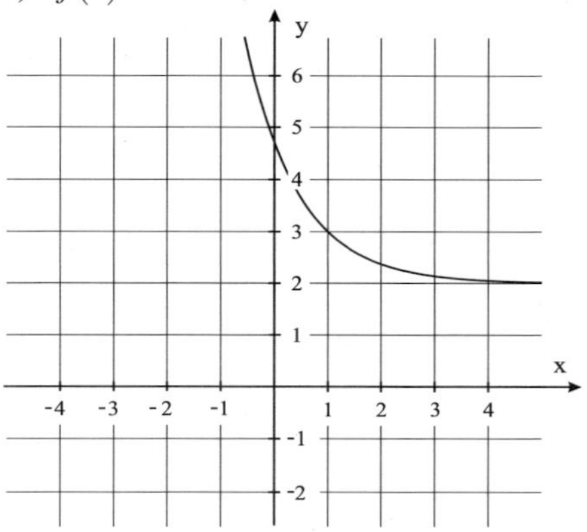

c) $f(x) = e^{-(x-1)} + 2$

4.1.4 Logarithmusfunktionen

a) $f(x) = \ln x + 2$

Definitionsbereich: $x > 0$, senkrechte Asymptote: $x = 0$.

Der Graph der Funktion $g(x) = \ln x$ wurde um zwei LE nach oben verschoben.

b) $f(x) = \ln(x+2)$

Definitionsbereich: $x + 2 > 0$ führt zu $x > -2$, senkrechte Asymptote: $x = -2$.

Der Graph der Funktion $g(x) = \ln x$ wurde um zwei LE nach links verschoben.

c) $f(x) = -\ln x - 1$

Definitionsbereich: $x > 0$, senkrechte Asymptote: $x = 0$.

Der Graph der Funktion $g(x) = \ln x$ wurde an der x-Achse gespiegelt und anschließend um eine LE nach unten verschoben.

d) $f(x) = -\ln(x-1) + 1$

Definitionsbereich: $x - 1 > 0$ führt zu $x > 1$, senkrechte Asymptote: $x = 1$

Der Graph der Funktion $g(x) = \ln x$ wurde an der x-Achse gespiegelt und anschließend um eine LE nach rechts und eine LE nach oben verschoben.

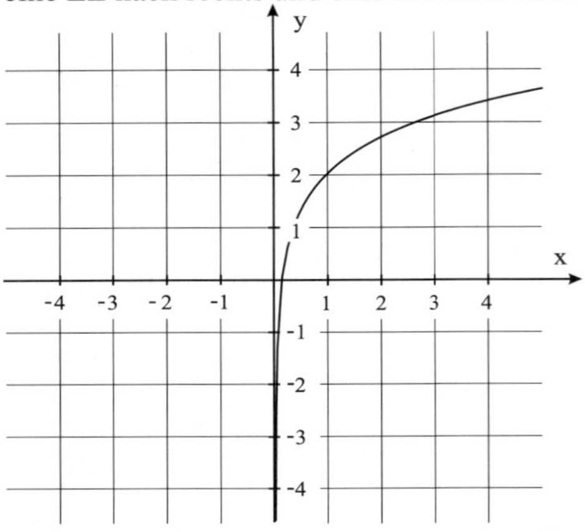

a) $f(x) = \ln x + 2$

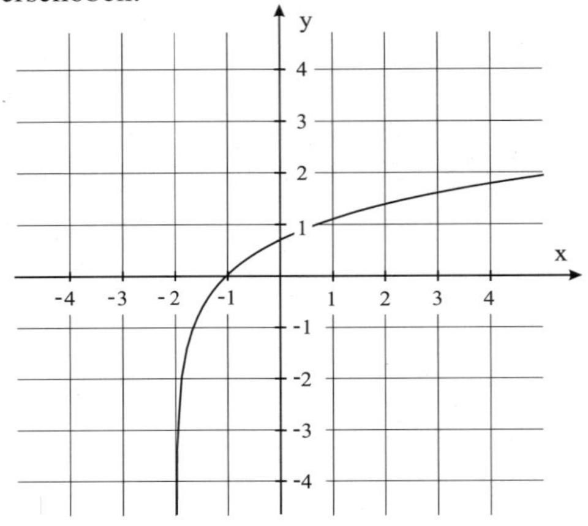

b) $f(x) = \ln(x+2)$

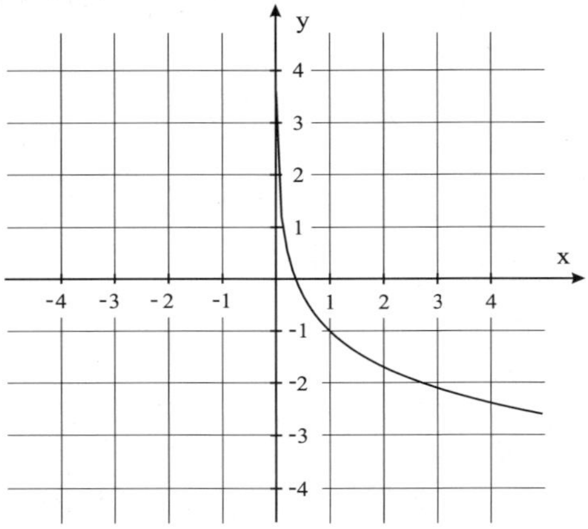

c) $f(x) = -\ln x - 1$

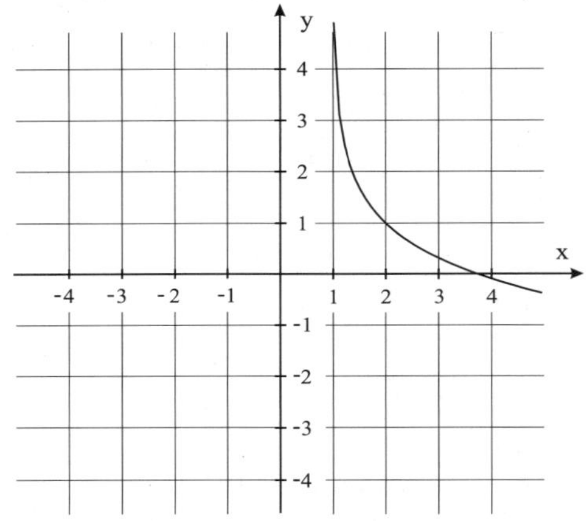

d) $f(x) = -\ln(x-1)+1$

4.2 Aufstellen von Funktionen mit Randbedingungen

4.2.1 Ganzrationale Funktionen

a) Ansatz: $f(x) = ax^2 + bx + c$. Die drei Bedingungen ergeben

$$\begin{array}{lcrcrcrcr} f(0)=4 & \Rightarrow & a\cdot 0^2 & + & b\cdot 0 & + & c & = & 4 \\ f(1)=0 & \Rightarrow & a\cdot 1^2 & + & b\cdot 1 & + & c & = & 0 \\ f(2)=18 & \Rightarrow & a\cdot 2^2 & + & b\cdot 2 & + & c & = & 18 \end{array}$$

Daraus ergibt sich das folgende Gleichungssystem:

$$\begin{array}{lrcrcrcr} \text{I} & & & & & c & = & 4 \\ \text{II} & a & + & b & + & c & = & 0 \\ \text{III} & 4a & + & 2b & + & c & = & 18 \end{array}$$

Einsetzen von c und Auflösen von II und III führt auf $a = 11$ und $b = -15$. Damit ergibt sich für die Funktionsgleichung $f(x) = 11x^2 - 15x + 4$.

b) Ansatz: $f(x) = ax^2 + bx + c$ und $f'(x) = 2ax + b$. Die drei Bedingungen ergeben

$$\begin{array}{lclcccccc} f(0) = 2 & \Rightarrow & a \cdot 0^2 & + & b \cdot 0 & + & c & = & 2 \\ f(1) = 3 & \Rightarrow & a \cdot 1^2 & + & b \cdot 1 & + & c & = & 3 \\ f'(1) = 0 & \Rightarrow & 2a \cdot 1 & + & b & & & = & 0 \end{array}$$

Daraus ergibt sich das folgende Gleichungssystem:

$$\begin{array}{lccccccc} \text{I} & & & & & c & = & 2 \\ \text{II} & a & + & b & + & c & = & 3 \\ \text{III} & 2a & + & b & & & = & 0 \end{array}$$

Einsetzen von c und Auflösen von II und III führt auf $a = -1$ und $b = 2$. Damit ergibt sich für die Funktionsgleichung $f(x) = -x^2 + 2x + 2$. (Da es sich um eine nach unten geöffnete Parabel handelt, muss $\text{M}(1 \mid 3)$ ein Hochpunkt sein.)

c) Ansatz: $f(x) = ax^2 + c$ und $f'(x) = 2ax$. Die zwei Bedingungen ergeben

$$\begin{array}{lcccccc} f(1) = 6 & \Rightarrow & a \cdot 1^2 & + & c & = & 6 \\ f'(1) = 2 & \Rightarrow & 2a \cdot 1 & & & = & 2 \end{array}$$

Daraus ergibt sich das folgende Gleichungssystem:

$$\begin{array}{ccccc} a & + & c & = & 6 \\ 2a & & & = & 2 \end{array}$$

Auflösen führt auf $a = 1$ und $c = 5$. Damit ergibt sich für die Funktionsgleichung $f(x) = x^2 + 5$.

d) Ansatz: $f(x) = ax^2 + c$. Die zwei Bedingungen ergeben:

$$\begin{array}{lcrcccr} f(\sqrt{3}) = 0 & \Rightarrow & a \cdot \left(\sqrt{3}\right)^2 & + & c & = & 0 \\ f(0) = -3 & \Rightarrow & a \cdot 0 & + & c & = & -3 \end{array}$$

Daraus ergibt sich das folgende Gleichungssystem:

$$\begin{array}{ccccr} 3a & + & c & = & 0 \\ & & c & = & -3 \end{array}$$

Auflösen führt auf $c = -3$ und $a = 1$. Damit ergibt sich für die Funktionsgleichung: $f(x) = x^2 - 3$.

e) Ansatz: $f(x) = ax^3 + bx^2 + cx + d$, $f'(x) = 3ax^2 + 2bx + c$, $f''(x) = 6ax + 2b$. Die vier Bedingungen ergeben

$$\begin{array}{lcccccccccc} f(0)=0 & \Rightarrow & a\cdot 0^3 & + & b\cdot 0^2 & + & c\cdot 0 & + & d & = & 0 \\ f''(0)=0 & \Rightarrow & 6a\cdot 0 & + & 2b & & & & & = & 0 \\ f(2)=2 & \Rightarrow & a\cdot 2^3 & + & b\cdot 2^2 & + & c\cdot 2 & + & d & = & 2 \\ f'(2)=0 & \Rightarrow & 3a\cdot 2^2 & + & 2b\cdot 2 & + & c & & & = & 0 \end{array}$$

Daraus ergibt sich das folgende Gleichungssystem:

$$\begin{array}{ccccccccc} & & & & & & d & = & 0 \\ & & 2b & & & & & = & 0 \\ 8a & + & 4b & + & 2c & + & d & = & 2 \\ 12a & + & 4b & + & c & & & = & 0 \end{array}$$

Es ergeben sich $d = 0$, $b = 0$. Einsetzen in die beiden unteren Gleichungen und Auflösen nach a und c ergibt $a = -\frac{1}{8}$ und $c = \frac{3}{2} = 1,5$. Damit ergibt sich für die Funktionsgleichung $f(x) = -\frac{1}{8}x^3 + \frac{3}{2}x$.

f) Ansatz: $f(x) = ax^3 + bx^2 + cx + d$, $f'(x) = 3ax^2 + 2bx + c$, $f''(x) = 6ax + 2b$. Die vier Bedingungen ergeben

$$\begin{array}{lcccccccccc} f(0)=1 & \Rightarrow & a\cdot 0^3 & + & b\cdot 0^2 & + & c\cdot 0 & + & d & = & 1 \\ f'(0)=-1 & \Rightarrow & 3a\cdot 0^2 & + & 2b\cdot 0 & + & c & & & = & -1 \\ f(-1)=4 & \Rightarrow & a\cdot(-1)^3 & + & b\cdot(-1)^2 & + & c\cdot(-1) & + & d & = & 4 \\ f''(-1)=0 & \Rightarrow & 6a\cdot(-1) & + & 2b & & & & & = & 0 \end{array}$$

Daraus ergibt sich das folgende Gleichungssystem:

$$\begin{array}{ccccccccc} & & & & & & d & = & 1 \\ & & & & c & & & = & -1 \\ -a & + & b & - & c & + & d & = & 4 \\ -6a & + & 2b & & & & & = & 0 \end{array}$$

Es ergeben sich $a = 1$, $b = 3$, $c = -1$, $d = 1$. Damit ergibt sich für die Funktionsgleichung $f(x) = x^3 + 3x^2 - x + 1$.

g) Ansatz: $f(x) = ax^4 + bx^2$, $f'(x) = 4ax^3 + 2bx$, $f''(x) = 12ax^2 + 2b$. Die zwei Bedingungen ergeben

$$\begin{array}{lcccccc} f(1)=-2,5 & \Rightarrow & a\cdot 1^4 & + & b\cdot 1^2 & = & -2,5 \\ f''(1)=0 & \Rightarrow & 12a\cdot 1^2 & + & 2b & = & 0 \end{array}$$

Daraus ergibt sich das folgende Gleichungssystem:

$$\begin{array}{ccccc} a & + & b & = & -2,5 \\ 12a & + & 2b & = & 0 \end{array}$$

Auflösen führt auf $a = \frac{1}{2}$ und $b = -3$. Damit ist die Funktionsgleichung: $f(x) = \frac{1}{2}x^4 - 3x^2$.

4.2.2 Exponentialfunktionen

Der allgemeine Ansatz der e-Funktionen ist $f(x) = a \cdot e^{kx}$. Ihre Ableitung ist $f'(x) = k \cdot a \cdot e^{kx}$.

a) Zuerst wird a bestimmt: $f(0) = 2 \Rightarrow a \cdot e^{k \cdot 0} = 2 \Rightarrow a = 2$. Anschließend setzt man dies in die Funktionsgleichung ein und bestimmt k: $f(4) = 2e^{12} \Rightarrow 2 \cdot e^{k \cdot 4} = 2 \cdot e^{12}$. Teilen durch 2 ergibt $e^{k \cdot 4} = e^{12}$. Logarithmieren mit ln führt zu $k \cdot 4 = 12 \Rightarrow k = 3$. Damit ist $f(x) = 2 \cdot e^{3x}$.

b) Zuerst wird a bestimmt: $f(0) = 3 \Rightarrow a \cdot e^{k \cdot 0} = 3 \Rightarrow a = 3$. Anschließend setzt man dies in die Funktionsgleichung ein und bestimmt k: $f(2) = 3e^{8} \Rightarrow 3 \cdot e^{k \cdot 2} = 3 \cdot e^{8}$. Teilen durch 3 ergibt $e^{k \cdot 2} = e^{8}$. Logarithmieren mit ln führt zu $k \cdot 2 = 8 \Rightarrow k = 4$. Damit ist $f(x) = 3 \cdot e^{4x}$.

c) Zuerst wird wie in den vorangegangenen Aufgaben a bestimmt: $f(0) = 3 \Rightarrow a \cdot e^{k \cdot 0} = 3 \Rightarrow a = 3$. Dies setzt man in die zweite Aussage über die Ableitung ein, um k zu bestimmen: $f'(0) = 6 \Rightarrow k \cdot 3 \cdot e^{k \cdot 0} = 6 \Rightarrow k \cdot 3 = 6 \Rightarrow k = 2$. Damit ist $f(x) = 3 \cdot e^{2x}$.

d) Zuerst wird wie in den vorangegangenen Aufgaben a bestimmt: $f(0) = 2 \Rightarrow a \cdot e^{k \cdot 0} = 2 \Rightarrow a = 2$. Dies setzt man in die zweite Aussage über die Ableitung ein, um k zu bestimmen: $f'(0) = 4 \Rightarrow k \cdot 2 \cdot e^{k \cdot 0} = 4 \Rightarrow k \cdot 2 = 4 \Rightarrow k = 2$. Damit ist $f(x) = 2 \cdot e^{2x}$.

e) Wird der Graph von $g(x) = e^{x}$ an der x-Achse gespiegelt und um 2 LE nach rechts und 3 LE nach unten verschoben, so erhält man als Funktionsgleichung: $f(x) = -e^{x-2} - 3$.

4.2.3 Trigonometrische Funktionen

Eine verallgemeinerte Sinusfunktion hat die Gleichung $f(x) = a \cdot \sin(b \cdot (x - c)) + d$, eine verallgemeinerte Kosinusfunktion die Gleichung $f(x) = a \cdot \cos(b \cdot (x - c)) + d$.

a) Verschiebung um 3 LE nach oben: $d = 3$. Periode $p = \pi \Rightarrow b = \frac{2\pi}{p} = \frac{2\pi}{\pi} = 2$.
Keine Verschiebung nach links/ rechts: $c = 0$, keine Streckung in y-Richtung: $a = 1$
Setzt man die Koeffizienten ein, erhält man als Lösung $f(x) = \sin(2x) + 3$.

b) Streckfaktor 2,5 in y-Richtung: $a = 2{,}5$. Periode $p = \frac{\pi}{2} \Rightarrow b = \frac{2\pi}{p} = \frac{2\pi}{\frac{\pi}{2}} = 4$.
Verschiebung um 3 LE nach rechts: $c = 3$, Verschiebung um 1,5 LE nach unten: $d = -1{,}5$
Setzt man die Koeffizienten ein, erhält man als Lösung $f(x) = 2{,}5 \cdot \sin(4(x - 3)) - 1{,}5$.

c) Verschiebung um 2 LE nach links: $c = -2$. Verschiebung um 4 LE nach oben: $d = 4$. Streckfaktor 0,8 in y-Richtung: $a = 0{,}8$, Abstand zwischen zwei Hochpunkten = Periodenlänge $\Rightarrow p = 3\pi \Rightarrow b = \frac{2\pi}{p} = \frac{2\pi}{3\pi} = \frac{2}{3}$. Setzt man die Koeffizienten ein, erhält man als Lösung $f(x) = 0{,}8 \cdot \cos\left(\frac{2}{3} \cdot (x + 2)\right) + 4$.

d) Verschiebung um 1 LE nach rechts: $c = 1$. Verschiebung um 2 LE nach unten: $d = -2$. Streckfaktor 1,7 in y-Richtung: $a = 1{,}7$. Abstand zwischen zwei Wendepunkten = halbe Periodenlänge $= \frac{\pi}{2} \Rightarrow p = 2 \cdot \frac{\pi}{2} = \pi. \Rightarrow b = \frac{2\pi}{p} = \frac{2\pi}{\pi} = 2$. Setzt man die Koeffizienten ein, erhält man als Lösung $f(x) = 1{,}7 \cdot \cos(2 \cdot (x - 1)) - 2$.

4.3 Von der Kurve zur Gleichung

4.3.1 Ganzrationale Funktionen

Zu jeder Aufgabe gibt es verschiedene Lösungswege, diese sind bei den Tipps zu dieser Aufgabe ausführlich beschrieben.

a) 1. Ansatz als allgemeine Parabel 2. Grades $f(x) = ax^2 + bx + c$. Aus der Zeichnung liest man ab: $f(-2) = 0$, $f(-1) = 1$, $f(0) = 4$. Einsetzen in die allgemeine Funktion ergibt folgende Gleichungen:

$$\begin{array}{rcrcrcr} 4a & - & 2b & + & c & = & 0 \\ a & - & b & + & c & = & 1 \\ & & & & c & = & 4 \end{array}$$

Einsetzen von c und Auflösen der beiden oberen Gleichungen führt auf $a = 1$ und $b = 4$, damit ist $f(x) = x^2 + 4x + 4$.

2. Ansatz mit Linearfaktoren: Der Graph hat nur eine Nullstelle bei $x = -2$ und geht durch den Punkt $P(0 \mid 4)$.
Also ist $f(x) = a \cdot (x+2) \cdot (x+2)$ und es gilt:
$f(0) = 4 \Rightarrow 4 = a \cdot (0+2) \cdot (0+2) \Rightarrow a = 1$.
Damit ist die Lösung $f(x) = (x+2)^2$ bzw. $f(x) = x^2 + 4x + 4$.

3. Ansatz als verschobene Normalparabel: Es handelt sich um eine um 2 LE nach links verschobene Normalparabel, daher wird $g(x) = x^2$ zu $f(x) = (x+2)^2$. Auch hier zur Kontrolle einsetzen: $f(0) = 4$, es herrscht Übereinstimmung. Ausmultiplizieren führt zu $f(x) = x^2 + 4x + 4$.

b) 1. Ansatz als allgemeine Funktion 2. Grades $f(x) = ax^2 + bx + c$. Aus der Zeichnung liest man ab: $f(-1) = -2$, $f(0) = -1$, $f(1) = 2$. Einsetzen in die allgemeine Funktion ergibt folgende Gleichungen:

$$\begin{array}{rcrcrcr} a & - & b & + & c & = & -2 \\ & & & & c & = & -1 \\ a & + & b & + & c & = & 2 \end{array}$$

Einsetzen von c und Auflösen der oberen und unteren Gleichung führt zu $a = 1$ und $b = 2$, damit ist $f(x) = x^2 + 2x - 1$.

2. Ansatz mit Linearfaktoren ist nicht möglich, da sich die Nullstellen nicht genau bestimmen lassen.

3. Ansatz als verschobene Normalparabel: Es handelt sich um eine Normalparabel, die um 1 LE nach links und um 2 LE nach unten verschoben ist:
$f(x) = x^2$ wird zu $f(x) = (x+1)^2 - 2$. Kontrolle für $x = 0$: $f(0) = -1$, d.h. Übereinstimmung. Ausmultiplizieren führt zu $f(x) = x^2 + 2x - 1$.

c) 1. Ansatz als allgemeine Funktion 2. Grades $f(x) = ax^2 + bx + c$. Aus der Zeichnung liest man ab: $f(0) = -3$, $f(1) = 0$, $f(2) = 1$. Einsetzen in die allgemeine Funktion ergibt folgende Gleichungen:

$$\begin{array}{rcrcrcr} a & + & b & + & c & = & 0 \\ 4a & + & 2b & + & c & = & 1 \\ & & & & c & = & -3 \end{array}$$

Einsetzen von c und Auflösen der beiden oberen Gleichungen führt zu $a = -1$ und $b = 4$, damit ist $f(x) = -x^2 + 4x - 3$.

2. Ansatz mit Linearfaktoren: Der Graph hat Nullstellen bei $x = 1$ und $x = 3$ und geht durch den Punkt P$(2 \mid 1)$.
Also ist $f(x) = a \cdot (x-1) \cdot (x-3)$ und es gilt:
$f(2) = 1 \Rightarrow 1 = a \cdot (2-1) \cdot (2-3) \Rightarrow a = -1$.
Damit ist die Lösung $f(x) = -1 \cdot (x-1) \cdot (x-3)$ bzw. $f(x) = -x^2 + 4x - 3$.

3. Ansatz als verschobene Normalparabel: Es handelt sich um eine nach unten geöffnete Normalparabel, die um 2 LE nach rechts und um 1 LE nach oben verschoben ist: $f(x) = -x^2$ wird zu $f(x) = -(x-2)^2 + 1$. Auch hier Kontrolle für $x = 2$: $f(2) = 1$, es herrscht Übereinstimmung. Ausmultiplizieren führt zu $f(x) = -x^2 + 4x - 3$.

d) 1. Der Ansatz als allgemeine Funktion 3. Grades $f(x) = ax^3 + bx^2 + cx + d$ ist zwar möglich, aber langwierig: Aus der Zeichnung liest man ab: $f(-1) = 0$, $f(0) = 3$, $f(1) = 0$ und $f(3) = 0$. Einsetzen in die allgemeine Funktion ergibt folgende Gleichungen:

$$\begin{array}{rcrcrcrcr} -a & + & b & - & c & + & d & = & 0 \\ & & & & & & d & = & 3 \\ a & + & b & + & c & + & d & = & 0 \\ 27a & + & 9b & + & 3c & + & d & = & 0 \end{array}$$

Einsetzen von d und Auflösen der oberen Gleichungen führt zu $a = 1$, $b = -3$ und $c = -1$, damit ist $f(x) = x^3 - 3x^2 - x + 3$.

2. Ansatz mit Linearfaktoren: Der Graph hat Nullstellen bei $x = -1$, $x = 1$ und $x = 3$ und geht durch den Punkt P$(2 \mid -3)$.
Also ist $f(x) = a \cdot (x+1) \cdot (x-1) \cdot (x-3)$ und es gilt:
$f(2) = -3 \Rightarrow -3 = a \cdot (2+1) \cdot (2-1) \cdot (2-3) \Rightarrow a = 1$.
Damit ist die Lösung $f(x) = 1 \cdot (x+1) \cdot (x-1) \cdot (x-3) = x^3 - 3x^2 - x + 3$.

4.3.2 Trigonometrische Funktionen

a) Als möglichen Ansatz kann man eine Sinusfunktion der Form $f(x) = a \cdot \sin(b \cdot (x-c)) + d$ verwenden. Die «Mittelachse» des Graphen liegt genau auf der x-Achse, also ist der Graph der Grundfunktion $g(x) = \sin(x)$ nicht in y-Richtung verschoben, somit ist

$d = 0$. Da der Graph durch den Ursprung geht, ist die Grundfunktion $g(x) = \sin(x)$ nicht in x-Richtung verschoben, somit ist $c = 0$. Da die Periode $p = 2\pi$ ist, gilt: $b = \frac{2\pi}{p} = \frac{2\pi}{2\pi} = 1$. Der Abstand des Hoch- bzw. Tiefpunkts zur «Mittelachse» (Amplitude) beträgt 2 LE, also ist der Streckfaktor in y-Richtung $a = 2$.
Eine mögliche Funktionsgleichung ist $f(x) = 2 \cdot \sin(x)$.

b) Da das Maximum des Graphen im Punkt $H(1 \mid 1,5)$ liegt, kann man eine Kosinusfunktion der Form $f(x) = a \cdot \cos(b \cdot (x - c)) + d$ verwenden. Die «Mittelachse» des Graphen liegt genau auf der x-Achse, also ist der Graph der Grundfunktion $g(x) = \cos(x)$ nicht in y-Richtung verschoben, somit ist $d = 0$. Wegen $H(1 \mid 1,5)$ ist der Graph der Grundfunktion $g(x) = \cos(x)$ um 1 LE in x-Richtung verschoben, somit ist $c = 1$. Da die Periode $p = 2\pi$ ist, gilt: $b = \frac{2\pi}{p} = \frac{2\pi}{2\pi} = 1$. Der Abstand des Hoch- bzw. Tiefpunkts zur «Mittelachse» (Amplitude) beträgt 1,5 LE, also ist der Streckfaktor in y-Richtung $a = 1,5$.
Eine mögliche Funktionsgleichung ist damit $f(x) = 1,5 \cdot \cos(x - 1)$.
Bei einem Ansatz mit einer Sinusfunktion ergibt sich beispielsweise $f(x) = 1,5 \cdot \sin(x + 0,5)$, da der Graph der Grundfunktion $\sin(x)$ um 0,5 LE nach links verschoben und mit Faktor 1,5 in y-Richtung gestreckt wurde.

c) Als möglichen Ansatz kann man eine Sinusfunktion der Form $f(x) = a \cdot \sin(b \cdot (x - c)) + d$ verwenden. Die «Mittelachse» des Graphen liegt genau auf der Geraden $y = 1$, also ist der Graph der Grundfunktion $g(x) = \sin(x)$ um 1 LE in y-Richtung verschoben, somit ist $d = 1$. Da der Graph durch den Punkt $(0 \mid 1)$ geht, ist die Grundfunktion $g(x) = \sin(x)$ nicht in x-Richtung verschoben, somit ist $c = 0$. Da die Periode $p = 2\pi$ beträgt, gilt: $b = \frac{2\pi}{p} = \frac{2\pi}{2\pi} = 1$. Der Abstand des Hoch- bzw. Tiefpunkts zur «Mittelachse» (Amplitude) beträgt 2 LE, also ist der Streckfaktor in y-Richtung $a = 2$.
Eine mögliche Funktionsgleichung ist damit $f(x) = 2 \cdot \sin(x) + 1$.

d) Als möglichen Ansatz kann man eine Sinusfunktion der Form $f(x) = a \cdot \sin(b \cdot (x - c)) + d$ verwenden. Die «Mittelachse» des Graphen liegt genau auf der x-Achse, also ist der Graph der Grundfunktion $g(x) = \sin(x)$ nicht in y-Richtung verschoben, somit ist $d = 0$. Da der Graph durch den Ursprung geht, ist die Grundfunktion $g(x) = \sin(x)$ nicht in x-Richtung verschoben, somit ist $c = 0$. Die Periodenlänge lässt sich an den Schnittpunkten mit der x-Achse ablesen, sie beträgt $p = 6$, also gilt: $b = \frac{2\pi}{6} = \frac{\pi}{3}$. Der Abstand des Hoch- bzw. Tiefpunkts zur «Mittelachse» (Amplitude) beträgt 4 LE, also ist der Streckfaktor in y-Richtung $a = 4$.
Eine mögliche Funktionsgleichung ist damit $f(x) = 4 \cdot \sin\left(\frac{\pi}{3}x\right)$.
Bemerkung: Diese Aussagen sind über diese Funktion nur möglich, weil vorher bekannt war, dass es sich um eine trigonometrische Funktion handelt. Wäre dies nicht bekannt, könnte es sich auch um eine Funktion der Gestalt $f(x) = ax^4 - bx^2$ handeln.

4.4 Graphen von f, f' und F

4.4.1 Von f zu f'

Es wird zuerst die Tangentensteigung in einigen Punkten näherungsweise bestimmt (z.B. mit Hilfe einer gezeichneten Tangente, deren Steigung dann ermittelt wird).

a)

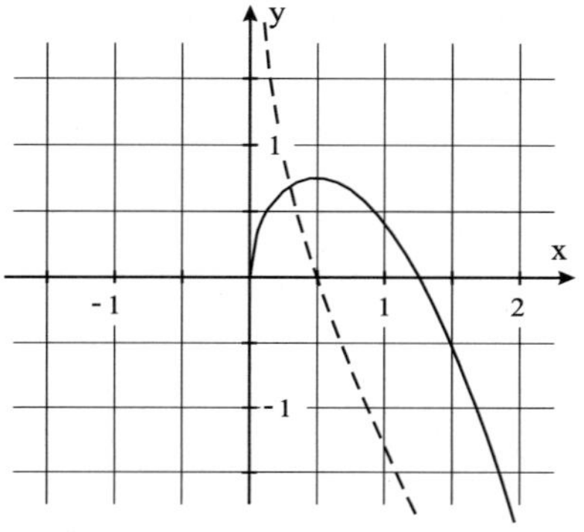

I) Antwort: nein, die Ableitungskurve hat an der Stelle $x = 1$ keine waagrechte Tangente, also kein relatives Maximum.

II) Antwort: ja, die Tangenten an die Ableitungskurve haben alle eine negative Steigung.

III) Antwort: ja, die Ableitungskurve verläuft für $x > 1$ unterhalb der x-Achse.

b)

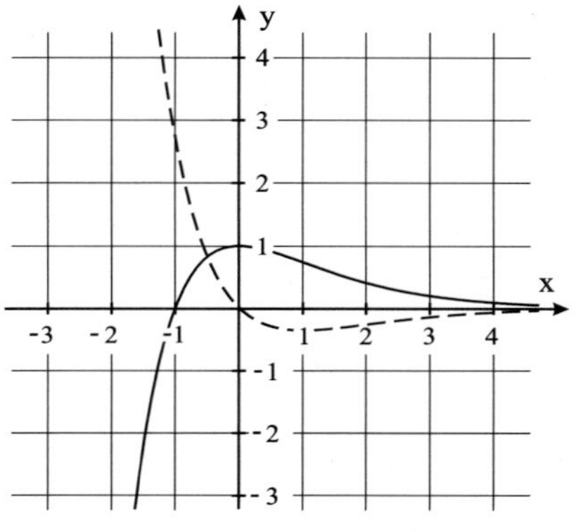

I) Antwort: ja, die Ableitungskurve hat an der Stelle $x = 1$ eine Tangente mit waagrechter Steigung sowie ein Minimum, also einen Extrempunkt.

II) Antwort: ja, bei $x = 2$ ist die Steigung der Tangente an die Ableitungskurve extremal.

III) Antwort: ja, die Ableitungskurve verläuft sogar für $x > 0$ unterhalb der x-Achse, also ist f' für $x > 1$ negativ.

c)

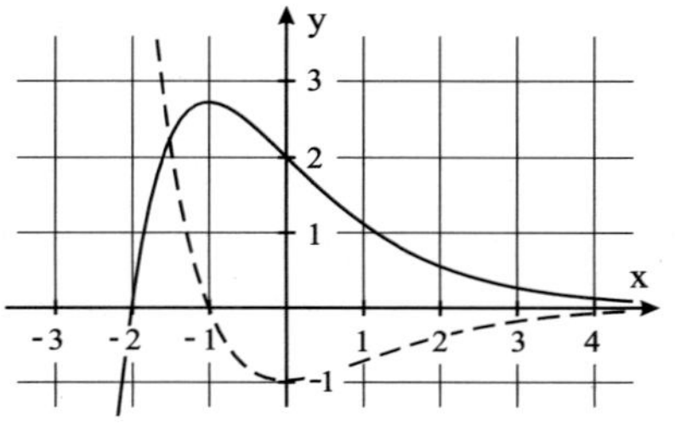

I) Antwort: nein, da die Ableitungskurve für $x < -1$ oberhalb der x-Achse verläuft.

II) Antwort: ja, bei $x = 0$ hat die Ableitungskurve eine waagrechte Tangente.

III) Antwort: nein, da $f'(0) = -1$ und $f(-1) = 0$.

4.4.2 Von f' zu f

a)

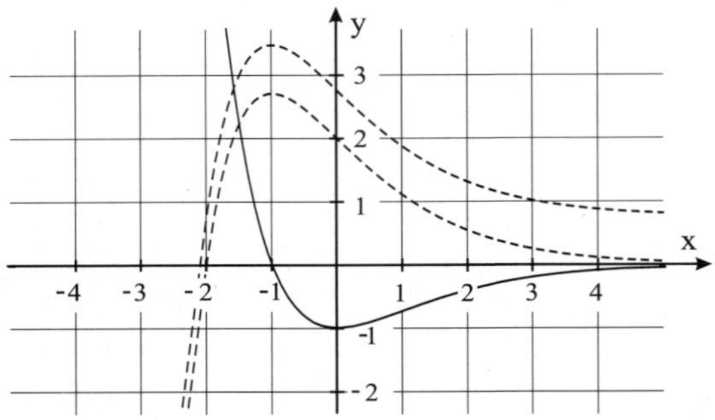

- Ableitung $f'(x)$: ——
- Mögliche Funktionen $f(x)$: - - -
- Die Funktion ist in Bezug auf Verschiebungen in y-Richtung nicht festgelegt.

I) Antwort: nein, die Ableitungskurve hat an dieser Stelle einen Extrempunkt, daher hat der Graph der Funktion für $x = 0$ einen Wendepunkt.

II) Antwort: ja, die Ableitungskurve hat an dieser Stelle eine Nullstelle und einen Vorzeichenwechsel. Dies bedeutet, dass der Graph der Funktion einen Extrempunkt für $x = -1$ besitzt. Da die Tangenten in Extrempunkten immer waagerecht sind (Steigung $= 0$), ist die Aussage richtig.

III) Antwort: nein, die Kurve der Ableitung hat an der Stelle $x = 0$ einen Tiefpunkt. Das bedeutet, dass der Graph der Funktion f an dieser Stelle einen Wendepunkt besitzt.

IV) Antwort: nein, da der Graph von f' für $0 \leqslant x \leqslant 2$ unterhalb der x-Achse verläuft und damit f streng monoton fallend ist.

b)

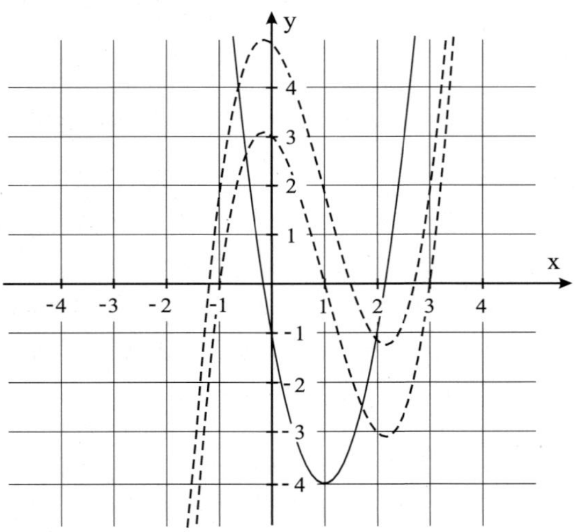

- Ableitung $f'(x)$: ——
- Mögliche Funktionen $f(x)$: - - -
- Die Funktion ist in Bezug auf Verschiebungen in y-Richtung nicht festgelegt.

I) Antwort: nein, der Graph der angegebenen Ableitungsfunktion f' hat an dieser Stelle einen Tiefpunkt. Das bedeutet, dass der Graph der Funktion f für $x = 1$ einen Wendepunkt besitzt.

II) Antwort: ja, der Graph der Ableitungsfunktion hat für $x \approx -0,2$ eine Nullstelle. Zusätzlich wechselt das Vorzeichen von f' von $+$ nach $-$ (die Steigung war erst positiv und ist nun negativ): Es liegt ein Hochpunkt vor.

III) Antwort: ja, da die Ableitungsfunktion mindestens den Grad 2 hat (Parabel), muss der Grad der Funktion f mindestens 3 sein.

IV) Antwort: ja, die Gerade $y = 2x$ hat die Steigung 2. Die Funktionswerte der angegebenen Ableitungsfunktion f' geben in jedem Punkt die Steigung der Funktion f an. Die Ableitungsfunktion hat für $x \approx 2,4$ den Wert $f'(2,4) = 2$. Daher ist die Tangente parallel zur Geraden $y = 2x$.

c)

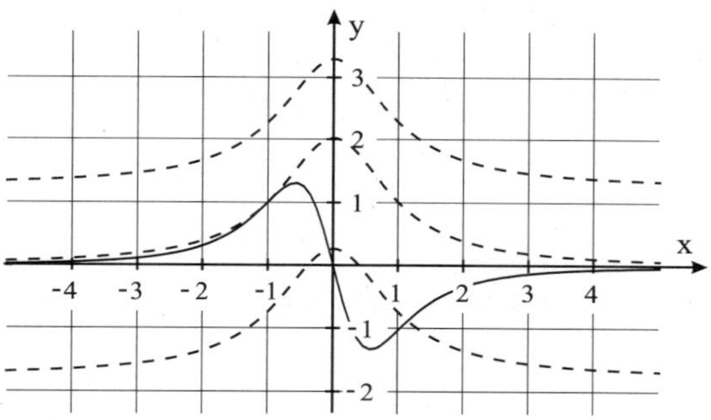

- Ableitung $f'(x)$: ——
- Mögliche Funktionen $f(x)$: - - -
- Die Funktion ist in Bezug auf Verschiebungen in y-Richtung nicht festgelegt.

I) Antwort: ja, bei $x = 0$ wechselt f' das Vorzeichen von $+$ nach $-$ $\Rightarrow$ Der Graph von f hat bei $x = 0$ einen Hochpunkt. Der gezeichnete Graph der Ableitungsfunktion ist ursprungssymmetrisch, damit unterscheiden sich die Steigungswerte rechts und links der y-Achse nur durch ihr Vorzeichen und der Graph von f ist y-achsensymmetrisch.

II) Antwort: ja, da der Graph von f' für $x > 0$ stets unterhalb der x-Achse verläuft und damit f streng monoton fallend ist.

III) Antwort: nein, die angegebene Ableitungsfunktion f' hat für $x = 0$ zwar eine Nullstelle, es handelt sich aber um einen Hochpunkt des Graphen von f, da an der Nullstelle ein Vorzeichenwechsel von $+$ nach $-$ stattfindet.

IV) Antwort: nein, die gezeichnete Ableitungsfunktion f' hat nur eine Nullstelle mit Vorzeichenwechsel. Daher besitzt der Graph von f genau einen Extrempunkt.

4.4.3 Von f zu F

Die Stammfunktion F

a)

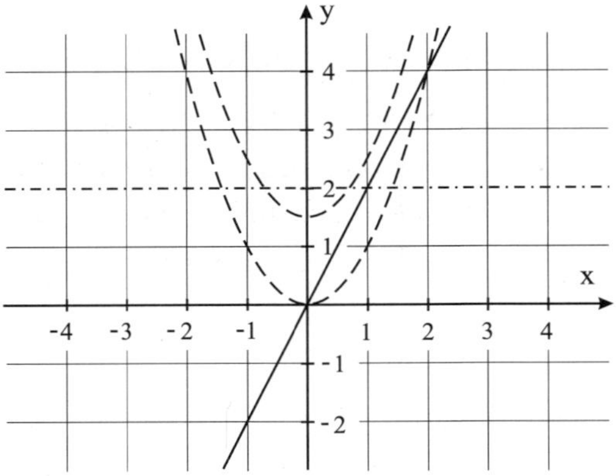

- Funktion $f(x)$: ——
- Mögliche Stammfunktionen F(x): – – –
- Ableitung $f'(x)$: – · – ·
- Die eingezeichneten Stammfunktionen sind nur einige von vielen möglichen Stammfunktionen, da diese in Bezug auf eine Verschiebung in y-Richtung nicht festgelegt sind.

I) Antwort: ja, die Ableitung einer Geraden ist immer eine waagerechte Gerade, da die Steigung einer Geraden konstant ist. Daher ist der Graph der Ableitungsfunktion parallel zur Geraden $y = 1$.

II) Antwort: ja, da $f(x)$ die Steigung von F(x) beschreibt und $f(1) = 2 = \mathrm{F}'(1)$ ist.

III) Antwort: nein, streng monoton wachsend bedeutet für dern Graph, dass die y-Werte für zunehmende x-Werte immer größer werden, dass bedeutet $f'(x) > 0$, die Steigung ist an jedem Punkt des Graphen positiv. Dies gilt zwar für f, nicht aber für f'.

IV) Antwort: ja, der Graph der Ableitungsfunktion ist eine waagerechte Gerade. Diese erfüllt die Bedingung $f'(-x) = f'(x) = 2$.

b)

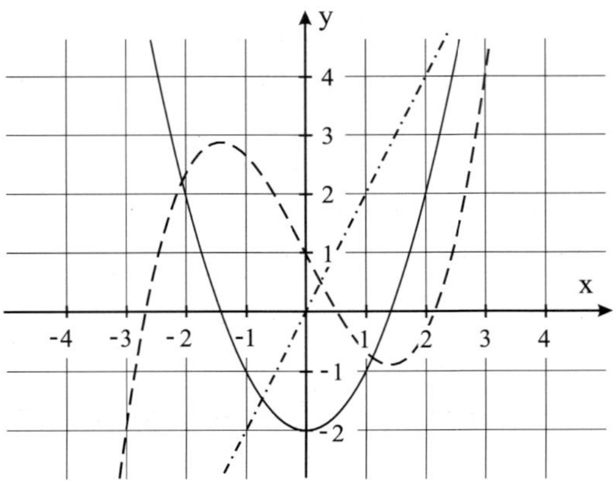

- Funktion $f(x)$: ——
- Mögliche Stammfunktionen F(x): – – –
- Ableitung $f'(x)$: – · – ·
- Die eingezeichnete Stammfunktion ist nur eine von vielen möglichen Stammfunktionen, da diese in Bezug auf eine Verschiebung in y-Richtung nicht festgelegt sind.

I) Antwort: ja, die Ableitungskurve einer Parabel ist eine Gerade mit einer Steigung ungleich Null. Diese besitzt genau eine Nullstelle am Extrempunkt der Parabel. Da die Parabel diesen für $x = 0$ hat, liegt die Nullstelle auch im fraglichen Intervall.

II) Antwort: nein, da der Graph von f für $0 \leqslant x \leqslant 1$ stets unterhalb der x-Achse verläuft.

III) Antwort: ja, die Extremstellen einer Funktion sind Nullstellen der 1. Ableitung. Da die Funktion f die Ableitung von F ist, besitzt F genau 2 Extremstellen im Intervall. Da die Nullstellen von f an den Stellen $x \approx \pm 1{,}4$ liegen, befinden sich die Extrempunkte an den Punkten $(1{,}4 \mid (\mathrm{F}(1{,}4))$ bzw. $(-1{,}4 \mid (\mathrm{F}(-1{,}4))$.

4.5 Kurvendiskussion

4.5.1 Elemente der Kurvendiskussion

a) Es ist $f(x) = \frac{1}{4}x^4 - x^3 + 4x - 2$, $f'(x) = x^3 - 3x^2 + 4$, $f''(x) = 3x^2 - 6x$, $f'''(x) = 6x - 6$
Einsetzen von $x = 2$: $f'(2) = 0$, $f''(2) = 0$, $f'''(2) = 6 \neq 0$. An der Stelle $x = 2$ hat der Graph von f einen Wendepunkt mit Steigung Null, also einen Sattelpunkt und keinen Tiefpunkt.

b) Es ist $f(x) = \frac{1}{x}$ und $g(x) = x^2 + 1$. Damit erhält man: $g(2) = 2^2 + 1 = 5$ und
$f(g(2)) = f(5) = \frac{1}{5}$ sowie $f(2) = \frac{1}{2}$ und $g(f(2)) = g\left(\frac{1}{2}\right) = \left(\frac{1}{2}\right)^2 + 1 = \frac{5}{4}$.
Setzt man $g(x)$ in $f(x)$ ein, ergibt sich: $f(g(x)) = \frac{1}{x^2+1}$.
Die Gleichung $f(g(x)) = 0{,}1$ führt zu $\frac{1}{x^2+1} = 0{,}1$ bzw.
$1 = 0{,}1x^2 + 0{,}1 \Rightarrow 9 = x^2 \Rightarrow x_{1,2} = \pm 3$.

c) Um zu bestimmen, für welche Werte von x der Graph der Funktion f mit
$f(x) = (x+3) \cdot (x-1)$ oberhalb der x-Achse verläuft, löst man die Ungleichung
$(x+3) \cdot (x-1) > 0$ durch funktionale Betrachtung: Der Graph von
$f(x) = (x+3) \cdot (x-1) = x^2 + 2x - 3$ ist eine nach oben geöffnete Parabel mit den Nullstellen $x_1 = -3$ und $x_2 = 1$.
Somit verläuft der Graph von f für $x < -3$ oder $x > 1$ oberhalb der x-Achse.
Alternativ kann man die Ungleichung $(x+3) \cdot (x-1) > 0$ auch durch Fallunterscheidung lösen:
I) $x + 3 > 0$ und $x - 1 > 0$ führt zu $x > -3$ und $x > 1$, also $x > 1$
II) $x + 3 < 0$ und $x - 1 < 0$ führt zu $x < -3$ und $x < 0$, also $x < -3$
Für $x < -3$ oder $x > 1$ verläuft der Graph von f oberhalb der x-Achse.

d) Für eine ganzrationale Funktion 3. Grades mit $f(1) = 4$, $f'(1) = 0$, $f''(1) < 0$, $f(0) = 2$, $f''(0) = 0$ und $f'''(0) \neq 0$ kann man folgende Aussagen treffen:
Wegen $f(1) = 4$, $f'(1) = 0$, $f''(1) < 0$ ist der Punkt $\mathrm{H}(1 \mid 4)$ Hochpunkt des Graphen von f.

Wegen $f(0) = 2$, $f''(0) = 0$ und $f'''(0) \neq 0$ ist der Punkt W$(0 \mid 2)$ Wendepunkt des Graphen von f.
Da bei einer ganzrationalen Funktion 3. Grades der Wendepunkt der Mittelpunkt der Strecke vom Hochpunkt zum Tiefpunkt ist, hat der Tiefpunkt des Graphen von f die Koordinaten T$(-1 \mid 0)$.

e) Es ist $f(x) = x^2 \cdot e^x$. Die 1. und 2. Ableitung von f erhält man mit der Produktregel:
$f'(x) = (x^2 + 2x) \cdot e^x$ und $f''(x) = \left(x^2 + 4x + 2\right) \cdot e^x$. Setzt man $x = 0$ in $f'(x)$ ein, erhält man:
$f'(0) = (0^2 + 2 \cdot 0) \cdot e^0 = 0$ Damit hat die Funktion hat einen möglichen Extremwert für $x = 0$. Setzt man $x = 0$ in $f''(x)$ ein, ergibt sich: $f''(0) = (0^2 + 4 \cdot 0 + 2)e^0 = 2 > 0$. Also handelt es sich um ein Minimum.

f) Um zu bestimmen, für welche Werte von x der Graph der Funktion f mit
$f(x) = -x^2 + 3x + 7$ oberhalb der Geraden mit der Gleichung $y = 3$ verläuft, löst man die Ungleichung $-x^2 + 3x + 7 > 3$ durch funktionale Betrachtung: Der Graph von
$f(x) = -x^2 + 3x + 7$ ist eine nach unten geöffnete Parabel. Die Schnittstellen der Parabel mit der Geraden erhält man durch Lösen der Gleichung $-x^2 + 3x + 7 = 3$ bzw. $-x^2 + 3x + 4 = 0$. Mit Hilfe der pq- oder abc-Formel erhält man die Schnittstellen $x_1 = -1$ und $x_2 = 4$. Somit verläuft der Graph von f für $-1 < x < 4$ oberhalb der Geraden mit der Gleichung $y = 3$.

g) Es ist $f(x) = -x \cdot e^{-2x}$. Die 1. Ableitung erhält man mit Hilfe der Produkt- und Kettenregel:
$f'(x) = -1 \cdot e^{-2x} + \left(-x \cdot e^{-2x}\right) \cdot (-2) = -1 \cdot e^{-2x} + 2x \cdot e^{-2x} = (2x - 1) \cdot e^{-2x}$
Der Graph der Funktion f ist streng monoton fallend, wenn $f'(x) < 0$ gilt.
$(2x - 1) \cdot e^{-2x} < 0$ führt wegen $e^{-2x} > 0$ zu $2x - 1 < 0 \Rightarrow x < \frac{1}{2}$.
Somit ist für $x < \frac{1}{2}$ der Graph von f streng monoton fallend.

h) Es ist $f(x) = 3x^3 + 4$, Ableiten ergibt $f'(x) = 9x^2$, $f''(x) = 18x$, $f'''(x) = 18$. Setzt man $x = 0$ in $f'(x)$ ein, erhält man: $f'(0) = 9 \cdot 0^2 = 0$. Außerdem hat $f'(x)$ bei $x = 0$ keinen Vorzeichenwechsel. Also besitzt der Graph der Funktion einen Sattelpunkt in $(0 \mid 4)$.

i) Es ist $f'(x) = 1e^{-x} + x \cdot e^{-x} \cdot (-1) = (1 - x)e^{-x}$,
$f''(x) = -1e^{-x} + (1 - x)e^{-x} \cdot (-1) = (x - 2)e^{-x}$,
$f'''(x) = 1e^{-x} + (x - 2)e^{-x} \cdot (-1) = (3 - x)e^{-x}$.
Setzt man $f''(x) = 0$, so erhält man $(x - 2)e^{-x} = 0 \Rightarrow x = 2$.
Setzt man $x = 2$ in $f'''(x)$ ein, so ergibt sich $f'''(2) = (3 - 2)e^{-2} \neq 0$, also existiert genau ein Wendepunkt W$\left(2 \mid 2e^{-2}\right)$.

j) Es ist $f'(x) = (x - 2)^3$. Da $f'(2) = (2 - 2)^3 = 0$, ist die notwendige Bedingung für einen lokalen Tiefpunkt erfüllt.
Zur Ermittlung des Vorzeichenwechsels betrachtet man $x-$Werte, die kleiner bzw. größer als 2 sind:

$x < 2 \Rightarrow f'(x) < 0$, da der Term in der Klammer kleiner als Null ist und «hoch 3» das Vorzeichen beibehält.
$x > 2 \Rightarrow f'(x) > 0$, da der Term in der Klammer größer als Null ist und «hoch 3» das Vorzeichen beibehält.
Somit wechselt f' das Vorzeichen an der Stelle $x = 2$ von $-$ nach $+$.
Also hat der Graph von f bei $x = 2$ einen Tiefpunkt.

k) Es ist $f(x) = 2 \cdot \sin\left(x - \frac{\pi}{2}\right)$. P liegt auf dem Graph von f, da $f(\pi) = 2 \cdot \sin\left(\pi - \frac{\pi}{2}\right) = 2 \cdot \sin\left(\frac{\pi}{2}\right) = 2$.
Es ist $f'(x) = 2 \cdot \cos\left(x - \frac{\pi}{2}\right)$ (Kettenregel). Die Steigung im Punkt $P(\pi \mid 2)$ erhält man durch Einsetzen von $x = \pi$ in $f'(x)$: Es ist $f'(\pi) = 2 \cdot \cos\left(\pi - \frac{\pi}{2}\right) = 2 \cdot \cos\left(\frac{\pi}{2}\right) = 0$, also liegt im Punkt P eine waagrechte Tangente vor.

l) Es ist $f(x) = \frac{1}{2} \cdot \sin(2x - \pi)$,
$f'(x) = \frac{1}{2} \cdot \cos(2x - \pi) \cdot 2 = \cos(2x - \pi)$,
$f''(x) = -\sin(2x - \pi) \cdot 2 = -2 \cdot \sin(2x - \pi)$,
$f'''(x) = -2 \cdot \cos(2x - \pi) \cdot 2 = -4 \cdot \cos(2x - \pi)$.
Da $f''(\pi) = -2 \cdot \sin(2\pi - \pi) = -2 \cdot \sin(\pi) = -2 \cdot 0 = 0$
und $f'''(\pi) = -4 \cdot \cos(2\pi - \pi) = -4 \cdot \cos(\pi) = 4 \neq 0$,
hat der Graph von f bei $x = \pi$ einen Wendepunkt.

4.5.2 Symmetrie

a) Da die Funktion f mit $f(x) = x^4 + 3x^2$ nur gerade Exponenten enthält, erfüllt sie das Kriterium für y-Achsensymmetrie: $f(-x) = (-x)^4 + 3 \cdot (-x)^2 = x^4 + 3x^2 = f(x)$.

b) Da die Funktion f mit $f(x) = 3x^5 - 7{,}2x^3 + x$ nur ungerade Exponenten enthält und durch den Ursprung verläuft, erfüllt sie das Kriterium für Punktsymmetrie zum Ursprung:
$f(-x) = 3 \cdot (-x)^5 - 7{,}2 \cdot (-x)^3 + (-x) = -3x^5 + 7{,}2x^3 - x = -\left(3x^5 - 7{,}2x^3 + x\right) = -f(x)$.

c) Um zu zeigen, dass der Graph der Funktion f mit $f(x) = 2 \cdot e^{x^2+2} + 3$ achsensymmetrisch zur y-Achse ist, setzt man $-x$ in $f(x)$ ein:

$$f(-x) = 2 \cdot e^{(-x)^2+2} + 3 = 2 \cdot e^{x^2+2} + 3 = f(x)$$

Wegen $f(-x) = f(x)$ ist der Graph von f achsensymmetrisch zur y-Achse.

d) Um zu zeigen, dass der Graph der Funktion f mit $f(x) = -\frac{4}{x}$ punktsymmetrisch zum Ursprung ist, setzt man $-x$ in $f(x)$ ein:

$$f(-x) = -\frac{4}{-x} = -\left(-\frac{4}{x}\right) = -f(x)$$

Wegen $f(-x) = -f(x)$ ist der Graph von f punktsymmetrisch zum Ursprung.

4.5.3 Tangenten und Normalen

a) Aus $f(x) = x^2 - 4x + 2$ folgt $f'(x) = 2x - 4$. Für die Steigung m_t der Tangente im Punkt $P(1 \mid -1)$ gilt: $m_t = f'(1) = 2 \cdot 1 - 4 = -2$. Setzt man $P(1 \mid -1)$ und $m_t = -2$ in die Tangentengleichung $y = f'(u) \cdot (x - u) + f(u)$ ein, so erhält man $y = -2 \cdot (x - 1) + (-1)$ und damit die Tangentengleichung $t: \ y = -2x + 1$. Für die Normalensteigung m_n gilt: $m_n = -\frac{1}{m_t} = -\frac{1}{-2} = \frac{1}{2}$. Setzt man P und m_n in die Gleichung $y = -\frac{1}{f'(u)} \cdot (x - u) + f(u)$ ein, so erhält man $y = \frac{1}{2} \cdot (x - 1) + (-1)$ und damit die Normalengleichung $n: \ y = \frac{1}{2}x - \frac{3}{2}$.

b) Aus $f(x) = x^3 + x + 1$ folgt $f'(x) = 3x^2 + 1$, $f''(x) = 6x$ und $f'''(x) = 6$. Um den Wendepunkt zu bestimmen, wird die 2. Ableitung gleich Null gesetzt: $f''(x) = 6x = 0 \Rightarrow x_W = 0$. Probe in f''' ergibt $f'''(0) = 6 \neq 0$, es handelt sich also um einen Wendepunkt. Der y-Wert wird bestimmt, indem man $x_W = 0$ in $f(x)$ einsetzt, was zu $W(0 \mid 1)$ führt.
Die Tangentensteigung in W ist $m_t = f'(0) = 1$. Setzt man $W(0 \mid 1)$ und $m_t = 1$ in die Tangentengleichung $y = f'(u) \cdot (x - u) + f(u)$ ein, so erhält man $y = 1 \cdot (x - 0) + 1$ und damit die Tangentengleichung $t: \ y = x + 1$.
Für die Normalensteigung gilt: $m_n = -\frac{1}{m_t} = -\frac{1}{1} = -1$.
Setzt man $W(0 \mid 1)$ und $m_n = -1$ in die Normalengleichung $y = -\frac{1}{f'(u)} \cdot (x - u) + f(u)$ ein, so erhält man $y = -1 \cdot (x - 0) + 1$ und damit die Normalengleichung $n: \ y = -x + 1$.

c) I) Da die Steigung der Tangente schon angegeben ist, muss zuerst der Punkt P bestimmt werden, in dem die Tangente die Kurve berührt. In diesem Punkt soll die Steigung der Kurve gleich -2 sein. Daher setzt man die 1. Ableitung gleich -2.
Es ist $f(x) = x^2 + 4x - 3$ und $f'(x) = 2x + 4$. Gleichsetzen der 1. Ableitung: $f'(x) = 2x + 4 = -2 \Rightarrow x_P = -3$. Durch Einsetzen in $f(x)$ wird die y-Koordinate des Punktes bestimmt. Damit ist der gesuchte Punkt $P(-3 \mid -6)$. Setzt man $P(-3 \mid -6)$ und $m_t = -2$ in die Tangentengleichung $y = f'(u) \cdot (x - u) + f(u)$ ein, so erhält man $y = -2 \cdot (x - (-3)) + (-6)$ und damit die Tangentengleichung $t: \ y = -2x - 12$.

II) Da die Tangente orthogonal zu der angegebenen Geraden g ist, gilt für ihre Steigung $m_t = -\frac{1}{m_g}$, die Steigung der Tangente ist damit $m_t = -\frac{1}{-\frac{1}{3}} = 3$. Nun muss der Punkt P bestimmt werden, in dem die Tangente die Kurve berührt: Da in diesem Punkt die Steigung der Kurve gleich 3 sein muss, setzt man die 1. Ableitung gleich 3 und löst nach x auf: $f'(x) = 2x + 4 = 3 \Rightarrow x_P = -\frac{1}{2}$. Durch Einsetzen in $f(x)$ wird die y-Koordinate des Punktes bestimmt. Damit ist der gesuchte Punkt $P\left(-\frac{1}{2} \mid -\frac{19}{4}\right)$. Setzt man $P\left(-\frac{1}{2} \mid -\frac{19}{4}\right)$ und $m_t = 3$ in die Tangentengleichung $y = f'(u) \cdot (x - u) + f(u)$ ein, so erhält man $y = 3 \cdot \left(x - \left(-\frac{1}{2}\right)\right) + \left(-\frac{19}{4}\right)$ und damit die Tangentengleichung: $t: \ y = 3x - \frac{13}{4}$.

III) Da die Tangente parallel zur angegebenen Geraden ist und die Tangentensteigung damit gleich groß ist wie die Geradensteigung, muss zuerst der Punkt P bestimmt werden, in dem die Tangente die Kurve berührt: In diesem Punkt ist die Steigung gleich 4. Daher setzt man die 1. Ableitung gleich 4: $f'(x) = 2x + 4 = 4 \Rightarrow x_P = 0$.

Durch Einsetzen in $f(x)$ wird der y-Wert des Punktes bestimmt. Damit ist der gesuchte Punkt $\mathrm{P}(0 \mid -3)$. Setzt man $\mathrm{P}(0 \mid -3)$ und $m_t = 4$ in die Tangentengleichung $y = f'(u) \cdot (x-u) + f(u)$ ein, so erhält man $y = 4 \cdot (x-0) + (-3)$ und damit die Tangentengleichung $t:\ y = 4x - 3$.

d) Die Tangente berührt die Kurve in einem noch unbekannten Punkt $\mathrm{B}(u \mid f(u))$ beziehungsweise $\mathrm{B}\left(u \mid u^2 - 2u + 3\right)$. Die Tangentensteigung in diesem Punkt bestimmt man mit Hilfe der 1. Ableitung: Es ist $f(x) = x^2 - 2x + 3$ und $f'(x) = 2x - 2$. Somit gilt: $m_t = f'(u) = 2u - 2$.
Setzt man $\mathrm{B}(u \mid f(u))$ und $m_t = f'(u)$ in die Tangentengleichung $y = f'(u) \cdot (x-u) + f(u)$ ein, so erhält man als Tangentengleichung in Abhängigkeit von u:

$$t:\ y = (2u-2) \cdot (x-u) + \left(u^2 - 2u + 3\right)$$

Da $\mathrm{P}(0 \mid -6)$ auf der Tangente liegt, kann man diesen in die Tangentengleichung einsetzen:
$-6 = (2u-2) \cdot (0-u) + \left(u^2 - 2u + 3\right)$ bzw. $u^2 = 9 \Rightarrow u_1 = 3 \quad u_2 = -3$.
Setzt man u_1 bzw. u_2 in $\mathrm{B}(u \mid f(u))$ ein, so erhält man $\mathrm{B}_1(3 \mid 6)$ und $\mathrm{B}_2(-3 \mid 18)$.
Setzt man u_1 bzw. u_2 in die Tangentengleichung ein, so erhält man:
$y = (2 \cdot 3 - 2) \cdot (x-3) + \left(3^2 - 2 \cdot 3 + 3\right)$ bzw.
$y = (2 \cdot (-3) - 2) \cdot (x - (-3)) + \left((-3)^2 - 2 \cdot (-3) + 3\right)$.
Somit ergeben sich als Tangentengleichungen $t_1:\ y = 4x - 6$ und $t_2:\ y = -8x - 6$.

4.5.4 Funktionenscharen / Funktionen mit Parameter

a) I) Es handelt sich bei den Graphen von f_t um Parabeln, die symmetrisch zur y-Achse sind. Je nach Wert von t sind die Parabeln «gestreckt» oder «gestaucht». Für positive Werte von t sind die Parabeln nach oben geöffnet, für negative Werte sind sie nach unten geöffnet (siehe Zeichnung).

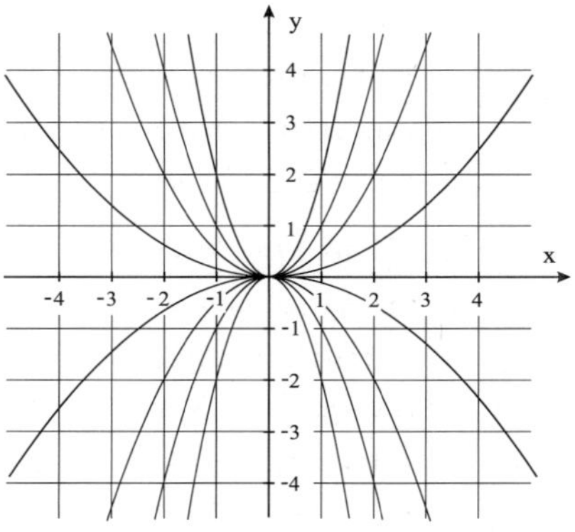

II) Der Punkt $\mathrm{P}_1(2 \mid 2)$ wird in die Gleichung eingesetzt und liefert $2 = t \cdot 2^2$. Umstellen nach t ergibt $t = \frac{1}{2}$. Die Funktion damit $f_{\frac{1}{2}}(x) = \frac{1}{2}x^2$.
Der Punkt $\mathrm{P}_2(-1 \mid -2)$ wird in die Gleichung eingesetzt und liefert $-2 = t \cdot (-1)^2$. Umstellen nach t ergibt $t = -2$. Die Funktion ist damit $f_{-2}(x) = -2x^2$.

b) Die Ableitungen der Funktionen sind:
$f(x) = -x^2 + 2 \Rightarrow f'(x) = -2x \quad g_t(x) = tx^2 - 1 \Rightarrow g_t{}'(x) = 2tx$

Damit die Graphen der Funktionen im Schnittpunkt aufeinander senkrecht stehen, müssen folgende Gleichungen gelten:

$$\begin{array}{lrcl} \text{I} & f(x) & = & g_t(x) \\ \text{II} & f'(x) \cdot g_t{}'(x) & = & -1 \end{array}$$

Dabei ist Gleichung I die Gleichung für den Schnittpunkt und Gleichung II die Orthogonalitätsbedingung. Setzt man die Funktionen bzw. die Ableitungen ein, führt dies zu:

$$\begin{array}{lrclcrclcrcl} \text{Ia} & -x^2+2 & = & tx^2-1 & \Rightarrow & 3 & = & x^2\cdot(t+1) & \Rightarrow & x^2 & = & \frac{3}{t+1} \\ \text{IIa} & -2x\cdot 2tx & = & -1 & \Rightarrow & & & & & -4tx^2 & = & -1 \end{array}$$

Nun setzt man Gleichung Ia in Gleichung IIa ein: $-4t \cdot \frac{3}{t+1} = -1$. Auflösen nach t ergibt $t = \frac{1}{11}$. Die beiden Kurven stehen also für $t = \frac{1}{11}$ im Schnittpunkt senkrecht aufeinander.

c) Die Ableitungen sind:
$f(x) = 2x^2 \Rightarrow f'(x) = 4x \quad g_t(x) = -tx^2+4 \Rightarrow g_t{}'(x) = -2tx$
Damit die Graphen der Funktionen im Schnittpunkt aufeinander senkrecht stehen, müssen folgende Gleichungen gelten:

$$\begin{array}{lrcl} \text{I} & f(x) & = & g_t(x) \\ \text{II} & f'(x) \cdot g_t{}'(x) & = & -1 \end{array}$$

Dabei ist Gleichung I die Gleichung für den Schnittpunkt und Gleichung II die Orthogonalitätsbedingung. Setzt man die Funktionen bzw. die Ableitungen ein, führt dies zu:

$$\begin{array}{lrclcrcl} \text{Ia} & 2x^2 & = & -tx^2+4 & \Rightarrow & x^2 & = & \frac{4}{t+2} \\ \text{IIa} & 4x\cdot(-2)tx & = & -1 & \Rightarrow & -8tx^2 & = & -1 \end{array}$$

Nun setzt man Gleichung Ia in Gleichung IIa ein: $-8t \cdot \frac{4}{t+2} = -1$. Auflösen nach t ergibt $t = \frac{2}{31}$. Die beiden Kurven stehen also für $t = \frac{2}{31}$ im Schnittpunkt senkrecht aufeinander.

d) Es ist $f_t(x) = (2x+t)\cdot e^{-x}$; $x \in \mathbb{R}$; $t \geqslant 0$. Um den abgebildeten Graphen der Funktionenschar f_t den jeweiligen Parameter t zuzuordnen, kann man die Nullstellen der Graphen betrachten. Die Nullstelle von f_t erhält man rechnerisch, indem man die Funktionsgleichung gleich Null setzt:
$f_t(x) = 0$ führt zu $(2x+t)\cdot e^{-x} = 0$ bzw. $2x+t = 0 \Rightarrow x = -\frac{t}{2}$ ist einzige Nullstelle.
Der Graph G hat als einzige Nullstelle $x = -2$, somit gilt: $-\frac{t}{2} = -2 \Rightarrow t = 4$.
Der Graph G* hat als einzige Nullstelle $x = -1$, somit gilt: $-\frac{t}{2} = -1 \Rightarrow t = 2$.
Der Graph G** hat als einzige Nullstelle $x = 0$, somit gilt: $-\frac{t}{2} = 0 \Rightarrow t = 0$.
Damit gehört zu G der Parameter $t = 4$, zu G* der Parameter $t = 2$ und zu G** der Parameter $t = 0$.

Alternativ kann man auch den Schnittpunkt mit der y-Achse untersuchen. Für $x = 0$ ergibt sich: $f_t(0) = (2\cdot 0+t)\cdot e^{-0} = t\cdot 1 = t$. Anhand der Graphen kommt man zu den gleichen Lösungen wie oben angegeben.

e) Man erhält die Extremstellen von $f_t(x) = x \cdot e^{tx}$; $x \in \mathbb{R}$; $t < 0$, indem man die 1. Ableitung (Produkt- und Kettenregel) gleich Null setzt:

$$f_t{}'(x) = 1 \cdot e^{tx} + x \cdot e^{tx} \cdot t = (1 + tx) \cdot e^{tx} = 0$$

führt zu $1 + tx = 0$ bzw. $x = -\frac{1}{t}$.
Setzt man $x = -\frac{1}{t}$ in die 2. Ableitung $f_t{}''(x) = t \cdot e^{tx} + (1 + tx) \cdot e^{tx} \cdot t = \left(2t + t^2 x\right) \cdot e^{tx}$ ein, so erhält man:

$$f_t{}'\left(-\frac{1}{t}\right) = \left(2t + t^2 \cdot \left(-\frac{1}{t}\right)\right) \cdot e^{t \cdot \left(-\frac{1}{t}\right)} = t \cdot e^{-1} \neq 0$$

Daraus folgt: $x = -\frac{1}{t}$ ist die einzige Extremstelle von $f_t(x)$.
Da $x = 2$ Extremstelle sein soll, muss gelten: $2 = -\frac{1}{t} \Rightarrow t = -\frac{1}{2}$.
Für $t = -\frac{1}{2}$ hat der Graph von f_t bei $x = 2$ eine Extremstelle.

4.5.5 Krümmungsverhalten von Kurven

a) Es ist $f(x) = \frac{1}{3}x^3 - x$. Zur Bestimmung des Krümmungsverhaltens benötigt man die 2. Ableitung: Es ist $f'(x) = x^2 - 1$ und $f''(x) = 2x$.
Der Graph von f ist linksgekrümmt, wenn $f''(x) > 0$ gilt: $2x > 0 \Rightarrow x > 0$. Also ist f für $x > 0$ linksgekrümmt.
Der Graph von f ist rechtsgekrümmt, wenn $f''(x) < 0$ gilt: $2x < 0 \Rightarrow x < 0$. Also ist f für $x < 0$ rechtsgekrümmt.

b) Es ist $f(x) = (x - 1)^5$. Zur Bestimmung des Krümmungsverhaltens benötigt man die 2. Ableitung (Kettenregel): Es ist $f'(x) = 5 \cdot (x - 1)^4$ und $f''(x) = 20 \cdot (x - 1)^3$.
Der Graph von f ist linksgekrümmt, wenn $f''(x) > 0$ gilt: $20 \cdot (x - 1)^3 > 0 \Rightarrow x > 1$. Also ist f für $x > 1$ linksgekrümmt.
Der Graph von f ist rechtsgekrümmt, wenn $f''(x) < 0$ gilt: $20 \cdot (x - 1)^3 < 0 \Rightarrow x < 1$. Also ist f für $x < 1$ rechtsgekrümmt.

c) Es ist $f(x) = (2x - 3) \cdot e^{-x}$. Zur Bestimmung des Krümmungsverhaltens benötigt man die 2. Ableitung (Produkt- und Kettenregel): Es ist $f'(x) = 2 \cdot e^{-x} + (2x - 3) \cdot e^{-x} \cdot (-1)$ $= (-2x + 5) \cdot e^{-x}$ und $f''(x) = -2 \cdot e^{-x} + (-2x + 5) \cdot e^{-x} \cdot (-1) = (2x - 7) \cdot e^{-x}$.
Der Graph von f ist linksgekrümmt, wenn $f''(x) > 0$ gilt: $(2x - 7) \cdot e^{-x} > 0 \Rightarrow x > \frac{7}{2}$. Also ist f für $x > \frac{7}{2}$ linksgekrümmt.
Der Graph von f ist rechtsgekrümmt, wenn $f''(x) < 0$ gilt: $(2x - 7) \cdot e^{-x} < 0 \Rightarrow x < \frac{7}{2}$. Also ist f für $x < \frac{7}{2}$ rechtsgekrümmt.

4.5.6 Ortskurven

Um die Gleichung der Ortskurve zu erhalten, wird der x-Wert so umgeformt, dass der Parameter alleine steht. Der Parameter wird dann in den y-Wert eingesetzt und man erhält die Gleichung der Ortskurve durch Ausrechnen.

a) Es ist E$\left(\frac{2}{3}t \mid \frac{2}{9}t^3\right)$; zuerst wird der x-Wert $x = \frac{2}{3}t$ nach t aufgelöst: $t = \frac{3}{2}x$. In den y-Wert $y = \frac{2}{9}t^3$ wird für $t = \frac{3}{2}x$ eingesetzt $y = \frac{2}{9} \cdot \left(\frac{3}{2}x\right)^3$.

Ausrechnen ergibt $y = \frac{2}{9} \cdot \frac{3^3}{2^3}x^3 = \frac{3}{4}x^3$.
Die Gleichung der Ortskurve lautet $y = \frac{3}{4}x^3$.

b) Es ist H$\left(\frac{2}{3}t \mid \frac{9}{2t}\right)$; zuerst wird der x-Wert $x = \frac{2}{3}t$ nach t aufgelöst: $t = \frac{3}{2}x$.
In den y-Wert $y = \frac{9}{2t}$ wird für $t = \frac{3}{2}x$ eingesetzt $y = \frac{9}{2\cdot\left(\frac{3}{2}x\right)}$.
Ausrechnen ergibt $y = \frac{9}{3x} = \frac{3}{x}$.
Die Gleichung der Ortskurve lautet $y = \frac{3}{x}$.

c) Es ist H$\left(\frac{t}{2} \mid \frac{t^3}{4} - t\right)$; zuerst wird der x-Wert $x = \frac{t}{2}$ nach t aufgelöst: $t = 2x$.
In den y-Wert $y = \frac{t^3}{4} - t$ wird für $t = 2x$ eingesetzt $y = \frac{(2x)^3}{4} - 2x$.
Ausrechnen ergibt $y = \frac{2^3 \cdot x^3}{4} - 2x = 2x^3 - 2x$.
Die Gleichung der Ortskurve lautet $y = 2x^3 - 2x$.

d) Es ist $f_t(x) = x^3 - 3tx^2; t > 0$,
Ableiten ergibt $f_t{}'(x) = 3x^2 - 6tx$ und $f_t{}''(x) = 6x - 6t$.
Setzt man $f_t{}'(x) = 0$, so erhält man $3x^2 - 6tx = 0$ bzw. $x \cdot (3x - 6t) = 0 \Rightarrow x_1 = 0$ und $x_2 = 2t$. Für den Parameter t gilt $t > 0$, also ist t eine beliebige positive Zahl.
Setzt man $x_1 = 0$ in $f_t{}''(x)$ ein, so ergibt sich $f_t{}''(0) = 6 \cdot 0 - 6t = -6t < 0 \Rightarrow$ Hochpunkt.
Setzt man $x_2 = 2t$ in $f_t{}''(x)$ ein, so ergibt sich $f_t{}''(2t) = 6 \cdot 2t - 6t = 6t > 0 \Rightarrow$ Tiefpunkt.
Den y-Wert von T erhält man durch Einsetzen von $x = 2t$ in $f_t(x)$:
$f_t(2t) = (2t)^3 - 3t \cdot (2t)^2 = 8t^3 - 12t^3 = -4t^3$.
Somit haben die Tiefpunkte der Kurvenschar die Koordinaten $\mathrm{T}_t\left(2t \mid -4t^3\right)$.
Um die Gleichung der Ortskurve aller Tiefpunkte zu erhalten, wird zuerst wird der x-Wert $x = 2t$ nach t aufgelöst: $t = \frac{x}{2}$.
In den y-Wert $y = -4t^3$ wird für $t = \frac{x}{2}$ eingesetzt: $y = -4\left(\frac{x}{2}\right)^3$.
Ausrechnen ergibt $y = -4 \cdot \frac{x^3}{8} = -\frac{1}{2}x^3$.
Die Gleichung der Ortskurve lautet $y = -\frac{1}{2}x^3$.

e) Es ist $f_a(x) = (x - a) \cdot e^x$, mit der Produktregel erhält man:
$f_a{}'(x) = 1 \cdot e^x + (x - a) \cdot e^x = (x + 1 - a) \cdot e^x$
$f_a{}''(x) = 1 \cdot e^x + (x + 1 - a) \cdot e^x = (x + 2 - a) \cdot e^x$
$f_a{}'''(x) = 1 \cdot e^x + (x + 2 - a) \cdot e^x = (x + 3 - a) \cdot e^x$.
Setzt man $f_a{}''(x) = 0$, so erhält man $(x + 2 - a) \cdot e^x = 0 \Rightarrow x + 2 - a = 0 \Rightarrow x = a - 2$.
Setzt man $x = a - 2$ in $f_a{}'''(x)$ ein, so ergibt sich:
$f_a{}'''(a - 2) = (a - 2 + 3 - a) \cdot e^{a-2} = e^{a-2} \neq 0 \Rightarrow$ Wendepunkt.
Den y-Wert des Wendepunktes erhält man durch Einsetzen von $x = a - 2$ in $f_a(x)$:
$f_a(a - 2) = (a - 2 - a) \cdot e^{a-2} = -2 \cdot e^{a-2}$.
Somit haben die Wendepunkte der Kurvenschar die Koordinaten $\mathrm{W}_a\left(a - 2 \mid -2 \cdot e^{a-2}\right)$.
Um die Gleichung der Ortskurve aller Wendepunkte zu erhalten, wird zuerst wird der x-Wert $x = a - 2$ nach a aufgelöst: $a = x + 2$.
In den y-Wert $y = -2 \cdot e^{a-2}$ wird für $a = x + 2$ eingesetzt: $y = -2 \cdot e^{x+2-2}$.
Ausrechnen ergibt $y = -2 \cdot e^x$.
Die Gleichung der Ortskurve lautet damit $y = -2 \cdot e^x$.

4.6 Extremwertaufgaben

a) I) Es ist $f(x) = 6 - \frac{1}{4}x^2$. Gesucht ist ein Rechteck mit maximalem Umfang, das der angegebenen Kurve einbeschrieben werden soll. Nebenbedingung: Zwei Eckpunkte des Rechtecks müssen auf der Kurve, die anderen beiden auf der x-Achse liegen. Der Punkt auf der Kurve im 1. Quadranten sei $\mathrm{P}(u \mid v)$ mit $v = f(u)$. Damit gilt für die Höhe $h = f(u)$. Für das Rechteck ist die Grundseite $2u$, mit $0 \leqslant u \leqslant \sqrt{24}$ ($x = \pm\sqrt{24}$ sind die Nullstellen von f).

Durch Einsetzen der Nebenbedingung ergibt sich als Zielfunktion für den Umfang: $\mathrm{U}(u) = 4 \cdot u + 2 \cdot f(u) \Rightarrow \mathrm{U}(u) = 4u + 2 \cdot \left(6 - \frac{1}{4}u^2\right) = 4u + 12 - \frac{1}{2}u^2$. Ableiten führt auf: $\mathrm{U}'(u) = 4 - u$. Die Ableitung wird gleich Null gesetzt, um die Extremstelle zu bestimmen: $u = 4$. Einsetzen in die 2. Ableitung $\mathrm{U}''(u) = -1$ ergibt: $\mathrm{U}''(4) = -1 < 0$, daraus folgt, dass es sich um ein globales Maximum handelt. Die Randstellen müssen daher nicht mehr überprüft werden. Durch einsetzen in die Zielfunktion ergibt sich für den gesuchten Umfang: $\mathrm{U}(4) = 4 \cdot 4 + 2 \cdot f(4) = 16 + 2 \cdot 2 = 20\,\mathrm{LE}$.

II) Gesucht ist ein Rechteck mit maximaler Fläche, das der angegebenen Kurve einbeschrieben werden soll. Nebenbedingung: Zwei Eckpunkte des Rechtecks müssen auf der Kurve, die anderen beiden auf der x-Achse liegen. Der Punkt auf der Kurve im 1. Quadranten sei $\mathrm{P}(u \mid v)$ mit $v = f(u)$. Damit gilt für die Höhe $h = f(u)$. Für dieses Rechteck ist die Grundseite $2u$, mit $0 \leqslant u \leqslant \sqrt{24}$. (Es sind $x = \pm\sqrt{24}$ Schnittstellen der Kurve mit der x-Achse.)

Durch Einsetzen der Nebenbedingung ergibt sich als Zielfunktion für die Fläche: $\mathrm{A}(u) = 2 \cdot u \cdot f(u) \Rightarrow \mathrm{A}(u) = 2u \cdot \left(6 - \frac{1}{4}u^2\right) = 12u - \frac{1}{2}u^3$. Ableiten führt auf: $\mathrm{A}'(u) = 12 - \frac{3}{2}u^2$. Die Ableitung wird gleich Null gesetzt, um die Extremstelle zu bestimmen: $\frac{3}{2}u^2 = 12 \Rightarrow u_{1,2} = \pm\sqrt{8} = \pm 2,83$. Der Wert $-\sqrt{8}$ scheidet aus, da es sich bei u um eine Länge handelt und diese immer positiv sind. Also ist $u = \sqrt{8} \approx 2,83$. Setzt man $\sqrt{8}$ in die 2. Ableitung $\mathrm{A}''(u) = -3u$ ein, ergibt sich: $\mathrm{A}''(\sqrt{8}) = -3\sqrt{8} < 0$. Daraus folgt, dass es sich um ein lokales Maximum handelt. Es muss noch überprüft werden, ob die Randstellen eventuell größere Funktionswerte liefern. Es ist $\mathrm{A}(0) = 0$ und $\mathrm{A}(\sqrt{24}) = 0$, damit existieren keine Randextremwerte und für $u = 2,83$ liegt ein globales Maximum vor. Setzt man $u = 2,83$ in die Zielfunktion ein, ergibt sich für die gesuchte Fläche: $\mathrm{A} = 12 \cdot \sqrt{8} - \frac{1}{2} \cdot \left(\sqrt{8}\right)^3 \approx 22,63\,\mathrm{FE}$.

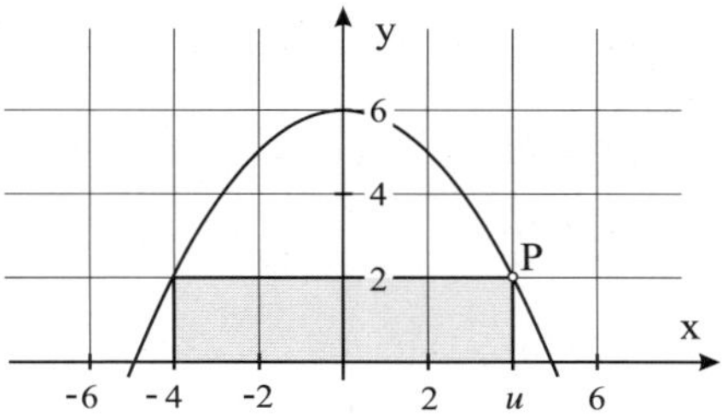

Aufgabe a) I)

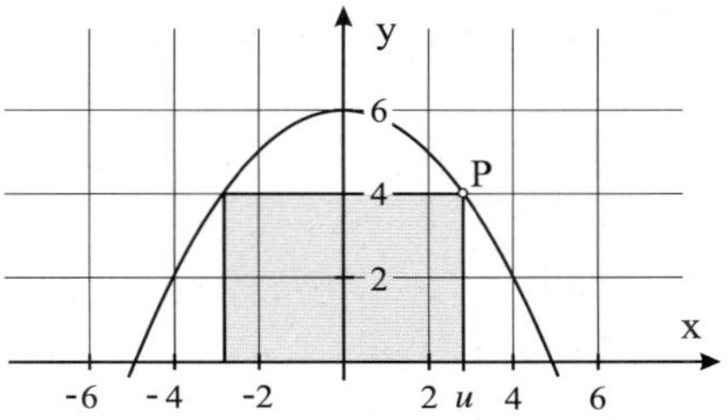

Aufgabe a) II)

b) Es ist $f(x) = -(x+2)e^{-x}$. Zuerst werden f' und f'' bestimmt. Mit der Produktregel folgt:

$$f(x) = -(x+2)e^{-x}$$
$$f'(x) = e^{-x}(x+1)$$
$$f''(x) = -x \cdot e^{-x}$$

Gesucht ist die Normale in W$(0 \mid -2)$. Es ist $m_n = -\frac{1}{f'(0)} = -\frac{1}{1} = -1$. Damit folgt für die Gleichung der Normale: $y = -x - 2$.

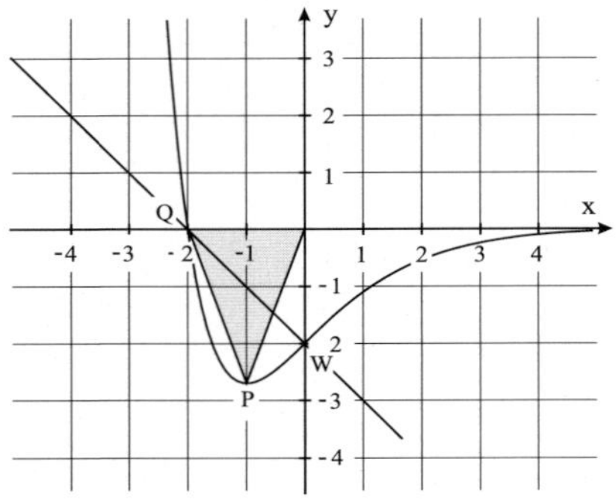

Bestimmung des zweiten Schnittpunktes Q der Normalen mit der Kurve K:
$-(x+2)e^{-x} = -x-2 \Rightarrow (x+2) - (x+2)e^{-x} = 0$. Ausklammern von $(x+2)$ führt nun zu: $(x+2)(1-e^{-x}) = 0$. Damit ergibt sich $x_1 = -2$ und aus dem zweiten Faktor $x_2 = 0$. Die Lösung $x_1 = -2$ führt zum gesuchten Schnittpunkt Q$(-2 \mid 0)$. Für den Punkt P gilt: P$(u \mid -(u+2) \cdot e^{-u})$ mit $-2 < u < 0$.
Die Grundseite des Dreiecks OPQ ist $|\overline{QO}| = 2$, die Höhe beträgt $-f(u)$. (Für $-2 < u < 0$ ist $f(u)$ negativ, die Höhe des Dreiecks muss aber eine positive Größe sein.)
Damit ergibt sich für den Flächeninhalt des Dreiecks OPQ:

$$A(u) = \frac{1}{2} \cdot g \cdot h = \frac{1}{2} \cdot 2 \cdot (-f(u)) = (u+2) \cdot e^{-u}$$

Ableiten ergibt:
$A'(u) = 1 \cdot e^{-u} + (u+2) \cdot (-e^{-u}) = e^{-u}(1-u-2) = e^{-u} \cdot (-u-1)$
$A''(u) = -e^{-u} \cdot (-u-1) + e^{-u} \cdot (-1) = e^{-u}(u+1-1) = e^{-u} \cdot u$
Für die Extremstelle ergibt sich damit $e^{-u} \cdot (-u-1) = 0 \Rightarrow -u-1 = 0 \Rightarrow u_1 = -1$.
Einsetzen in $A''(u) : A''(-1) < 0 \Rightarrow$ es liegt ein lokales Maximum vor. Auch dieser Extremwert kann mit dem GTR/CAS bestimmt werden. Um zu prüfen, ob ein globales Maximum vorliegt, wird $A(-1) = (-1+2) \cdot e^1 = e$ mit den Randwerten verglichen: $A(-2) = 0$ und $A(0) = 2$. Da $A(-1) = e > 2$ ist, nimmt der Flächeninhalt für $u = -1$ ein globales Maximum an.

c) Es sind $f(x) = (2x+3) \cdot e^{-x}$ und $g(x) = e^{-x}$.
Der Punkt P liegt auf G_f und hat somit die Koordinaten: $P(u \mid (2u+3) \cdot e^{-u})$.

Der Punkt Q liegt auf G_g und hat somit die Koordinaten: $Q(u \mid e^{-u})$.

Die Länge l der Strecke PQ erhält man als Differenz der y-Werte von P und Q:
$l(u) = (2u+3) \cdot e^{-u} - e^{-u} = (2u+2) \cdot e^{-u}$

Zur Bestimmung des Maximums benötigt man die 1. und 2. Ableitung (Produkt- und Kettenregel):

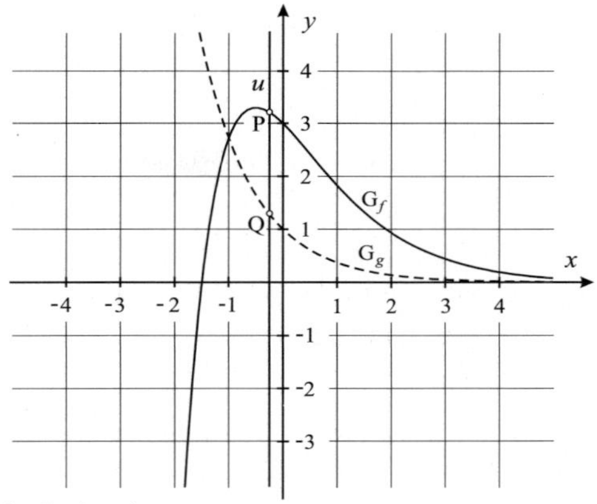

Aufgabe c)

$l'(u) = 2 \cdot e^{-u} + (2u+2) \cdot e^{-u} \cdot (-1) = -2u \cdot e^{-u}$
$l''(x) = -2 \cdot e^{-u} + (-2u \cdot e^{-u}) \cdot (-1) = (2u-2) \cdot e^{-u}$
Die 1. Ableitung wird Null gesetzt: $-2u \cdot e^{-u} = 0 \Rightarrow u_E = 0$. Setzt man $u_E = 0$ in $l''(u)$ ein, so erhält man: $l''(0) = (2 \cdot 0 - 2) \cdot e^{-0} = -2 < 0 \Rightarrow$ globales Maximum.
Für $u = 0$ ist die Länge der Strecke PQ maximal. Setzt man $u = 0$ in $l(u)$ ein, so erhält man: $l(0) = (2 \cdot 0 + 2) \cdot e^{-0} = 2$. Die maximale Länge der Strecke PQ beträgt 2 LE.

4.7 Verständnis von Zusammenhängen

a) Gegeben sind die Funktionen $f(x) = 9 - x^2$ und $g(x) = x^2 - 9$.
Mit Hilfe des Rechenschritts (1) $9 - x^2 = x^2 - 9 \Rightarrow x_1 = -3$ und $x_2 = 3$ werden die Schnittstellen der Graphen der beiden Funktionen bestimmt.
Durch das Integral $\int_{-3}^{3} \left(9 - x^2 - \left(x^2 - 9\right)\right) \mathrm{d}x = 72$ wird der Inhalt der Fläche, die von den Graphen der beiden Funktionen f und g eingeschlossen wird, bestimmt. Er beträgt 72 FE.

b) Die Produktionskosten eines Werkstücks in Abhängigkeit von der produzierten Stückzahl werden durch die Funktion P mit $P(x) = 20 - 10 \cdot e^{-0,2x}$; $x \geqslant 0$ beschrieben.
(x: Stückzahl, $P(x)$: Herstellungskosten des x-ten Werkstücks in Euro).
I) Mit Hilfe des Integrals

$$\int_{0}^{50} \left(20 - 10 \cdot e^{-0,2x}\right) \mathrm{d}x$$

werden die Gesamtkosten der Herstellung der 50 ersten Werkstücke berechnet, da durch das Integral die Kosten der einzelnen Werkstücke summiert werden.
II) Mit Hilfe des Integrals

$$\frac{1}{100} \cdot \int_{0}^{100} \left(20 - 10 \cdot e^{-0,2x}\right) \mathrm{d}x$$

werden die durchschnittlichen Kosten eines Werkstücks bei der Herstellung der 100 ersten Werkstücke berechnet, da die Gesamtkosten der Herstellung der 100 ersten Werkstücke noch durch 100 geteilt werden.

c) In Rechenschritt (1) wird $x = 2$ in $f(x)$ eingesetzt, so dass man den zugehörigen y-Wert erhält; damit werden die Koordinaten eines Punktes P des Graphen von f berechnet: $P(2 \mid 1)$.
In Rechenschritt (2) wird die 1. Ableitung von f bestimmt und der x-Wert des Punktes P eingesetzt; damit erhält man die (Tangenten-)Steigung $m = f'(2) = 3$ im Punkt P.
In Schritt (3) werden m und die Koordinaten von P in die Punkt-Steigungsform einer Geraden eingesetzt; so erhält man die Gleichung der Tangente in P an der Graph von f.

d) Durch das Integral

$$\int_0^{52} f(t)\,\mathrm{d}t$$

wird die Anzahl der Zahnpastatuben berechnet, die insgesamt innerhalb eines Jahres verkauft werden. Teilt man diese Summe durch 52, so erhält man die durchschnittliche Anzahl an Zahnpastatuben, die wöchentlich verkauft werden, was durch das Integral $\frac{1}{52} \cdot \int_0^{52} f(t)\,\mathrm{d}t$ beschrieben wird.

e) Eine ganzrationale Funktion f vierten Grades hat allgemein die Gleichung
$f(x) = ax^4 + bx^3 + cx^2 + dx + e$ mit $f'(x) = 4ax^3 + 3bx^2 + 2cx + d$ und
$f''(x) = 12ax^2 + 6bx + 2c$.
Als notwendige Bedingung für Wendepunkte des Graphen von f müsste man die Gleichung $f''(x) = 0$ lösen, also $12ax^2 + 6bx + 2c = 0$. Dies ist eine quadratische Gleichung, welche maximal zwei Lösungen für x hat. Damit hat der Graph von f auch nur maximal zwei Wendepunkte.
Somit gibt es keine ganzrationale Funktion vierten Grades, deren Graph drei Wendepunkte besitzt.

f) Die Graphen von f und g zeigt folgende Abbildung:

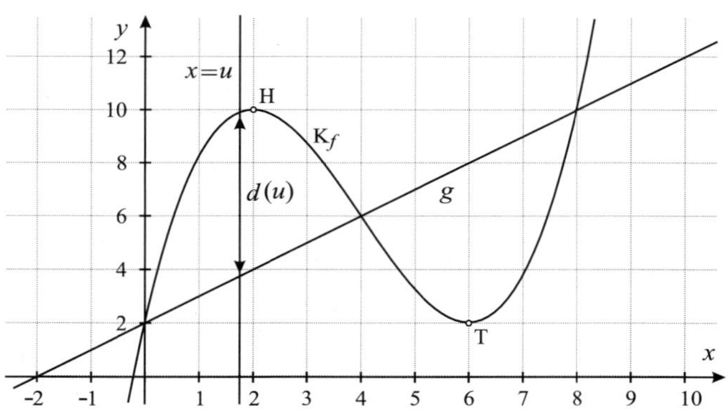

In Rechenschritt (1) schneidet die Gerade $x = u$ für $0 \leqslant u \leqslant 4$ aus den beiden Graphen eine Strecke mit der Länge $d(u)$ aus.
In Rechenschritt (2) wird die 1. Ableitung der Längenfunktion $d(u)$ gleich Null gesetzt, d.h. es werden die Extremstellen u_1 und u_2 von $d(u)$ berechnet.
In Rechenschritt (3) wird eine der Extremstellen in die 2. Ableitung von $d(u)$ eingesetzt.

Da das Ergebnis negativ ist, handelt es sich um ein Maximum.
Somit hat die Strecke zwischen den beiden Graphen im Bereich $0 \leqslant u \leqslant 4$ für $u \approx 1{,}69$ die maximale Länge.

g) Gegeben ist die Funktion f mit $f(x) = x^2$. Ihr Graph sei K_f.
In Rechenschritt (1) werden die Koordinaten eines Punktes P, der auf dem Graph K_f liegt, in Abhängigkeit von x festgelegt. In Rechenschritt (2) wird der Abstand von P zum Ursprung in Abhängigkeit von x bestimmt und mit $\sqrt{20}$ gleichgesetzt, d.h. der Abstand von P zum Ursprung soll $\sqrt{20}$ LE betragen. In Rechenschritt (3) werden die Lösungen der Gleichung angegeben sowie die zugehörigen Punkte, d.h. die Punkte $P_1(-2 \mid 4)$ und $P_2(2 \mid 4)$ haben vom Ursprung den Abstand $\sqrt{20}$ LE.

Geometrie

5 Punkte, Geraden und Ebenen

5.1 Lineare Gleichungssysteme

a) Gegeben ist das Gleichungssystem:

$$\begin{array}{lrcrcrcr} \text{I} & 4x & + & y & - & 2z & = & 9 \\ \text{II} & -2x & + & 3y & + & 3z & = & 4 \\ \text{III} & x & - & 2y & - & z & = & -4 \end{array}$$

Addiert man das 2-fache von Gleichung II zu Gleichung I und subtrahiert man das 4-fache von Gleichung III von Gleichung I, ergibt sich:

$$\begin{array}{lrcrcrcr} \text{I} & 4x & + & y & - & 2z & = & 9 \\ \text{IIa} & & & 7y & + & 4z & = & 17 \\ \text{IIIa} & & & 9y & + & 2z & = & 25 \end{array}$$

Subtrahiert man das 7-fache von Gleichung IIIa vom 9-fachen von Gleichung IIa, erhält man:

$$\begin{array}{lrcrcrcr} \text{I} & 4x & + & y & - & 2z & = & 9 \\ \text{IIa} & & & 7y & + & 4z & = & 17 \\ \text{IIIb} & & & & & 22z & = & -22 \end{array}$$

Alternativ kann man das Gleichungssystem auch als Matrix schreiben und vereinfachen:

$$\begin{pmatrix} 4 & 1 & -2 & 9 \\ -2 & 3 & 3 & 4 \\ 1 & -2 & -1 & -4 \end{pmatrix} \Rightarrow \begin{pmatrix} 4 & 1 & -2 & 9 \\ 0 & 7 & 4 & 17 \\ 0 & 9 & 2 & 25 \end{pmatrix} \Rightarrow \begin{pmatrix} 4 & 1 & -2 & 9 \\ 0 & 7 & 4 & 17 \\ 0 & 0 & 22 & -22 \end{pmatrix}$$

Aus IIIb folgt: $z = -1$. Einsetzen in IIa ergibt: $7y + 4 \cdot (-1) = 17 \Rightarrow y = 3$.
Einsetzen in I ergibt: $4x + 3 - 2 \cdot (-1) = 9 \Rightarrow x = 1$.
Die Lösungsmenge ist damit: $\mathrm{L} = \{(1;3;-1)\}$.

b) Gegeben ist das Gleichungssystem:

$$\begin{array}{lrcrcrcr} \text{I} & x & + & 2y & - & 2z & = & 7 \\ \text{II} & 2x & & & + & z & = & 8 \\ \text{III} & -3x & + & y & + & 2z & = & -1 \end{array}$$

Subtrahiert man Gleichung II vom 2-fachen von Gleichung I und addiert man das 3-fache von Gleichung I zu Gleichung III, ergibt sich:

$$\begin{array}{lrcrcrcr} \text{I} & x & + & 2y & - & 2z & = & 7 \\ \text{IIa} & & & 4y & - & 5z & = & 6 \\ \text{IIIa} & & & 7y & - & 4z & = & 20 \end{array}$$

Subtrahiert man das 4-fache von Gleichung IIIa vom 7-fachen von Gleichung IIa, erhält man:

$$\begin{array}{lrcrcrcr} \text{I} & x & + & 2y & - & 2z & = & 7 \\ \text{IIa} & & & 4y & - & 5z & = & 6 \\ \text{IIIb} & & & & & -19z & = & -38 \end{array}$$

Alternativ kann man das Gleichungssystem auch als Matrix schreiben und vereinfachen:

$$\begin{pmatrix} 1 & 2 & -2 & 7 \\ 2 & 0 & 1 & 8 \\ -3 & 1 & 2 & -1 \end{pmatrix} \Rightarrow \begin{pmatrix} 1 & 2 & -2 & 7 \\ 0 & 4 & -5 & 6 \\ 0 & 7 & -4 & 20 \end{pmatrix} \Rightarrow \begin{pmatrix} 1 & 2 & -2 & 7 \\ 0 & 4 & -5 & 6 \\ 0 & 0 & -19 & -38 \end{pmatrix}$$

Aus IIIb folgt: $z = 2$. Einsetzen in IIa ergibt: $4y - 5 \cdot 2 = 6 \Rightarrow y = 4$.
Einsetzen in I ergibt: $x + 2 \cdot 4 - 2 \cdot 2 = 7 \Rightarrow x = 3$.
Die Lösungsmenge ist damit: $\mathrm{L} = \{(3;4;2)\}$.

c) Gegeben ist das Gleichungssystem:

$$\begin{array}{lrcrcrcr} \text{I} & x & + & y & + & 7z & = & 2 \\ \text{II} & 2x & - & y & - & 3z & = & -5 \\ \text{III} & & - & y & + & 4z & = & -3 \end{array}$$

Multiplikation von I mit (-2) und Addieren zu II führt zu:

$$\begin{array}{lrcrcrcr} \text{I} & x & + & y & + & 7z & = & 2 \\ \text{IIa} & & - & 3y & - & 17z & = & -9 \\ \text{III} & & - & y & + & 4z & = & -3 \end{array}$$

Multiplikation von III mit (-3) und Addieren zu IIa führt zu:

$$\begin{array}{lrcrcrcr} \text{I} & x & + & y & + & 7z & = & 2 \\ \text{IIa} & & - & 3y & - & 17z & = & -9 \\ \text{IIIa} & & & & - & 29z & = & 0 \end{array}$$

Alternativ kann man das Gleichungssystem auch als Matrix schreiben und vereinfachen:

$$\begin{pmatrix} 1 & 1 & 7 & 2 \\ 2 & -1 & -3 & -5 \\ 0 & -1 & 4 & -3 \end{pmatrix} \Rightarrow \begin{pmatrix} 1 & 1 & 7 & 2 \\ 0 & -3 & -17 & -9 \\ 0 & -1 & 4 & -3 \end{pmatrix} \Rightarrow \begin{pmatrix} 1 & 1 & 7 & 2 \\ 0 & -3 & -17 & -9 \\ 0 & 0 & -29 & 0 \end{pmatrix}$$

Aus IIIa folgt: $z = 0$. Einsetzen in IIa ergibt: $-3y - 17 \cdot 0 = -9 \Rightarrow y = 3$.
Einsetzen in I ergibt: $x + 3 + 7 \cdot 0 = 2 \Rightarrow x = -1$.
Die Lösungsmenge ist damit: $\mathrm{L} = \{(-1;3;0)\}$.

d) Gegeben ist das Gleichungssystem:

$$\begin{array}{lrcrcrcr} \text{I} & x & + & 2y & - & z & = & 4 \\ \text{II} & -x & + & 2y & - & 3z & = & 6 \\ \text{III} & 2x & & & + & 2z & = & -2 \end{array}$$

Addiert man Gleichung I zu Gleichung II und subtrahiert man Gleichung III vom 2-fachen von Gleichung I, ergibt sich:

$$\begin{array}{lrcrcrcr} \text{I} & x & + & 2y & - & z & = & 4 \\ \text{IIa} & & & 4y & - & 4z & = & 10 \\ \text{IIIa} & & & 4y & - & 4z & = & 10 \end{array}$$

Subtrahiert man Gleichung IIIa von Gleichung IIa, erhält man:

$$\begin{array}{lrcrcrcr} \text{I} & x & + & 2y & - & z & = & 4 \\ \text{IIa} & & & 4y & - & 4z & = & 10 \\ \text{IIIb} & & & & & 0 & = & 0 \end{array}$$

Alternativ kann man das Gleichungssystem auch als Matrix schreiben und vereinfachen:

$$\begin{pmatrix} 1 & 2 & -1 & 4 \\ -1 & 2 & -3 & 6 \\ 2 & 0 & 2 & -2 \end{pmatrix} \Rightarrow \begin{pmatrix} 1 & 2 & -1 & 4 \\ 0 & 4 & -4 & 10 \\ 0 & 4 & -4 & 10 \end{pmatrix} \Rightarrow \begin{pmatrix} 1 & 2 & -1 & 4 \\ 0 & 4 & -4 & 10 \\ 0 & 0 & 0 & 0 \end{pmatrix}$$

Aufgrund der wahren Aussage in Gleichung IIIb gibt es unendlich viele Lösungen.
Man wählt nun in Gleichung IIa z.B. $z = t$, erhält man: $4y - 4t = 10 \Rightarrow y = 2,5 + t$.
Einsetzen in I ergibt: $x + 2 \cdot (2,5 + t) - t = 4 \Rightarrow x = -1 - t$.
Damit ist die Lösungsmenge: $\mathrm{L} = \{(-1 - t; 2,5 + t; t) \mid t \in \mathbb{R}\}$.

e) Gegeben ist das Gleichungssystem:

$$\begin{array}{lrcrcrcr} \text{I} & 2x & + & y & + & z & = & 4 \\ \text{II} & & & 2y & - & 6z & = & 4 \\ \text{III} & -3x & & & - & 6z & = & -3 \end{array}$$

Addiert man das 3-fache von Gleichung I zum 2-fachen von Gleichung III, ergibt sich:

$$\begin{array}{lrcrcrcr} \text{I} & 2x & + & y & + & z & = & 4 \\ \text{II} & & & 2y & - & 6z & = & 4 \\ \text{IIIa} & & & 3y & - & 9z & = & 6 \end{array}$$

Subtrahiert man das 2-fache von Gleichung IIIa vom 3-fachen von Gleichung II, erhält man:

$$\begin{array}{lrcrcrcr} \text{I} & 2x & + & y & + & z & = & 4 \\ \text{II} & & & 2y & - & 6z & = & 4 \\ \text{IIIb} & & & & & 0 & = & 0 \end{array}$$

Alternativ kann man das Gleichungssystem auch als Matrix schreiben und vereinfachen:

$$\begin{pmatrix} 2 & 1 & 1 & 4 \\ 0 & 2 & -6 & 4 \\ -3 & 0 & -6 & -3 \end{pmatrix} \Rightarrow \begin{pmatrix} 2 & 1 & 1 & 4 \\ 0 & 2 & -6 & 4 \\ 0 & 3 & -9 & 6 \end{pmatrix} \Rightarrow \begin{pmatrix} 2 & 1 & 1 & 4 \\ 0 & 2 & -6 & 4 \\ 0 & 0 & 0 & 0 \end{pmatrix}$$

Aufgrund der wahren Aussage in Gleichung IIIb gibt es unendlich viele Lösungen.

Man wählt nun in Gleichung II z.B. $z = t$, erhält man: $2y - 6t = 4 \Rightarrow y = 2 + 3t$.
Einsetzen in I ergibt: $2x + 2 + 3t + t = 4 \Rightarrow x = 1 - 2t$.
Damit ist die Lösungsmenge: $L = \{(1 - 2t\,; 2 + 3t\,; t) \mid t \in \mathbb{R}\}$.

f) Gegeben ist das Gleichungssystem:

$$\begin{array}{lrcrcrcr} \text{I} & x & + & 2y & + & z & = & 4 \\ \text{II} & -x & - & 4y & + & z & = & 7 \\ \text{III} & 2x & + & 8y & - & 2z & = & 18 \end{array}$$

Addieren von Gleichung I zu II, sowie Multiplikation von I mit (-2) und Addieren zu III führt zu:

$$\begin{array}{lrcrcrcr} \text{I} & x & + & 2y & + & z & = & 4 \\ \text{IIa} & & - & 2y & + & 2z & = & 11 \\ \text{IIIa} & & & 4y & - & 4z & = & 10 \end{array}$$

Multiplikation von IIa mit 2 und Addieren zu IIIa führt zu:

$$\begin{array}{lrcrcrcr} \text{I} & x & + & 2y & + & z & = & 4 \\ \text{IIb} & & - & 2y & + & 2z & = & 11 \\ \text{IIIb} & & & & & 0 & = & 32 \end{array}$$

Alternativ kann man das Gleichungssystem auch als Matrix schreiben und vereinfachen:

$$\begin{pmatrix} 1 & 2 & 1 & 4 \\ -1 & -4 & 1 & 7 \\ 2 & 8 & -2 & 18 \end{pmatrix} \Rightarrow \begin{pmatrix} 1 & 2 & 1 & 4 \\ 0 & -2 & 2 & 11 \\ 0 & 4 & -4 & 10 \end{pmatrix} \Rightarrow \begin{pmatrix} 1 & 2 & 1 & 4 \\ 0 & -2 & 2 & 11 \\ 0 & 0 & 0 & 32 \end{pmatrix}$$

Gleichung IIIb ist ein Widerspruch. Damit ist das Gleichungssystem nicht lösbar und die Lösungsmenge ist leer: $L = \{\,\}$.

5.2 Rechnen mit Vektoren

5.2.1 Rechenregeln und Betrag

Gegeben sind die Vektoren $\vec{a} = \begin{pmatrix} -1 \\ 2 \\ 4 \end{pmatrix}$ und $\vec{b} = \begin{pmatrix} 3 \\ 1 \\ 2 \end{pmatrix}$.

a) $\vec{a}+\vec{b} = \begin{pmatrix} 2 \\ 3 \\ 6 \end{pmatrix}$ b) $\vec{a}-\vec{b} = \begin{pmatrix} -4 \\ 1 \\ 2 \end{pmatrix}$ c) $2\cdot\vec{a} = \begin{pmatrix} -2 \\ 4 \\ 8 \end{pmatrix}$

d) $-\vec{a} = \begin{pmatrix} 1 \\ -2 \\ -4 \end{pmatrix}$ e) $2\vec{a}+3\vec{b} = \begin{pmatrix} 7 \\ 7 \\ 14 \end{pmatrix}$

f) $\vec{a}\cdot\vec{b} = (-1)\cdot 3 + 2\cdot 1 + 4\cdot 2 = 7$

g) $|\vec{a}| = \sqrt{(-1)^2+2^2+4^2} = \sqrt{1+4+16} = \sqrt{21}$

h) $|\vec{b}| = \sqrt{3^2+1^2+2^2} = \sqrt{14}$

i) $|\vec{a}+\vec{b}| = \left|\begin{pmatrix} 2 \\ 3 \\ 6 \end{pmatrix}\right| = \sqrt{2^2+3^2+6^2} = \sqrt{49} = 7$

5.2.2 Orts- und Verbindungsvektoren

a) Gegeben sind die Punkte A$(2\mid 3\mid 2)$, B$(7\mid 4\mid 3)$ und C$(1\mid 5\mid -2)$.

Die Ortsvektoren sind: $\vec{a} = \begin{pmatrix} 2 \\ 3 \\ 2 \end{pmatrix}$, $\vec{b} = \begin{pmatrix} 7 \\ 4 \\ 3 \end{pmatrix}$, $\vec{c} = \begin{pmatrix} 1 \\ 5 \\ -2 \end{pmatrix}$.

Die Verbindungsvektoren sind:

$$\overrightarrow{AB} = \vec{b}-\vec{a} = \begin{pmatrix} 7 \\ 4 \\ 3 \end{pmatrix} - \begin{pmatrix} 2 \\ 3 \\ 2 \end{pmatrix} = \begin{pmatrix} 5 \\ 1 \\ 1 \end{pmatrix}$$

$$\overrightarrow{AC} = \vec{c}-\vec{a} = \begin{pmatrix} 1 \\ 5 \\ -2 \end{pmatrix} - \begin{pmatrix} 2 \\ 3 \\ 2 \end{pmatrix} = \begin{pmatrix} -1 \\ 2 \\ -4 \end{pmatrix}$$

$$\overrightarrow{BC} = \vec{c}-\vec{b} = \begin{pmatrix} 1 \\ 5 \\ -2 \end{pmatrix} - \begin{pmatrix} 7 \\ 4 \\ 3 \end{pmatrix} = \begin{pmatrix} -6 \\ 1 \\ -5 \end{pmatrix}$$

Die Längen der Dreiecksseiten erhält man mit Hilfe der Beträge der Verbindungsvektoren:

$$\overline{AB} = \left|\overrightarrow{AB}\right| = \left|\begin{pmatrix} 5 \\ 1 \\ 1 \end{pmatrix}\right| = \sqrt{5^2+1^2+1^2} = \sqrt{27}$$

$$\overline{AC} = \left|\overrightarrow{AC}\right| = \left|\begin{pmatrix} -1 \\ 2 \\ -4 \end{pmatrix}\right| = \sqrt{(-1)^2+2^2+(-4)^2} = \sqrt{21}$$

$$\overline{BC} = \left|\overrightarrow{BC}\right| = \left|\begin{pmatrix} -6 \\ 1 \\ -5 \end{pmatrix}\right| = \sqrt{(-6)^2+1^2+(-5)^2} = \sqrt{62}$$

Da alle drei Seiten des Dreiecks unterschiedlich lang sind, ist das Dreieck ABC nicht gleichschenklig.

b) I) $\overrightarrow{AB} = \begin{pmatrix} -4 \\ -2 \\ -1 \end{pmatrix}, \overrightarrow{AC} = \begin{pmatrix} -1 \\ -4 \\ -2 \end{pmatrix}, \overrightarrow{BC} = \begin{pmatrix} 3 \\ -2 \\ -1 \end{pmatrix}.$

Die Länge der Dreiecksseiten erhält man mit Hilfe der Beträge der Verbindungsvektoren:

$$\overline{AB} = \left|\overrightarrow{AB}\right| = \left|\begin{pmatrix} -4 \\ -2 \\ -1 \end{pmatrix}\right| = \sqrt{(-4)^2+(-2)^2+(-1)^2} = \sqrt{21}$$

$$\overline{AC} = \left|\overrightarrow{AC}\right| = \left|\begin{pmatrix} -1 \\ -4 \\ -2 \end{pmatrix}\right| = \sqrt{(-1)^2+(-4)^2+(-2)^2} = \sqrt{21}$$

Wegen $\overline{AB} = \overline{AC} = \sqrt{21}$ ist das Dreieck ABC gleichschenklig.

II) $\overrightarrow{AB} = \begin{pmatrix} 5 \\ 3 \\ -2 \end{pmatrix}, \overrightarrow{AC} = \begin{pmatrix} 4 \\ 4 \\ -2 \end{pmatrix}, \overrightarrow{BC} = \begin{pmatrix} -1 \\ 1 \\ 0 \end{pmatrix}$, es ist $\overline{AB} = \sqrt{38}$, $\overline{AC} = 6$

und $\overline{BC} = \sqrt{2}$, damit ist das Dreieck ABC nicht gleichschenklig.

c) I)

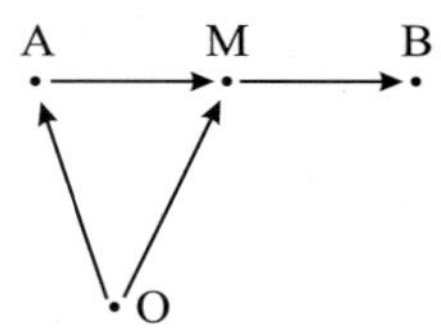

$$\overrightarrow{OM} = \overrightarrow{OA} + \tfrac{1}{2}\overrightarrow{AB} = \begin{pmatrix} 4 \\ 1 \\ 3 \end{pmatrix} + \tfrac{1}{2} \cdot \begin{pmatrix} -6 \\ 4 \\ -8 \end{pmatrix} = \begin{pmatrix} 1 \\ 3 \\ -1 \end{pmatrix}$$

$\Rightarrow M(1 \mid 3 \mid -1)$

II)

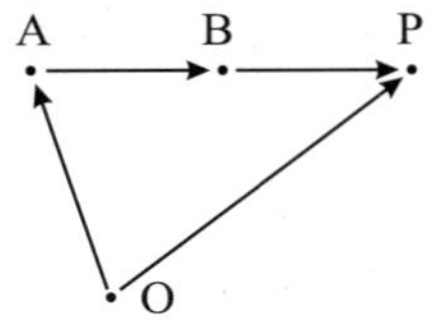

$$\overrightarrow{OP} = \overrightarrow{OA} + 2 \cdot \overrightarrow{AB} = \begin{pmatrix} 3 \\ -1 \\ -4 \end{pmatrix} + 2 \cdot \begin{pmatrix} 1 \\ 3 \\ 9 \end{pmatrix} = \begin{pmatrix} 5 \\ 5 \\ 14 \end{pmatrix}$$

$\Rightarrow P(5 \mid 5 \mid 14)$

d) I)

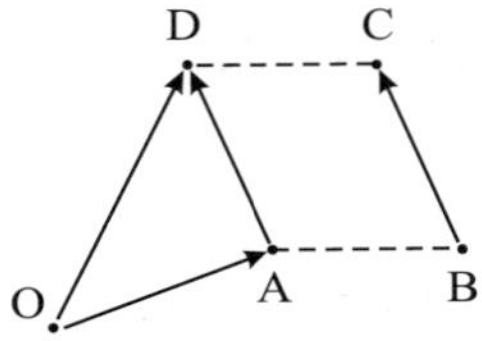

$$\overrightarrow{OD} = \overrightarrow{OA} + \overrightarrow{BC} = \begin{pmatrix} 4 \\ 2 \\ 3 \end{pmatrix} + \begin{pmatrix} -3 \\ -7 \\ -8 \end{pmatrix} = \begin{pmatrix} 1 \\ -5 \\ -5 \end{pmatrix}$$

$\Rightarrow D(1 \mid -5 \mid -5)$

II)

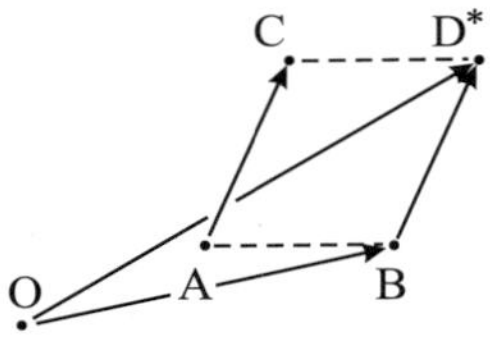

$$\overrightarrow{OD^*} = \overrightarrow{OB} + \overrightarrow{AC} = \begin{pmatrix} 1 \\ 8 \\ 5 \end{pmatrix} + \begin{pmatrix} -6 \\ -1 \\ -6 \end{pmatrix} = \begin{pmatrix} -5 \\ 7 \\ -1 \end{pmatrix}$$

$\Rightarrow D^* (-5 \mid 7 \mid -1)$

III)

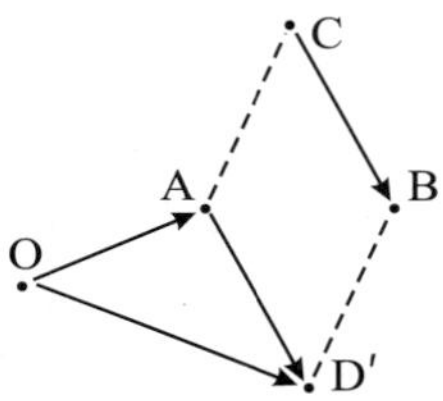

$$\overrightarrow{OD'} = \overrightarrow{OA} + \overrightarrow{CB} = \begin{pmatrix} 4 \\ 2 \\ 3 \end{pmatrix} + \begin{pmatrix} 3 \\ 7 \\ 8 \end{pmatrix} = \begin{pmatrix} 7 \\ 9 \\ 11 \end{pmatrix}$$

$\Rightarrow D' (7 \mid 9 \mid 11)$

e) I) Es ergeben sich folgende mögliche Vektorketten:

$$\overrightarrow{OD} = \overrightarrow{OA} + \overrightarrow{BC} = \begin{pmatrix} 3 \\ 1 \\ 4 \end{pmatrix} + \begin{pmatrix} 7 \\ -3 \\ 6 \end{pmatrix} = \begin{pmatrix} 10 \\ -2 \\ 10 \end{pmatrix} \Rightarrow D(10 \mid -2 \mid 10)$$

$$\overrightarrow{OE} = \overrightarrow{OA} + \overrightarrow{BF} = \begin{pmatrix} 3 \\ 1 \\ 4 \end{pmatrix} + \begin{pmatrix} 11 \\ 1 \\ 9 \end{pmatrix} = \begin{pmatrix} 14 \\ 2 \\ 13 \end{pmatrix} \Rightarrow E(14 \mid 2 \mid 13)$$

$$\overrightarrow{OG} = \overrightarrow{OC} + \overrightarrow{BF} = \begin{pmatrix} 5 \\ -2 \\ 3 \end{pmatrix} + \begin{pmatrix} 11 \\ 1 \\ 9 \end{pmatrix} = \begin{pmatrix} 16 \\ -1 \\ 12 \end{pmatrix} \Rightarrow G(16 \mid -1 \mid 12)$$

$$\overrightarrow{OH} = \overrightarrow{OD} + \overrightarrow{BF} = \begin{pmatrix} 10 \\ -2 \\ 10 \end{pmatrix} + \begin{pmatrix} 11 \\ 1 \\ 9 \end{pmatrix} = \begin{pmatrix} 21 \\ -1 \\ 19 \end{pmatrix} \Rightarrow H(21 \mid -1 \mid 19)$$

II) Die Länge der Raumdiagonalen AG ist die Länge des Verbindungsvektors $\overrightarrow{AG}$:

$$AG = |\overrightarrow{AG}| = \left| \begin{pmatrix} 13 \\ -2 \\ 8 \end{pmatrix} \right| = \sqrt{169 + 4 + 64} = \sqrt{237}\,\text{LE}.$$

f) Bei einem schiefen Dreiecksprisma sind folgende 3 Kanten parallel: AD, BE und CF $\Rightarrow$

$\overrightarrow{AD} = \overrightarrow{BE} = \overrightarrow{CF}$. Daher gilt: $\overrightarrow{OE} = \overrightarrow{OB} + \overrightarrow{AD} = \begin{pmatrix} 5 \\ -2 \\ -1 \end{pmatrix} + \begin{pmatrix} 3 \\ 3 \\ 5 \end{pmatrix} = \begin{pmatrix} 8 \\ 1 \\ 4 \end{pmatrix}$

$\Rightarrow E(8 \mid 1 \mid 4)$

$$\overrightarrow{OF} = \overrightarrow{OC} + \overrightarrow{AD} = \begin{pmatrix} -1 \\ 3 \\ -2 \end{pmatrix} + \begin{pmatrix} 3 \\ 3 \\ 5 \end{pmatrix} = \begin{pmatrix} 2 \\ 6 \\ 3 \end{pmatrix} \Rightarrow F(2 \mid 6 \mid 3)$$

Die Länge der Kante EF ist $|\overrightarrow{EF}| = \left| \begin{pmatrix} -6 \\ 5 \\ -1 \end{pmatrix} \right| = \sqrt{36+25+1} = \sqrt{62}$ LE.

5.2.3 Orthogonalität von Vektoren

a) I) $\vec{a} \cdot \vec{b} = \begin{pmatrix} -1 \\ 0 \\ 1 \end{pmatrix} \cdot \begin{pmatrix} 2 \\ 2 \\ 0 \end{pmatrix} = (-1) \cdot 2 + 0 \cdot 2 + 1 \cdot 0 = -2 \Rightarrow \vec{a}$ steht nicht orthogonal auf $\vec{b}$.

II) $\vec{r} \cdot \vec{n} = \begin{pmatrix} 5 \\ -1 \\ 3 \end{pmatrix} \cdot \begin{pmatrix} 2 \\ 1 \\ -3 \end{pmatrix} = 5 \cdot 2 + (-1) \cdot 1 + 3 \cdot (-3) = 0 \Rightarrow \vec{r}$ steht orthogonal auf $\vec{n}$.

III) $\vec{z} \cdot \vec{w} = \begin{pmatrix} 2 \\ -2 \\ 4 \end{pmatrix} \cdot \begin{pmatrix} 1 \\ 3 \\ 1 \end{pmatrix} = 2 \cdot 1 + (-2) \cdot 3 + 4 \cdot 1 = 0 \Rightarrow \vec{z}$ steht orthogonal auf $\vec{w}$.

b) Es sind Vektoren zu bestimmen, deren Skalarprodukt mit $\vec{n}$ Null ergibt. Dazu kann man zwei Komponenten des Vektors frei wählen, die dritte ergibt sich dann, z.B.:

$$\vec{a} = \begin{pmatrix} 4 \\ -2 \\ 0 \end{pmatrix}, \text{ denn } \vec{a} \cdot \vec{n} = \begin{pmatrix} 4 \\ -2 \\ 0 \end{pmatrix} \cdot \begin{pmatrix} 1 \\ 2 \\ -3 \end{pmatrix} = 4 \cdot 1 + (-2) \cdot 2 + 0 \cdot (-3) = 4 - 4 = 0$$

$$\vec{b} = \begin{pmatrix} 0 \\ 3 \\ 2 \end{pmatrix}, \text{ denn } \vec{b} \cdot \vec{n} = \begin{pmatrix} 0 \\ 3 \\ 2 \end{pmatrix} \cdot \begin{pmatrix} 1 \\ 2 \\ -3 \end{pmatrix} = 0 \cdot 1 + 3 \cdot 2 + 2 \cdot (-3) = 6 - 6 = 0$$

$$\vec{c} = \begin{pmatrix} 5 \\ -1 \\ 1 \end{pmatrix}, \text{ denn } \vec{c} \cdot \vec{n} = \begin{pmatrix} 5 \\ -1 \\ 1 \end{pmatrix} \cdot \begin{pmatrix} 1 \\ 2 \\ -3 \end{pmatrix} = 5 \cdot 1 + (-1) \cdot 2 + 1 \cdot (-3) = 5 - 2 - 3 = 0$$

c) $\overrightarrow{AB} = \begin{pmatrix} -4 \\ 4 \\ 2 \end{pmatrix}, \overrightarrow{AC} = \begin{pmatrix} -6 \\ 0 \\ 6 \end{pmatrix}, \overrightarrow{BC} = \begin{pmatrix} -2 \\ -4 \\ 4 \end{pmatrix}$

$$\overrightarrow{AB} \cdot \overrightarrow{AC} = \begin{pmatrix} -4 \\ 4 \\ 2 \end{pmatrix} \cdot \begin{pmatrix} -6 \\ 0 \\ 6 \end{pmatrix} = 24 + 0 + 12 = 36$$

$$\overrightarrow{AB} \cdot \overrightarrow{BC} = \begin{pmatrix} -4 \\ 4 \\ 2 \end{pmatrix} \cdot \begin{pmatrix} -2 \\ -4 \\ 4 \end{pmatrix} = 8 - 16 + 8 = 0$$

$$\overrightarrow{AC} \cdot \overrightarrow{BC} = \begin{pmatrix} -6 \\ 0 \\ 6 \end{pmatrix} \cdot \begin{pmatrix} -2 \\ -4 \\ 4 \end{pmatrix} = 12 + 0 + 24 = 36$$

Da das Skalarprodukt von $\overrightarrow{AB}$ und $\overrightarrow{BC}$ gleich Null ist, stehen diese beiden Vektoren senkrecht aufeinander, d.h. das Dreieck ABC hat bei B einen rechten Winkel.

5.3 Geraden

5.3.1 Aufstellen von Geradengleichungen

Der Ortsvektor des einen Punktes wird als Stützvektor für die Gerade benutzt. Einen Richtungsvektor erhält man, indem man einen Verbindungsvektor zwischen den beiden Punkten aufstellt. Da es beliebig ist, welcher Punkt als «Stützpunkt» genommen wird bzw. in welche Richtung man den Richtungsvektor aufstellt, gibt es mehrere Lösungen. Für Aufgabe a) sind alle vier Lösungen dargestellt, für die Aufgaben b) und c) ist eine mögliche Lösung aufgeführt.

a) I) $g:\ \vec{x}=\begin{pmatrix}1\\0\\2\end{pmatrix}+r\cdot\begin{pmatrix}2\\1\\1\end{pmatrix}$ II) $g:\ \vec{x}=\begin{pmatrix}3\\1\\3\end{pmatrix}+r\cdot\begin{pmatrix}2\\1\\1\end{pmatrix}$

III) $g:\ \vec{x}=\begin{pmatrix}1\\0\\2\end{pmatrix}+r\cdot\begin{pmatrix}-2\\-1\\-1\end{pmatrix}$ IV) $g:\ \vec{x}=\begin{pmatrix}3\\1\\3\end{pmatrix}+r\cdot\begin{pmatrix}-2\\-1\\-1\end{pmatrix}$

b) $g:\ \vec{x}=\begin{pmatrix}2\\1\\-4\end{pmatrix}+s\cdot\begin{pmatrix}2\\-1\\5\end{pmatrix}$ c) $g:\ \vec{x}=\begin{pmatrix}1\\1\\0\end{pmatrix}+t\cdot\begin{pmatrix}1\\1\\-1\end{pmatrix}$

5.3.2 Punktprobe

Die Ortsvektoren der Punkte werden in die Geradengleichung eingesetzt. Dann ermittelt man den Parameter mit Hilfe der Gleichungen des dazugehörigen Gleichungssystems. Es muss sich für alle drei Gleichungen der gleiche Parameter ergeben.

a) Einsetzen ergibt

$$\begin{array}{lrcrcr} \text{I} & 2 & = & 1 & + & r \\ \text{II} & 7 & = & 3 & + & 4r \\ \text{III} & 0 & = & -2 & + & 2r \end{array}$$

Lösen der Gleichungen I, II und III führt zu $r = 1$. Also liegt der Punkt A auf der Geraden.

b) Einsetzen ergibt

$$\begin{array}{lrcrcr} \text{I} & 3 & = & 1 & + & r \\ \text{II} & 11 & = & 3 & + & 4r \\ \text{III} & 3 & = & -2 & + & 2r \end{array}$$

Lösen der Gleichungen I und II führt zu $r = 2$. Lösen von Gleichung III ergibt $r = 2{,}5$. Dies ist ein Widerspruch. Der Punkt liegt also nicht auf der Geraden.

c) Lösen der Gleichungen I, II und III wie in den vorangegangenen Aufgaben führt zu $r = -3$. Also liegt der Punkt C auf der Geraden.

5.3.3 Gegenseitige Lage von Geraden

Für einige Aufgaben ist die Lösung ausführlich dargestellt, ansonsten sind Zwischenergebnisse und das Endergebnis angegeben.

a) Die Richtungsvektoren der Geraden sind kein Vielfaches voneinander, da es kein k gibt, so dass gilt: $k \cdot \begin{pmatrix} 1 \\ 1 \\ 2 \end{pmatrix} = \begin{pmatrix} -3 \\ 4 \\ 2 \end{pmatrix}$, also können sich die Geraden schneiden oder windschief sein.
Gleichsetzen der Geraden führt zu:

$$\begin{array}{lccccccc} \text{I} & 4 & + & t & = & 5 & - & 3r \\ \text{II} & 2 & + & t & = & -4 & + & 4r \\ \text{III} & 5 & + & 2t & = & -1 & + & 2r \end{array}$$

Gleichung I − Gleichung II ergibt $r = 1$. Eingesetzt in Gleichung I ergibt: $t = -2$. Prüfen in Gleichung III ergibt eine wahre Aussage: $1 = 1$. Setzt man $t = -2$ in g_1 oder $r = 1$ in g_2 ein, ergibt sich der Schnittpunkt S mit $S\,(2 \mid 0 \mid 1)$.

b) Die Richtungsvektoren der Geraden sind kein Vielfaches voneinander, da es kein k gibt, so dass gilt: $k \cdot \begin{pmatrix} -2 \\ 1 \\ 3 \end{pmatrix} = \begin{pmatrix} 3 \\ 4 \\ 5 \end{pmatrix}$, also können sich die Geraden schneiden oder windschief sein.
Gleichsetzen der Geraden führt zu:

$$\begin{array}{lccccccc} \text{I} & -4 & - & 2r & = & 3 & + & 3t \\ \text{II} & & & r & = & 2 & + & 4t \\ \text{III} & 4 & + & 3r & = & 3 & + & 5t \end{array}$$

Gleichung I + 2·Gleichung II ergibt $t = -1$. Eingesetzt in Gleichung II ergibt sich $r = -2$. Prüfen in Gleichung III ergibt eine wahre Aussage: $-2 = -2$. Setzt man $t = -1$ in g_2 oder $r = -2$ in g_1 ein, ergibt sich der Schnittpunkt S mit $S\,(0 \mid -2 \mid -2)$.

c) Die Richtungsvektoren der Geraden sind kein Vielfaches voneinander, da es kein k gibt, so dass gilt: $k \cdot \begin{pmatrix} 2 \\ 1 \\ -3 \end{pmatrix} = \begin{pmatrix} 4 \\ -5 \\ -1 \end{pmatrix}$.
Gleichsetzen der Geraden führt zu

$$\begin{array}{lccccccc} \text{I} & 1 & + & 2s & = & 5 & + & 4t \\ \text{II} & -3 & + & s & = & 1 & - & 5t \\ \text{III} & 5 & - & 3s & = & -3 & - & t \end{array}$$

Gleichung I $-$ 2$\cdot$ Gleichung II ergibt $t=\frac{2}{7}$. Eingesetzt in Gleichung II ergibt sich $s=\frac{18}{7}$. Prüfen in Gleichung III ergibt: $-\frac{19}{7}=-\frac{23}{7}$. Dies ist ein Widerspruch, also sind die Geraden windschief.

d) Die Richtungsvektoren der Geraden sind kein Vielfaches voneinander, da es kein k gibt, so dass gilt: $k\cdot\begin{pmatrix}2\\0\\1\end{pmatrix}=\begin{pmatrix}0\\1\\-1\end{pmatrix}$. Gleichsetzen der Geradengleichungen und Berechnen von t und r mit Gleichung I und II ergibt $t=\frac{1}{2}$ und $r=-1$. Prüfen in Gleichung III führt auf einen Widerspruch, also sind die Geraden windschief.

e) Prüfung der Richtungsvektoren:
$k\cdot\begin{pmatrix}2\\-1\\3\end{pmatrix}=\begin{pmatrix}-2\\1\\-3\end{pmatrix}\Rightarrow k=-1$, d.h. die Richtungsvektoren sind ein Vielfaches voneinander (linear abhängig), also können die Geraden parallel oder identisch sein.
Man prüft nun, ob $P(4\mid 0\mid 1)$ der Geraden g auch auf der Geraden h liegt:

$$\begin{pmatrix}4\\0\\1\end{pmatrix}=\begin{pmatrix}6\\-1\\4\end{pmatrix}+t\cdot\begin{pmatrix}-2\\1\\-3\end{pmatrix}$$

$$\begin{aligned}4&=6-2t &&\Rightarrow\quad t=1\\ 0&=-1+t &&\Rightarrow\quad t=1\\ 1&=4-3t &&\Rightarrow\quad t=1\end{aligned}$$

positive Punktprobe, also sind die Geraden identisch.

f) Prüfung der Richtungsvektoren:
$k\cdot\begin{pmatrix}1\\-1\\2\end{pmatrix}=\begin{pmatrix}-3\\3\\-6\end{pmatrix}\Rightarrow k=-3$, d.h. die Richtungsvektoren sind ein Vielfaches voneinander (linear abhängig), also können die Geraden parallel oder identisch sein.
Man prüft nun, ob $P(1\mid 2\mid 3)$ der Geraden h auch auf der Geraden g liegt:

$$\begin{pmatrix}1\\2\\3\end{pmatrix}=\begin{pmatrix}-1\\4\\-1\end{pmatrix}+s\cdot\begin{pmatrix}-3\\3\\-6\end{pmatrix}$$

$$1 = -1 - 3s \quad \Rightarrow \quad s = -\frac{2}{3}$$
$$2 = 4 + 3s \quad \Rightarrow \quad s = -\frac{2}{3}$$
$$3 = -1 - 6s \quad \Rightarrow \quad s = -\frac{2}{3}$$

positive Punktprobe, also sind die Geraden identisch.

g) Prüfung der Richtungsvektoren:
$k \cdot \begin{pmatrix} -2 \\ -1 \\ 3 \end{pmatrix} = \begin{pmatrix} 4 \\ 2 \\ -6 \end{pmatrix} \Rightarrow k = -2$, d.h. die Richtungsvektoren sind ein Vielfaches voneinander (linear abhängig), also können die Geraden parallel oder identisch sein.
Man prüft nun, ob $P(1 \mid 4 \mid -2)$ der Geraden g auch auf der Geraden h liegt:

$$\begin{pmatrix} 1 \\ 4 \\ -2 \end{pmatrix} = \begin{pmatrix} -1 \\ 3 \\ -1 \end{pmatrix} + r \cdot \begin{pmatrix} 4 \\ 2 \\ -6 \end{pmatrix}$$

$$1 = -1 + 4r \quad \Rightarrow \quad r = \frac{1}{2}$$
$$4 = 3 + 2r \quad \Rightarrow \quad r = \frac{1}{2}$$
$$-2 = -1 - 6r \quad \Rightarrow \quad r = \frac{1}{2}$$

dies ist ein Widerspruch, d.h. negative Punktprobe, also sind die Geraden parallel.

h) Prüfung der Richtungsvektoren:
$k \cdot \begin{pmatrix} 4 \\ 6 \\ -8 \end{pmatrix} = \begin{pmatrix} 2 \\ 3 \\ -4 \end{pmatrix} \Rightarrow k = \frac{1}{2}$, d.h. die Richtungsvektoren sind ein Vielfaches voneinander (linear abhängig), also können die Geraden parallel oder identisch sein.
Man prüft nun, ob $P(0 \mid 1 \mid 4)$ der Geraden g auch auf der Geraden h liegt:

$$\begin{pmatrix} 0 \\ 1 \\ 4 \end{pmatrix} = \begin{pmatrix} 4 \\ 8 \\ -4 \end{pmatrix} + t \cdot \begin{pmatrix} 2 \\ 3 \\ -4 \end{pmatrix}$$

$$0 = 4 + 2t \quad \Rightarrow \quad t = -2$$
$$1 = 8 + 3t \quad \Rightarrow \quad t = -\frac{7}{3}$$
$$4 = -4 - 4t \quad \Rightarrow \quad t = -2$$

Widerspruch, d.h. negative Punktprobe, also sind die Geraden parallel.

5.3.4 Allgemeines Verständnis von Geraden

a) I) Die Richtungsvektoren $\vec{r}$ und $\vec{v}$ müssen linear abhängig (ein Vielfaches voneinander) sein. Für die Stützvektoren muss gelten: $\vec{a} \neq \vec{b}$. Außerdem darf der zu $\vec{b}$ gehörende Punkt B nicht auf g liegen, das heißt: $\vec{b} \neq \vec{a} + s \cdot \vec{r}$. (Bzw. der zu $\vec{a}$ gehörende Punkt A darf nicht auf h liegen.)

II) Die Stützvektoren müssen nicht unbedingt gleich sein, aber jeder «Stützpunkt» muss ein Punkt der anderen Gerade sein (Nachweis durch Punktprobe). Die Richtungsvektoren $\vec{r}$ und $\vec{v}$ müssen linear abhängig sein.

III) Die Stützvektoren müssen nicht unbedingt gleich sein, aber die Geraden müssen sich schneiden. Die Richtungsvektoren müssen orthogonal sein: $\vec{r} \cdot \vec{v} = 0$.

b) Für die Winkelbestimmung braucht man die beiden Richtungsvektoren $\vec{r}$ und $\vec{v}$.
Für den spitzen Winkel δ gilt dann:

$$\cos\delta = \frac{|\vec{r} \cdot \vec{v}|}{|\vec{r}| \cdot |\vec{v}|}$$

c) Zur Bestimmung der gegenseitigen Lage prüft man zuerst die Richtungsvektoren auf lineare Abhängigkeit bzw. Unabhängigkeit:

1. Sind die Richtungsvektoren ein Vielfaches voneinander (linear abhängig), können die Geraden parallel oder identisch sein.
   Sie sind identisch, wenn ein Punkt der einen Geraden auf der anderen Geraden liegt (positive Punktprobe), sonst sind sie parallel (negative Punktprobe).
2. Sind die Richtungsvektoren kein Vielfaches voneinander (linear unabhängig), können die Geraden sich schneiden oder windschief sein.
   Durch Gleichsetzen erhält man den Schnittpunkt oder einen Widerspruch, welcher angibt, dass die Geraden windschief sind.

5.4 Ebenen

5.4.1 Parameterform der Ebenengleichung

a) Einer der angegebenen Punkte, z.B. A, wird als «Stützpunkt» genommen; die Verbindungsvektoren $\overrightarrow{AB}$ und $\overrightarrow{AC}$ sind dann die Spannvektoren der Ebene. Konkret ergibt sich damit:

$$E\colon \vec{x} = \begin{pmatrix} 1 \\ 4 \\ 3 \end{pmatrix} + r \cdot \begin{pmatrix} 1 \\ 3 \\ -6 \end{pmatrix} + s \cdot \begin{pmatrix} 2 \\ 1 \\ -2 \end{pmatrix}$$

b) Auch hier wird einer der angegebenen Punkte als Stützpunkt genommen, die Verbindungsvektoren $\overrightarrow{PQ}$ und $\overrightarrow{PR}$ ermittelt und als Spannvektoren genommen. Damit gilt:

$$E\colon \vec{x} = \begin{pmatrix} 3 \\ 1 \\ 2 \end{pmatrix} + r \cdot \begin{pmatrix} 1 \\ 6 \\ 1 \end{pmatrix} + s \cdot \begin{pmatrix} 1 \\ -1 \\ -3 \end{pmatrix}$$

c) Der «Stützpunkt» und der erste Spannvektor können direkt von der Geraden g übernommen werden. Den zweiten Spannvektor erhält man, indem man den Verbindungsvektor zwischen dem Stützpunkt und dem angegebenen Punkt aufstellt. Damit gilt:

$$E\colon \vec{x} = \begin{pmatrix} -1 \\ 2 \\ 4 \end{pmatrix} + r \cdot \begin{pmatrix} 3 \\ 6 \\ -1 \end{pmatrix} + s \cdot \begin{pmatrix} 2 \\ 1 \\ 2 \end{pmatrix}$$

d) Auch hier können der «Stützpunkt» und der erste Spannvektor direkt von der Geraden g übernommen werden. Den zweiten Spannvektor erhält man, indem man den Verbindungsvektor zwischen dem angegebenen Punkt und dem Stützpunkt aufstellt. Damit gilt:

$$E\colon \vec{x} = \begin{pmatrix} 7 \\ 3 \\ 2 \end{pmatrix} + r \cdot \begin{pmatrix} 1 \\ 2 \\ 1 \end{pmatrix} + s \cdot \begin{pmatrix} 7 \\ 2 \\ 0 \end{pmatrix}$$

5.4.2 Koordinatengleichung einer Ebene

Die Koordinatengleichung einer Ebene erhält man, indem man die Koordinaten eines gegebenen Punktes in den Ansatz $n_x x + n_y y + n_z z = d$ einsetzt und d bestimmt.

a) Zuerst legt man fest, welcher Ortsvektor als Stützvektor benutzt wird, dann bildet man zwei Spannvektoren und errechnet mit diesen den Normalenvektor $\vec{n}$.

Als Stützvektor wird $\vec{a}$ gewählt, damit ergibt sich für die Spannvektoren $\overrightarrow{AB} = \begin{pmatrix} 2 \\ -1 \\ 1 \end{pmatrix}$ und $\overrightarrow{AC} = \begin{pmatrix} 6 \\ 2 \\ 3 \end{pmatrix}$. Das Vektorprodukt (siehe Seite 42) der Spannvektoren ergibt $\begin{pmatrix} -5 \\ 0 \\ 10 \end{pmatrix}$.

Ausklammern von 5 führt zu $\vec{n} = \begin{pmatrix} -1 \\ 0 \\ 2 \end{pmatrix}$.

Setzt man man die Koordinaten des Punktes $A(2 \mid 2 \mid 2)$ in den Ansatz $-x+2z=d$ ein, ergibt sich:

$$-2+2\cdot 2=d \Rightarrow d=2$$

Damit erhält man die Koordinatengleichung: $-x+2z=2$.

b) Stützvektor $= \vec{p}$, Spannvektoren $\overrightarrow{PQ} = \begin{pmatrix} 1 \\ 4 \\ -2 \end{pmatrix}$ und $\overrightarrow{PR} = \begin{pmatrix} 4 \\ -2 \\ -2 \end{pmatrix}$. Das Vektorprodukt (siehe Seite 42) der Spannvektoren ergibt $\begin{pmatrix} -12 \\ -6 \\ -18 \end{pmatrix}$. Ausklammern von (-6) führt zu $\vec{n} = \begin{pmatrix} 2 \\ 1 \\ 3 \end{pmatrix}$.

Setzt man die Koordinaten des Punktes $P(1 \mid 3 \mid 5)$ in den Ansatz $2x+y+3z=d$ ein, ergibt sich:

$$2\cdot 1+3+3\cdot 5=d \Rightarrow d=20$$

Damit erhält man die Koordinatengleichung: $2x+y+3z=20$.

c) Der Stützvektor der Geraden wird als Punkt der Ebene zum Aufstellen der Koordinatengleichung benutzt. Der erste Spannvektor ist der Richtungsvektor der Geraden, der zweite Spannvektor ergibt sich als Verbindungsvektor des «Stützpunktes» der Geraden zu dem gegebenen Punkt. Mit den beiden Spannvektoren wird $\vec{n}$ berechnet.

Stützvektor $= \vec{s} = \begin{pmatrix} 3 \\ 5 \\ 7 \end{pmatrix}$, Spannvektoren $\begin{pmatrix} 1 \\ 1 \\ 1 \end{pmatrix}$ und $\begin{pmatrix} 1 \\ -4 \\ -5 \end{pmatrix}$. Das Vektorprodukt (sie-

he Seite 42) der Spannvektoren und Ausklammern von (-1) führt zu $\vec{n} = \begin{pmatrix} 1 \\ -6 \\ 5 \end{pmatrix}$.

Setzt man die Koordinaten des Punktes $(3 \mid 5 \mid 7)$ in den Ansatz $x-6y+5z=d$ ein, ergibt sich:

$$3-6\cdot 5+5\cdot 7=d \Rightarrow d=8$$

Damit erhält man die Koordinatengleichung: $x-6y+5z=8$.

d) Stützvektor $= \vec{s} = \begin{pmatrix} 7 \\ 2 \\ 3 \end{pmatrix}$, Spannvektoren $\begin{pmatrix} 1 \\ -3 \\ -3 \end{pmatrix}$ und $\begin{pmatrix} -3 \\ 1 \\ 1 \end{pmatrix}$. Das Vektorprodukt (siehe Seite 42) der Spannvektoren und Ausklammern von 8 führt zu $\vec{n} = \begin{pmatrix} 0 \\ 1 \\ -1 \end{pmatrix}$.

Setzt man die Koordinaten des Punktes $(7 \mid 2 \mid 3)$ in den Ansatz $y - z = d$ ein, ergibt sich:

$$2 - 3 = d \Rightarrow d = -1$$

Damit erhält man die Koordinatengleichung: $y - z = -1$.

e) Zuerst wird der Schnittpunkt der Geraden ermittelt, um auszuschließen, dass die Geraden windschief sind. Bevor man die Gleichungen gleichsetzt, überprüft man, ob sie den gleichen Stützvektor besitzen. Der eine Richtungsvektor bildet einen Spannvektor, der andere Richtungsvektor den anderen. Mit den beiden Spannvektoren wird $\vec{n}$ berechnet.

Beide Geraden besitzen den gleichen Stützvektor $\vec{s} = \begin{pmatrix} 1 \\ 2 \\ 3 \end{pmatrix}$, die Spannvektoren sind $\begin{pmatrix} 1 \\ 3 \\ 4 \end{pmatrix}$ und $\begin{pmatrix} 2 \\ -1 \\ 3 \end{pmatrix}$. Damit ist $\vec{n} = \begin{pmatrix} 13 \\ 5 \\ -7 \end{pmatrix}$.

Setzt man die Koordinaten des Punktes $(1 \mid 2 \mid 3)$ in den Ansatz $13x + 5y - 7z = d$ ein, ergibt sich:

$$13 \cdot 1 + 5 \cdot 2 - 7 \cdot 3 = d \Rightarrow d = 2$$

Damit erhält man die Koordinatengleichung: $13x + 5y - 7z = 2$.

f) Die Geraden besitzen nicht den gleichen Stützvektor, daher wird zuerst der Schnittpunkt der Geraden durch Gleichsetzen der dazugehörigen Gleichungen bestimmt:

$$\begin{array}{lccccccc} \text{I} & 1 & + & s & = & 3 & + & 2t \\ \text{II} & 2 & + & 3s & = & 3 & + & t \\ \text{III} & 4 & + & 2s & = & 7 & + & 3t \end{array}$$

Die Gleichung II wird mit -2 multipliziert und zu I addiert. Auflösen nach s ergibt: $s = 0$. Einsetzen in I führt zu $t = -1$. Beide Variablen müssen noch in III überprüft werden. Um den Schnittpunkt zu bestimmen, setzt man s oder t in eine der beiden Geradengleichungen ein. Der Schnittpunkt S ist damit $S\,(1 \mid 2 \mid 4)$. Nun wählt man wieder die beiden Richtungsvektoren als Spannvektoren und bestimmt $\vec{n}$: Damit ist $\vec{n} = \begin{pmatrix} 7 \\ 1 \\ -5 \end{pmatrix}$.

Setzt man die Koordinaten des Punktes $S\,(1 \mid 2 \mid 4)$ in den Ansatz $7x + y - 5z = d$ ein, ergibt sich:

$$7 \cdot 1 + 2 - 5 \cdot 4 = d \Rightarrow d = -11$$

Damit erhält man die Koordinatengleichung: $7x + y - 5z = -11$.

g) Zuerst wird der Schnittpunkt durch Gleichsetzen der Gleichungen bestimmt: $s = -1$ und $t = 2$. Der Schnittpunkt S ist damit S$(1 \mid 0 \mid 2)$. Nun wählt man wieder die beiden Richtungsvektoren als Spannvektoren und bestimmt $\vec{n}$: $\vec{n} = \begin{pmatrix} -17 \\ 6 \\ 7 \end{pmatrix}$.

Setzt man die Koordinaten des Punktes S$(1 \mid 0 \mid 2)$ in den Ansatz $-17x + 6y + 7z = d$ ein, ergibt sich:

$$-17 \cdot 1 + 6 \cdot 0 + 7 \cdot 2 = d \Rightarrow d = -3$$

Damit erhält man die Koordinatengleichung: $-17x + 6y + 7z = -3$.

h) Zuerst wird der Schnittpunkt durch Gleichsetzen der dazugehörigen Gleichungen bestimmt:

$$\begin{array}{lrcrcrcrcr} \text{I} & 1 & + & 3s & = & 4 & + & 6t \\ \text{II} & & & s & = & 1 & + & 2t \\ \text{III} & 2 & + & 2s & = & 1 & + & 4t \end{array}$$

Die Gleichung II wird mit -2 multipliziert zu III addiert. Es ergibt sich der Ausdruck $3 = 0$. Dies ist ein Widerspruch. Die Gleichung hat damit keine Lösung, d.h. die Geraden schneiden sich nicht. Da die Richtungsvektoren linear abhängig sind, sind die Geraden parallel. Der «Stützpunkt» der einen Geraden wird als Punkt zum Aufstellend der Koordinatengleichung benutzt.

Der erste Spannvektor der Ebene ist der Richtungsvektor der Geraden, der zweite Spannvektor ergibt sich aus dem Verbindungsvektor zwischen den «Stützpunkten» der beiden Geraden. Mit den beiden Spannvektoren wird $\vec{n}$ berechnet. Der Stützvektor ist $\vec{s} = \begin{pmatrix} 1 \\ 0 \\ 2 \end{pmatrix}$, die Spannvektoren sind $\begin{pmatrix} 3 \\ 1 \\ 2 \end{pmatrix}$ und $\begin{pmatrix} 3 \\ 1 \\ -1 \end{pmatrix}$. Das Vektorprodukt (siehe Seite 42) der Spannvektoren und Ausklammern von (-3) führt zu $\vec{n} = \begin{pmatrix} 1 \\ -3 \\ 0 \end{pmatrix}$.

Setzt man die Koordinaten des Punktes $(1 \mid 0 \mid 2)$ in den Ansatz $x - 3y = d$ ein, ergibt sich:

$$1 - 3 \cdot 0 = d \Rightarrow d = 1$$

Damit erhält man die Koordinatengleichung: $x - 3y = 1$.

i) Zuerst wird der Schnittpunkt durch Gleichsetzen bestimmt. Das Lösen des Gleichungssystems führt zu einem Widerspruch, daher schneiden sich die Geraden nicht. Die Richtungsvektoren sind linear abhängig $\Rightarrow$ die Geraden sind parallel. Die Ebene wird wie in der vorangehenden Aufgabe aufgestellt, die Spannvektoren sind $\begin{pmatrix} 2 \\ 1 \\ 2 \end{pmatrix}$ und $\begin{pmatrix} 2 \\ -1 \\ 2 \end{pmatrix}$.

Das Vektorprodukt (siehe Seite 42) der Spannvektoren und Ausklammern von 4 führt zu $\vec{n} = \begin{pmatrix} 1 \\ 0 \\ -1 \end{pmatrix}$. Setzt man die Koordinaten des Punktes $(0 \mid 1 \mid 0)$ in den Ansatz $x - z = d$ ein, ergibt sich:

$$0 - 0 = d \Rightarrow d = 0$$

Damit erhält man die Koordinatengleichung: $x - z = 0$.

j) Der Verbindungsvektor $\overrightarrow{AA^*}$ ist orthogonal zur Spiegelebene. Damit kann man ihn als Normalenvektor der Ebene benutzen. Dann wird der Punkt P in der Mitte der beiden Punkte ausgerechnet.

Es ist $\overrightarrow{AA^*} = \begin{pmatrix} 2 \\ -2 \\ -4 \end{pmatrix}$. Ausklammern von 2 ergibt $\vec{n} = \begin{pmatrix} 1 \\ -1 \\ -2 \end{pmatrix}$. Für $\vec{p}$ ergibt sich $\vec{p} = \overrightarrow{OA} + \frac{1}{2} \cdot \overrightarrow{AA^*} = \begin{pmatrix} 2 \\ 3 \\ 5 \end{pmatrix}$. Setzt man die Koordinaten des Punktes $P(2 \mid 3 \mid 5)$ in den Ansatz $x - y - 2z = d$ ein, ergibt sich:

$$2 - 3 - 2 \cdot 5 = d \Rightarrow d = -11$$

Damit erhält man die Koordinatengleichung: $x - y - 2z = -11$.

k) Da E die Gerade g enthalten soll, muss der Normalenvektor $\vec{n}$ senkrecht auf dem Richtungsvektor $\begin{pmatrix} 2 \\ 0 \\ -1 \end{pmatrix}$ der Geraden g stehen. Außerdem soll die Ebene E auch auf der angegebenen Ebene F mit $\vec{n_F} = \begin{pmatrix} -1 \\ 1 \\ 2 \end{pmatrix}$ senkrecht stehen. Somit muss der Normalenvektor $\vec{n}$ auch noch senkrecht auf dem Normalenvektor $\begin{pmatrix} -1 \\ 1 \\ 2 \end{pmatrix}$ stehen. Damit erhält man den Normalenvektor $\vec{n}$ von E mithilfe des Vektorprodukts (siehe Seite 42) der beiden Vektoren $\begin{pmatrix} 2 \\ 0 \\ -1 \end{pmatrix}$ und $\begin{pmatrix} -1 \\ 1 \\ 2 \end{pmatrix}$. Es ergibt sich: $\vec{n} = \begin{pmatrix} 1 \\ -3 \\ 2 \end{pmatrix}$.

Setzt man die Koordinaten des Punktes $(3 \mid 1 \mid 2)$ in den Ansatz $x - 3y + 2z = d$ ein, ergibt sich:

$$3 - 3 \cdot 1 + 2 \cdot 2 = d \Rightarrow d = 4$$

Damit erhält man die Koordinatengleichung: $x - 3y + 2z = 4$.

l) Mit drei Punkten wird eine Ebene aufgestellt. Anschließend prüft man, ob der 4. Punkt in der Ebene liegt. Da eine Punktprobe in der Parameterform relativ aufwändig ist, lohnt es sich, die Koordinatenform aufzustellen.

Als Stützvektor wird $\vec{a}$ gewählt, damit ergibt sich für die Spannvektoren $\overrightarrow{AB} = \begin{pmatrix} 2 \\ 2 \\ 2 \end{pmatrix}$ und $\overrightarrow{AC} = \begin{pmatrix} 5 \\ 1 \\ 1 \end{pmatrix}$. Das Vektorprodukt (siehe Seite 42) der Spannvektoren und Ausklammern von 8 führt zu $\vec{n} = \begin{pmatrix} 0 \\ 1 \\ -1 \end{pmatrix}$.

Setzt man die Koordinaten des Punktes A $(2 \mid 1 \mid 2)$ in den Ansatz $y - z = d$ ein, ergibt sich:

$$1 - 2 = d \;\Rightarrow\; d = -1$$

Damit erhält man die Koordinatengleichung: $y - z = -1$.
Einsetzen von D $(8 \mid -1 \mid 0)$ in die Koordinatengleichung ergibt $-1 = -1$.
Aufgrund der wahren Aussagen liegen damit alle vier Punkte in einer Ebene.

5.4.3 Ebenen im Koordinatensystem

Die Spurpunkte einer Ebene liegen auf den Koordinatenachsen. Für den Spurpunkt auf der x-Achse sind die y- und die z-Komponente des Punktes gleich Null. Also setzt man in der Koordinatengleichung für diese 0 ein und stellt nach x um. Die Spurgeraden sind die Verbindungsgeraden der entsprechenden Spurpunkte.

a) Koordinatengleichung von E: $3x + 4y + 3z = 12$. Spurpunkt auf der x-Achse: Für y und z wird 0 eingesetzt, man erhält $3x = 12 \Rightarrow x = 4 \Rightarrow$ Spurpunkt $S_x(4 \mid 0 \mid 0)$. Entsprechend verfährt man für die anderen Punkte: $4y = 12 \Rightarrow y = 3 \Rightarrow S_y(0 \mid 3 \mid 0)$ und $3z = 12 \Rightarrow z = 4 \Rightarrow S_z(0 \mid 0 \mid 4)$.

b) E : $4x - 8y + 4z = 16$. Spurpunkte: $4x = 16, \Rightarrow S_x(4 \mid 0 \mid 0)$, $-8y = 16 \Rightarrow S_y(0 \mid -2 \mid 0)$ und $4z = 16 \Rightarrow S_z(0 \mid 0 \mid 4)$.

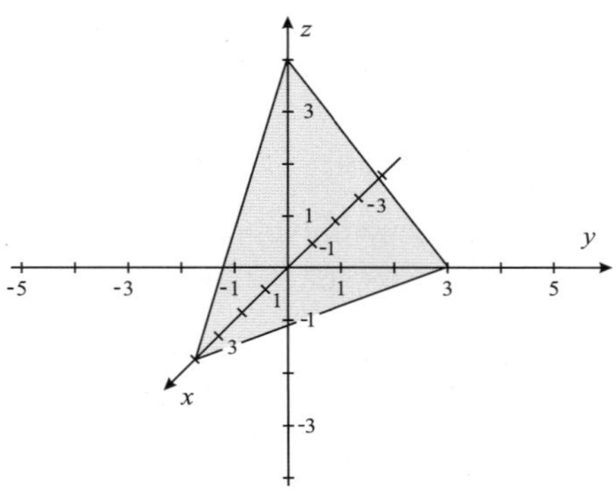

Aufgabe a)

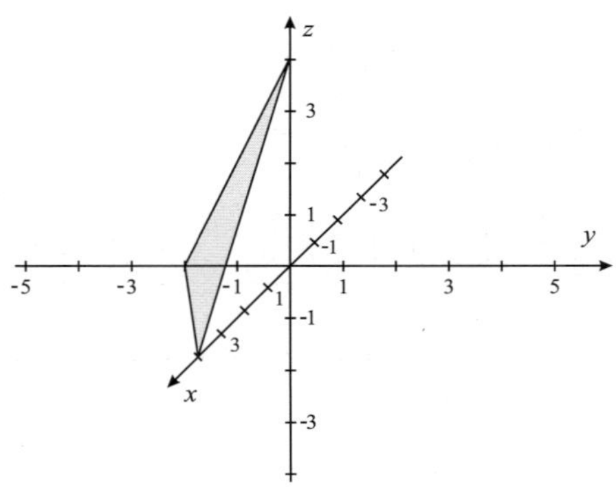

Aufgabe b)

c) $E: 3x - 3y - 3z = 9$. Spurpunkte: $3x = 9 \Rightarrow S_x(3 \mid 0 \mid 0)$, $-3y = 9 \Rightarrow S_y(0 \mid -3 \mid 0)$ und $-3z = 9 \Rightarrow S_z(0 \mid 0 \mid -3)$.

d) $E: 2x + 4y = 8$. Spurpunkte: $2x = 8 \Rightarrow S_x(4 \mid 0 \mid 0)$ und $4y = 8 \Rightarrow S_y(0 \mid 2 \mid 0)$. Da es keinen Spurpunkt auf der z-Achse gibt, bedeutet dies, dass die Ebene parallel zur z-Achse ist.

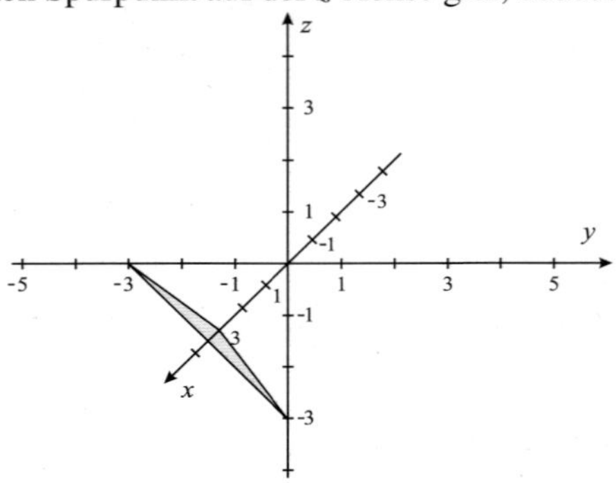

Aufgabe c)

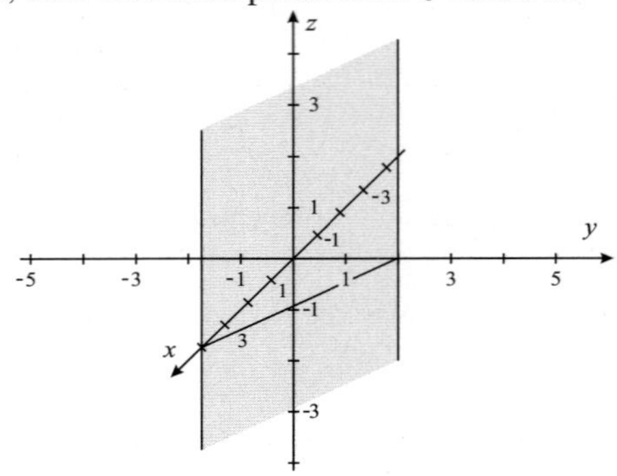

Aufgabe d)

e) $E: x + 2z = 4$. Spurpunkte: $x = 4 \Rightarrow S_x(4 \mid 0 \mid 0)$ und $2z = 4 \Rightarrow S_z(0 \mid 0 \mid 2)$. Da es keinen Spurpunkt auf der y-Achse gibt, bedeutet dies, dass die Ebene parallel zur y-Achse ist.

f) $E: 3y + z = 3$. Spurpunkte: $3y = 3 \Rightarrow S_y(0 \mid 1 \mid 0)$ und $z = 3 \Rightarrow S_z(0 \mid 0 \mid 3)$. Da es keinen Spurpunkt auf der x-Achse gibt, bedeutet dies, dass die Ebene parallel zur x-Achse ist.

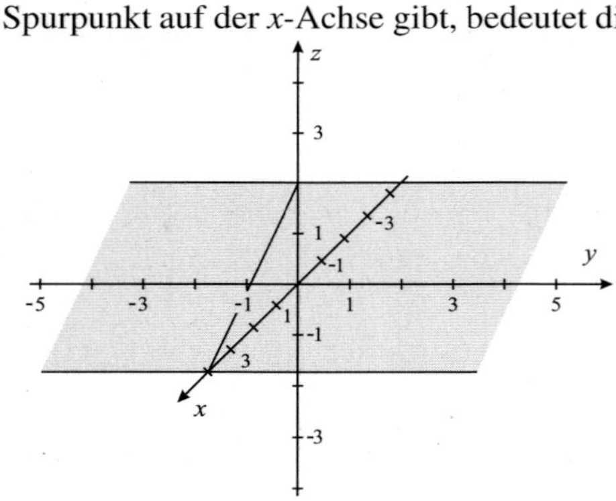

Aufgabe e)

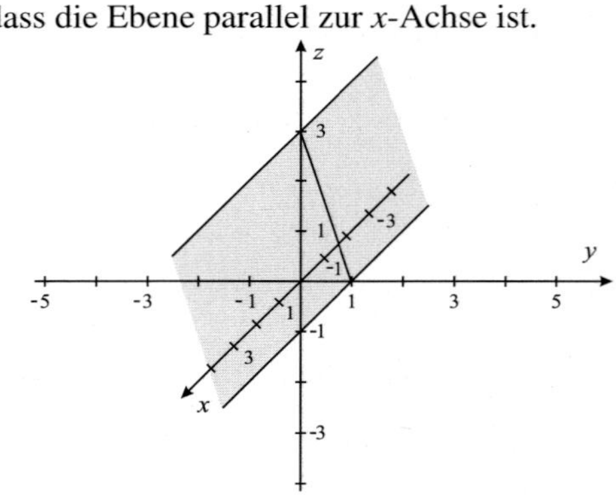

Aufgabe f)

g) $E: y = 3$. Spurpunkt: $y = 3 \Rightarrow S_y(0 \mid 3 \mid 0)$. Da es keinen Spurpunkt auf der x- und der z-Achse gibt, bedeutet dies, dass die Ebene parallel zur x-z-Ebene ist.

h) $E: x - y = 0$. Spurpunkte: $x = 0 \Rightarrow S_x(0 \mid 0 \mid 0)$ und $-y = 0 \Rightarrow S_y(0 \mid 0 \mid 0)$. Die z-Achse ist in E enthalten. Wählt man noch einen Punkt von E, z.B. $P(4 \mid 4 \mid 0)$, so kann man die Ebene darstellen.

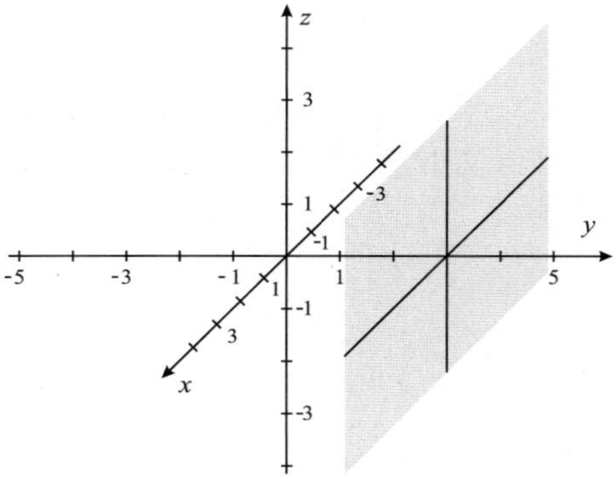

Aufgabe g)

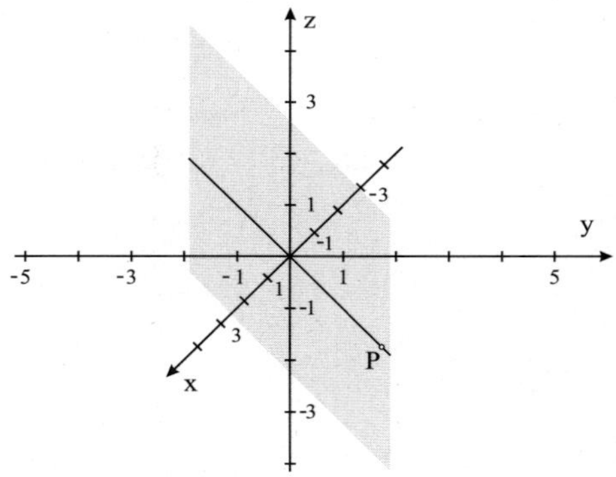

Aufgabe h)

5.4.4 Bestimmen von Geraden und Ebenen in einem Quader

a) $\overrightarrow{OB} = \overrightarrow{OA} + \overrightarrow{OC} \Rightarrow \overrightarrow{OB} = \begin{pmatrix} 4 \\ 6 \\ 0 \end{pmatrix} \Rightarrow B\,(4\,|\,6\,|\,0)$

$\overrightarrow{OD} = \overrightarrow{OA} + \overrightarrow{OG} \Rightarrow D\,(4\,|\,0\,|\,5)$ $\quad\overrightarrow{OE} = \overrightarrow{OB} + \overrightarrow{OG} \Rightarrow E\,(4\,|\,6\,|\,5)$

$\overrightarrow{OF} = \overrightarrow{OC} + \overrightarrow{OG} \Rightarrow F\,(0\,|\,6\,|\,5)$ $\quad\overrightarrow{OM} = \overrightarrow{OB} + \frac{1}{2}\cdot\overrightarrow{OG} \Rightarrow M\,(4\,|\,6\,|\,2{,}5)$

$\overrightarrow{ON} = \overrightarrow{OC} + \frac{1}{2}\cdot\overrightarrow{OG} \Rightarrow N\,(0\,|\,6\,|\,2{,}5)$

b) Wenn man ein kartesisches Koordinatensystem zugrundelegt, ergibt sich aus der Zeichnung für den Normalenvektor $\vec{n} = \begin{pmatrix} 0 \\ 1 \\ 0 \end{pmatrix}$.

Setzt man die Koordinaten des Punktes B $(4\,|\,6\,|\,0)$ in den Ansatz $y = d$ ein, ergibt sich:

$$6 = d$$

Damit erhält man die Koordinatengleichung: $y = 6$.

c) Der Ortsvektor von A wird als Stützvektor genommen, der Verbindungsvektor von A zu N ist der Richtungsvektor. Die Gerade ist damit

$$g:\ \vec{x} = \begin{pmatrix} 4 \\ 0 \\ 0 \end{pmatrix} + r\cdot\begin{pmatrix} -4 \\ 6 \\ 2{,}5 \end{pmatrix}$$

Für die zweite Gerade verfährt man analog:

$$h:\ \vec{x} = \begin{pmatrix} 0 \\ 0 \\ 5 \end{pmatrix} + r\cdot\begin{pmatrix} 4 \\ 6 \\ -2{,}5 \end{pmatrix}$$

d) Einen Normalenvektor $\vec{n}$ der gesuchten Ebene erhält man mit Hilfe des Vektorprodukts (siehe Seite 42) der Spannvektoren $\overrightarrow{OE}$ und $\overrightarrow{OF}$:

$$\begin{pmatrix} 4 \\ 6 \\ 5 \end{pmatrix} \times \begin{pmatrix} 0 \\ 6 \\ 5 \end{pmatrix} = \begin{pmatrix} 0 \\ -20 \\ 24 \end{pmatrix} = 4 \cdot \begin{pmatrix} 0 \\ -5 \\ 6 \end{pmatrix} \Rightarrow \vec{n} = \begin{pmatrix} 0 \\ -5 \\ 6 \end{pmatrix}$$

Setzt man die Koordinaten des Punktes $\mathrm{O}\,(0 \mid 0 \mid 0)$ in den Ansatz $-5y + 6z = d$ ein, ergibt sich:

$$-5 \cdot 0 + 6 \cdot 0 = d \Rightarrow d = 0$$

Damit erhält man die Koordinatengleichung: $-5y + 6z = 0$.

5.5 Gegenseitige Lage von Geraden und Ebenen

5.5.1 Gegenseitige Lage

a) Für die Gerade gilt:

$$\begin{aligned} x &= 4 + t \\ y &= 6 + 2t \\ z &= 2 + 3t \end{aligned}$$

Die Gerade wird als «allgemeiner Punkt» $\mathrm{P}_t\,(4+t \mid 6+2t \mid 2+3t)$ in die Ebenengleichung eingesetzt:
$2 \cdot (4+t) + 4 \cdot (6+2t) + 6 \cdot (2+3t) + 12 = 0$. Auflösen der Klammern führt zu: $28t + 56 = 0$ bzw. zu $t = -2$. Setzt man $t = -2$ in P_t ein, erhält man den Schnittpunkt $\mathrm{S}\,(2 \mid 2 \mid -4)$.

b) Die Gerade wird als «allgemeiner Punkt» $\mathrm{P}_s\,(3+2s \mid 2+5s \mid 2+7s)$ in die Ebenengleichung eingesetzt: $2 \cdot (3+2s) + 1 \cdot (2+5s) - 3 \cdot (2+7s) = 4 \Rightarrow s = -\frac{1}{6}$. Damit ergibt sich der Schnittpunkt $\mathrm{S}\left(\frac{8}{3} \mid \frac{7}{6} \mid \frac{5}{6}\right)$.

c) Die Gerade wird als «allgemeiner Punkt» $\mathrm{P}_s\,(1+2s \mid -2+s \mid 3+2s)$ in die Ebenengleichung eingesetzt: $1 \cdot (1+2s) - 1 \cdot (3+2s) = 0 \Rightarrow -2 = 0$. Dies ist ein Widerspruch, die Gleichung hat keine Lösung, also ist die Gerade parallel zur Ebene.

d) Die Gerade wird als «allgemeiner Punkt» $\mathrm{P}_t\,(1+t \mid 2+3t \mid 3+4t)$ in die Ebenengleichung eingesetzt: $13 \cdot (1+t) + 5 \cdot (2+3t) - 7 \cdot (3+4t) - 2 = 0 \Rightarrow 0 = 0$. Aufgrund der wahren Aussage liegt die Gerade in der Ebene.

e) Die Gerade und die Ebene werden gleichgesetzt:

$$\begin{pmatrix} 1 \\ -2 \\ -2 \end{pmatrix} + r \cdot \begin{pmatrix} 3 \\ 6 \\ -3 \end{pmatrix} + s \cdot \begin{pmatrix} 8 \\ -4 \\ 4 \end{pmatrix} = \begin{pmatrix} 4 \\ 1 \\ 3 \end{pmatrix} + t \cdot \begin{pmatrix} 2 \\ -1 \\ 1 \end{pmatrix}$$

daraus ergibt sich folgendes Gleichungssystem:

$$\begin{array}{rcrcrcl} 3r & + & 8s & - & 2t & = & 3 \\ 6r & - & 4s & + & t & = & 3 \\ -3r & + & 4s & - & t & = & 5 \end{array}$$

Löst man dieses Gleichungssystem mit dem Gaußschen Lösungsverfahren, ergibt sich ein Widerspruch, d.h. es gibt keine Lösung. Das bedeutet, dass sich Gerade und Ebene nicht schneiden, die Gerade liegt also parallel zur Ebene.

f) Die Gerade und die Ebene werden gleichgesetzt:

$$\begin{pmatrix} 4 \\ 6 \\ 8 \end{pmatrix} + r \cdot \begin{pmatrix} 3 \\ 8 \\ 9 \end{pmatrix} + s \cdot \begin{pmatrix} 10 \\ 5 \\ 4 \end{pmatrix} = \begin{pmatrix} 3 \\ 4 \\ 7 \end{pmatrix} + t \cdot \begin{pmatrix} 1 \\ 0 \\ 1 \end{pmatrix}$$

daraus ergibt sich folgendes Gleichungssystem:

$$\begin{array}{rcrcrcl} 3r & + & 10s & - & t & = & -1 \\ 8r & + & 5s & & & = & -2 \\ 9r & + & 4s & - & t & = & -1 \end{array}$$

Löst man dieses Gleichungssystem mit dem Gaußschen Lösungsverfahren ergibt sich: $r = -\frac{2}{13}$, $s = -\frac{2}{13}$ und $t = -1$. Einsetzen von $t = -1$ in die Geradengleichung führt zum Schnittpunkt S (2 | 4 | 6).

5.5.2 Vermischte Aufgaben

a) Als Stützvektor der Geraden wählt man $\vec{p} = \begin{pmatrix} 4 \\ 9 \\ 7 \end{pmatrix}$, der Normalenvektor der Ebene ist $\vec{n} = \begin{pmatrix} 2 \\ 1 \\ -2 \end{pmatrix}$. Nun ist ein Richtungsvektor $\vec{u}$ so zu wählen, dass $\vec{u} \cdot \vec{n} = 0$. Beispiel:

$\vec{u} = \begin{pmatrix} 1 \\ -2 \\ 0 \end{pmatrix}$ oder $\vec{u} = \begin{pmatrix} 1 \\ 0 \\ 1 \end{pmatrix}$. Eine mögliche Geradengleichung ist

$$g: \; \vec{x} = \begin{pmatrix} 4 \\ 9 \\ 7 \end{pmatrix} + t \cdot \begin{pmatrix} 1 \\ -2 \\ 0 \end{pmatrix}; \; t \in \mathbb{R}$$

b) Als Stützvektor der Geraden wählt man $\vec{q} = \begin{pmatrix} 4 \\ -1 \\ 3 \end{pmatrix}$, der Normalenvektor der Ebene ist $\vec{n} = \begin{pmatrix} 4 \\ -3 \\ 5 \end{pmatrix}$. Da $g \perp$ E ist, kann man $\vec{u} = 1 \cdot \vec{n}$ wählen (oder ein anderes Vielfaches).

Eine mögliche Geradengleichung ist

$$g: \; \vec{x} = \begin{pmatrix} 4 \\ -1 \\ 3 \end{pmatrix} + t \cdot \begin{pmatrix} 4 \\ -3 \\ 5 \end{pmatrix}; \; t \in \mathbb{R}$$

c) Die Gerade wird als «allgemeiner Punkt» $P_t\,(4+t \mid 6+2t \mid 8+2t)$ in die Ebenengleichung eingesetzt: $4 \cdot (4+t) - 3 \cdot (6+2t) + 8 + 2t = 7 \;\Rightarrow\; 6 = 7$. Aufgrund des Widerspruchs haben g und E keine gemeinsamen Punkte.

d) Die Gerade wird als «allgemeiner Punkt» $P_t\,(4+t \mid 6+2t \mid 8+3t)$ in die Ebenengleichung eingesetzt: $4 \cdot (4+t) - 2 \cdot (6+2t) = 4 \;\Rightarrow\; 4 = 4$. Aufgrund der wahren Aussage liegt die Gerade in der Ebene.

5.6 Gegenseitige Lage zweier Ebenen

5.6.1 Schnitt von zwei Ebenen

a) Wählt man in Gleichung I $x_3 = t$, so ergibt sich: $x_1 + 2t = 6 \;\Rightarrow\; x_1 = 6 - 2t$. Setzt man $x_1 = 6 - 2t$ und $x_3 = t$ in Gleichung II ein, ergibt sich: $6 - 2t + x_2 + t = 1 \;\Rightarrow\; x_2 = -5 + t$ Nun hat man je eine Gleichung für x_1, x_2 und x_3:

$$\begin{aligned} x_1 &= 6 - 2t \\ x_2 &= -5 + t \\ x_3 &= 0 + t \end{aligned}$$

Umschreiben zu einer Geradengleichung ergibt:

$$g: \vec{x} = \begin{pmatrix} 6 \\ -5 \\ 0 \end{pmatrix} + t \cdot \begin{pmatrix} -2 \\ 1 \\ 1 \end{pmatrix}$$

b) Subtrahiert man das 3-fache von Gleichung II von Gleich. I, ergibt sich: $-4x_2 + 4x_3 = 12$. Wählt man $x_3 = t$, so ergibt sich: $-4x_2 + 4t = 12 \;\Rightarrow\; x_2 = -3 + t$. Setzt man $x_2 = -3 + t$ und $x_3 = t$ in Gleichung I ein, erhält man: $6x_1 - (-3+t) + t = 6 \;\Rightarrow\; x_1 = 0{,}5$. Umschreiben zu einer Geradengleichung ergibt:

$$g: \vec{x} = \begin{pmatrix} 0{,}5 \\ -3 \\ 0 \end{pmatrix} + t \cdot \begin{pmatrix} 0 \\ 1 \\ 1 \end{pmatrix}$$

c) Aus Gleichung I ergibt sich direkt: $4x_2 = 8 \Rightarrow x_2 = 2$. In Gleichung II setzt man $x_3 = t$, damit ist $2x_1 + 6t = 0 \Rightarrow x_1 = -3t$. Umschreiben zu einer Geradengleichung ergibt:

$$g:\ \vec{x} = \begin{pmatrix} 0 \\ 2 \\ 0 \end{pmatrix} + t \cdot \begin{pmatrix} -3 \\ 0 \\ 1 \end{pmatrix}$$

d) Die Ebene E_1 wird als drei Gleichungen geschrieben:

$$\begin{array}{rcrcrcr} x_1 & = & 5 & & & + & 2s \\ x_2 & = & 6 & - & 4r & - & 3s \\ x_3 & = & -4 & + & 7r & + & 4s \end{array}$$

Nun werden x_1, x_2 und x_3 in E_2 eingesetzt:

$$2(5+2s) - (6-4r-3s) + (-4+7r+4s) = 0$$

Nach dem Auflösen der Klammern ergibt sich $11s + 11r = 0$. Auflösen der Gleichung nach s führt zu $s = -r$. Dies wird in E_1 eingesetzt:

$$\vec{x} = \begin{pmatrix} 5 \\ 6 \\ -4 \end{pmatrix} + r \cdot \begin{pmatrix} 0 \\ -4 \\ 7 \end{pmatrix} - r \cdot \begin{pmatrix} 2 \\ -3 \\ 4 \end{pmatrix}$$

Zusammenfassen der Vektoren ergibt die Schnittgerade:

$$g:\ \vec{x} = \begin{pmatrix} 5 \\ 6 \\ -4 \end{pmatrix} + r \cdot \begin{pmatrix} -2 \\ -1 \\ 3 \end{pmatrix}$$

e) Die Ebene E_1 wird als drei Gleichungen geschrieben:

$$\begin{array}{rcrcrcr} x_1 & = & 2 & - & r & + & s \\ x_2 & = & 2 & + & 2r & - & s \\ x_3 & = & 2 & + & r & + & 2s \end{array}$$

Nun werden x_1, x_2 und x_3 in E_2 eingesetzt:

$$(2-r+s) + (2+2r-s) - 2(2+r+2s) = -4$$

Nach dem Auflösen der Klammern ergibt sich $-r-4s = -4$. Auflösen der Gleichung nach r führt zu $r = 4-4s$. Dies wird in E_1 eingesetzt:

$$\vec{x} = \begin{pmatrix} 2 \\ 2 \\ 2 \end{pmatrix} + (4-4s) \cdot \begin{pmatrix} -1 \\ 2 \\ 1 \end{pmatrix} + s \cdot \begin{pmatrix} 1 \\ -1 \\ 2 \end{pmatrix}$$

Auflösen der Klammern ergibt:

$$\vec{x} = \begin{pmatrix} 2 \\ 2 \\ 2 \end{pmatrix} + \begin{pmatrix} -4 \\ 8 \\ 4 \end{pmatrix} + s \cdot \begin{pmatrix} 4 \\ -8 \\ -4 \end{pmatrix} + s \cdot \begin{pmatrix} 1 \\ -1 \\ 2 \end{pmatrix}$$

Die Schnittgerade ist damit

$$g\colon\ \vec{x} = \begin{pmatrix} -2 \\ 10 \\ 6 \end{pmatrix} + s \cdot \begin{pmatrix} 5 \\ -9 \\ -2 \end{pmatrix}$$

f) Die Ebenengleichungen werden gleichgesetzt:

$$\begin{pmatrix} -4 \\ 1 \\ 6 \end{pmatrix} + r \cdot \begin{pmatrix} 5 \\ -3 \\ -2 \end{pmatrix} + s \cdot \begin{pmatrix} 2 \\ 2 \\ -1 \end{pmatrix} = \begin{pmatrix} 4 \\ 5 \\ -3 \end{pmatrix} + t \cdot \begin{pmatrix} 0 \\ -2 \\ 1 \end{pmatrix} + u \cdot \begin{pmatrix} -3 \\ 1 \\ 3 \end{pmatrix}$$

daraus ergibt sich folgendes Gleichungssystem:

$$\begin{array}{lrcrcrcrcr} \text{I} & 5r & + & 2s & & & + & 3u & = & 8 \\ \text{II} & -3r & + & 2s & + & 2t & - & u & = & 4 \\ \text{III} & -2r & - & s & - & t & - & 3u & = & -9 \end{array}$$

Vereinfachen mit dem Gauß-Verfahren führt zu:

$$\begin{array}{lrcrcrcrcr} \text{I} & 5r & + & 2s & & & + & 3u & = & 8 \\ \text{II}a & & & 16s & + & 10t & + & 4u & = & 44 \\ \text{III}b & & & & & t & + & 2u & = & 6 \end{array}$$

Alternativ kann man das Gleichungssystem auch mit Hilfe von Matrizenumformungen lösen und erhält als Lösungsmatrix:

$$\begin{pmatrix} 5 & 2 & 0 & 3 & 8 \\ -3 & 2 & 2 & -1 & 4 \\ -2 & -1 & -1 & -1 & -9 \end{pmatrix} \Rightarrow \begin{pmatrix} 1 & 0 & 0 & 1 & 2 \\ 0 & 1 & 0 & -1 & -1 \\ 0 & 0 & 1 & 2 & 6 \end{pmatrix}$$

In beiden Fällen ergibt sich für die unterste Zeile: $t + 2u = 6$. Nun stellt man nach einem Parameter um, es bietet sich t an, da sonst Brüche auftreten: $t = 6 - 2u$. Anschließend setzt man diesen Ausdruck für t in E_2 ein:

$$\vec{x} = \begin{pmatrix} 4 \\ 5 \\ -3 \end{pmatrix} + (6 - 2u) \cdot \begin{pmatrix} 0 \\ -2 \\ 1 \end{pmatrix} + \cdot u \cdot \begin{pmatrix} -3 \\ 1 \\ 3 \end{pmatrix}$$

Ausmultiplizieren ergibt:

$$\vec{x} = \begin{pmatrix} 4 \\ 5 \\ -3 \end{pmatrix} + \begin{pmatrix} 0 \\ -12 \\ 6 \end{pmatrix} + u \cdot \begin{pmatrix} 0 \\ 4 \\ -2 \end{pmatrix} + u \cdot \begin{pmatrix} -3 \\ 1 \\ 3 \end{pmatrix}$$

Die Schnittgerade ist damit:

$$g\colon\ \vec{x} = \begin{pmatrix} 4 \\ -7 \\ 3 \end{pmatrix} + u \cdot \begin{pmatrix} -3 \\ 5 \\ 1 \end{pmatrix}$$

g) Die Ebenengleichungen werden gleichgesetzt:

$$\begin{pmatrix} 4 \\ 5 \\ 7 \end{pmatrix} + r \cdot \begin{pmatrix} 1 \\ 1 \\ 2 \end{pmatrix} + s \cdot \begin{pmatrix} 2 \\ 3 \\ 6 \end{pmatrix} = \begin{pmatrix} 3 \\ 2 \\ 11 \end{pmatrix} + t \cdot \begin{pmatrix} 1 \\ -1 \\ 2 \end{pmatrix} + u \cdot \begin{pmatrix} 2 \\ -5 \\ 8 \end{pmatrix}$$

Daraus ergibt sich folgendes Gleichungssystem:

$$\begin{array}{lcccccccccc} \text{I} & r & + & 2s & - & t & - & 2u & = & -1 \\ \text{II} & r & + & 3s & + & t & + & 5u & = & -3 \\ \text{III} & 2r & + & 6s & - & 2t & - & 8u & = & 4 \end{array}$$

Vereinfachen mit dem Gauß-Verfahren führt zu:

$$\begin{array}{lcccccccccc} \text{I} & r & + & 2s & - & t & - & 2u & = & -1 \\ \text{II}a & & & -s & - & 2t & - & 7u & = & 2 \\ \text{III}b & & & & - & 4t & - & 18u & = & 10 \end{array}$$

Aus der letzten Zeile ergibt sich $t + 4,5u = -2,5$. Alternativ kann man das Gleichungssystem auch mit Hilfe von Matrizenumformungen lösen und erhält als Lösungsmatrix:

$$\begin{pmatrix} 1 & 2 & -1 & -2 & -1 \\ 1 & 3 & +1 & 5 & -3 \\ 2 & 6 & -2 & -8 & 4 \end{pmatrix} \Rightarrow \begin{pmatrix} 1 & 0 & 0 & 6,5 & -9,5 \\ 0 & 1 & 0 & -2 & 3 \\ 0 & 0 & 1 & 4,5 & -2,5 \end{pmatrix}$$

In beiden Fällen ergibt sich für die unterste Zeile: $t + 4,5u = -2,5$. Dieser Ausdruck wird nach t umgestellt: $t = -2,5 - 4,5u$ und für t in E_2 eingesetzt:

$$\vec{x} = \begin{pmatrix} 3 \\ 2 \\ 11 \end{pmatrix} + (-2,5 - 4,5u) \cdot \begin{pmatrix} 1 \\ -1 \\ 2 \end{pmatrix} + u \cdot \begin{pmatrix} 2 \\ -5 \\ 8 \end{pmatrix}$$

Ausmultiplizieren ergibt:

$$\vec{x} = \begin{pmatrix} 3 \\ 2 \\ 11 \end{pmatrix} + \begin{pmatrix} -2,5 \\ 2,5 \\ -5 \end{pmatrix} + u \cdot \begin{pmatrix} -4,5 \\ 4,5 \\ -9 \end{pmatrix} + u \cdot \begin{pmatrix} 2 \\ -5 \\ 8 \end{pmatrix}$$

Die Schnittgerade ist damit:

$$g\colon\ \vec{x} = \begin{pmatrix} 0,5 \\ 4,5 \\ 6 \end{pmatrix} + u \cdot \begin{pmatrix} -2,5 \\ -0,5 \\ -1 \end{pmatrix} \text{ bzw. } g\colon\ \vec{x} = \begin{pmatrix} 0,5 \\ 4,5 \\ 6 \end{pmatrix} + u \cdot \begin{pmatrix} 5 \\ 1 \\ 2 \end{pmatrix}$$

5.6.2 Parallele Ebenen

a) Die beiden Ebenengleichungen werden so addiert, dass x_1 wegfällt: $-2 \cdot \text{I} + \text{II}$: Es ergibt sich $15 = 14$, dies ist ein Widerspruch; es gibt keine Lösung für das Gleichungssystem, die Ebenen sind parallel. Alternativ könnte man auch die Normalenvektoren vergleichen, müsste dann aber noch eine Punktprobe machen, um die Identität auszuschließen.

b) Die beiden Gleichungen werden addiert: $2 \cdot \text{I} + \text{II}$: Es ergibt sich $5 = 0$, dies ist ein Widerspruch; die Ebenen sind parallel.

c) Die beiden Gleichungen werden addiert: $\mathrm{I}+3\cdot\mathrm{II}$: Es ergibt sich $11=0$; dies ist ein Widerspruch, die Ebenen sind parallel.

d) Damit die beiden Ebenen parallel sind, müssen die Normalenvektoren von E_t und F linear abhängig sein. Es muss also gelten: $\overrightarrow{n_E}=r\cdot\overrightarrow{n_F}$ mit $r\in\mathbb{R}$. Gesucht ist ein r, so dass gilt:

$$\begin{pmatrix} t \\ -2t \\ -4 \end{pmatrix} = r\cdot\begin{pmatrix} -2 \\ 4 \\ -4 \end{pmatrix}$$

Dies führt zu folgendem Gleichungssystem:

$$\begin{array}{lrcr} \mathrm{I} & t & = & -2r \\ \mathrm{II} & -2t & = & 4r \\ \mathrm{III} & -4 & = & -4r \end{array}$$

Die Gleichung III führt auf $r=1$. Einsetzen in Gl. I führt zu: $t=-2$. Prüfen in II bestätigt diese Lösung. Zur Kontrolle, ob die Ebenen echt parallel sind, subtrahiert man noch die Gleichungen der Ebenen, es ergibt sich $0=-1$, dies ist ein Widerspruch, die Ebenen sind also echt parallel.

e) Man geht vor wie in der vorangegangenen Aufgabe, es ergibt sich das Gleichungssystem

$$\begin{array}{lrcr} \mathrm{I} & 2t & = & 8r \\ \mathrm{II} & 1 & = & -2r \\ \mathrm{III} & 3 & = & -6r \end{array}$$

Die Gleichungen II und III führen auf $r=-\frac{1}{2}$. Eingesetzt in I ergibt sich $t=-2$. Zur Kontrolle, ob die Ebenen echt parallel sind, addiert man noch die Gleichungen der Ebenen: $2\cdot\mathrm{I}+\mathrm{II}$, es ergibt sich $0=23$. Dies ist ein Widerspruch; die Ebenen sind also echt parallel.

5.6.3 Verschiedene Aufgaben zur Lage zweier Ebenen

a) Wenn man die Gleichung von E mit $-1{,}5$ multipliziert, so ergibt sich die Gleichung von F, also sind die Ebenen identisch.

b) Damit die Ebenen identisch sind, muss sich bei der Addition der Ebenengleichungen $0=0$ ergeben. Aus den Faktoren vor x_1, x_2 und x_3 liest man ab, dass man Gleichung I mit 2 multiplizieren muss. Es wird also $2\cdot\mathrm{I}$ zu II addiert, damit ergibt sich $0=2d+9$
$\Rightarrow d=-4{,}5$.

c) Wenn die Ebenen orthogonal zueinander sind, muss das Skalarprodukt der beiden Normalenvektoren gleich Null sein. Es ist

$$\begin{pmatrix} 3 \\ 4 \\ -2 \end{pmatrix}\cdot\begin{pmatrix} 2 \\ 1 \\ 5 \end{pmatrix} = 6+4-10=0.$$

Also sind die beiden Ebenen orthogonal.

d) Damit die Ebenen orthogonal zueinander sind, muss das Skalarprodukt der beiden Normalenvektoren gleich Null sein:

$$\begin{pmatrix} 2 \\ -1 \\ 3 \end{pmatrix} \cdot \begin{pmatrix} t \\ -2t \\ -4 \end{pmatrix} = 2t + 2t - 12 = 0.$$

Daraus ergibt sich $4t = 12 \Rightarrow t = 3$. Für $t = 3$ sind die Ebenen orthogonal zueinander

e) I) Zwei parallel liegende Ebenen unterscheiden sich nur durch ihre Konstanten (d und h). Also müssen die Normalenvektoren der beiden Ebenen linear abhängig (kollinear) sein. Die Konstanten dürfen nicht gleich bzw. das gleiche Vielfache wie die Normalenvektoren sein, sonst wären die Ebenen identisch.

II) Damit die beiden Ebenen senkrecht aufeinander stehen, müssen die beiden Normalenvektoren senkrecht aufeinander stehen. Ihr Skalarprodukt ist damit: $\overrightarrow{n_E} \cdot \overrightarrow{n_F} = 0$. Anders ausgedrückt: $a \cdot e + b \cdot f + c \cdot g = 0$

III) Damit die beiden Ebenen identisch sind, müssen die gleichen Bedingungen wie für parallele Ebenen gelten (siehe I), allerdings müssen die Konstanten das gleiche Vielfache voneinander sein, wie die Normalenvektoren.

6 Abstände, Winkel und Spiegelungen

6.1 Abstandsberechnungen

6.1.1 Abstand Punkt – Ebene

a) Den Abstand von $P(2 \mid 4 \mid -1)$ zu $E:\ 2x-y+2z=1$ erhält man mithilfe des Lotfußpunktverfahrens: Dazu stellt man eine Lotgerade l auf, die orthogonal zu E ist und durch P geht. Als Richtungsvektor von l verwendet man den Normalenvektor von E. Damit ergibt sich:

$$l:\vec{x}=\begin{pmatrix}2\\4\\-1\end{pmatrix}+t\cdot\begin{pmatrix}2\\-1\\2\end{pmatrix}$$

Den Schnittpunkt S von l und E erhält man, indem man den allgemeinen Punkt $P_t(2+2t \mid 4-t \mid -1+2t)$ von l in E einsetzt:

$$\begin{aligned}2\cdot(2+2t)-(4-t)+2\cdot(-1+2t)&=1\\4+4t-4+t-2+4t&=1\\9t&=3\\t&=\frac{1}{3}\end{aligned}$$

Setzt man $t=\frac{1}{3}$ in $P_t(2+2t \mid 4-t \mid -1+2t)$ ein, erhält man die Koordinaten des Schnittpunkts $S\left(\frac{8}{3} \mid \frac{11}{3} \mid -\frac{1}{3}\right)$.
Der Abstand von P zu E ist der Abstand von P zu S:

$$\begin{aligned}d(P;E)=\overline{PS}=\left|\overrightarrow{PS}\right|&=\left|\begin{pmatrix}\frac{2}{3}\\-\frac{1}{3}\\\frac{2}{3}\end{pmatrix}\right|=\sqrt{\left(\frac{2}{3}\right)^2+\left(-\frac{1}{3}\right)^2+\left(\frac{2}{3}\right)^2}\\&=\sqrt{\frac{4}{9}+\frac{1}{9}+\frac{4}{9}}=\sqrt{\frac{9}{9}}=\sqrt{1}=1\,\text{LE}\end{aligned}$$

b) Den Abstand von $Q(7 \mid 4 \mid 3)$ zu $E:\ x+2y+2z=3$ erhält man mithilfe des Lotfußpunktverfahrens: Dazu stellt man eine Lotgerade l auf, die orthogonal zu E ist und durch Q geht. Als Richtungsvektor von l verwendet man den Normalenvektor von E. Damit ergibt sich:

$$l:\vec{x}=\begin{pmatrix}7\\4\\3\end{pmatrix}+t\cdot\begin{pmatrix}1\\2\\2\end{pmatrix}$$

Den Schnittpunkt S von l und E erhält man, indem man die Koeffizienten des allgemeinen

Punktes $P_t(7+t \mid 4+2t \mid 3+2t)$ von l in E einsetzt:

$$\begin{aligned} 7+t+2\cdot(4+2t)+2\cdot(3+2t) &= 3 \\ 7+t+8+4t+6+4t &= 3 \\ 9t &= -18 \\ t &= -2 \end{aligned}$$

Setzt man $t=-2$ in $P_t(7+t \mid 4+2t \mid 3+2t)$ ein, erhält man die Koordinaten des Schnittpunkts $S(5 \mid 0 \mid -1)$.

Der Abstand von Q zu E ist der Abstand von Q zu S:

$$\begin{aligned} d(Q;E) = \overline{QS} = \left|\overrightarrow{QS}\right| &= \left|\begin{pmatrix} -2 \\ -4 \\ -4 \end{pmatrix}\right| = \sqrt{(-2)^2+(-4)^2+(-4)^2} \\ &= \sqrt{4+16+16} = \sqrt{36} = 6\,\text{LE} \end{aligned}$$

c) Die gegebene Ebenengleichung wird zuerst in die Koordinatenform umgewandelt, man erhält: $E: 4x+3y=10$.

Den Abstand von $R(5 \mid 5 \mid 2)$ zu $E: 4x+3y=10$ erhält man mithilfe des Lotfußpunktverfahrens: Dazu stellt man eine Lotgerade l auf, die orthogonal zu E ist und durch R geht. Als Richtungsvektor von l verwendet man den Normalenvektor von E. Damit ergibt sich:

$$l: \vec{x} = \begin{pmatrix} 5 \\ 5 \\ 2 \end{pmatrix} + t\cdot\begin{pmatrix} 4 \\ 3 \\ 0 \end{pmatrix}$$

Den Schnittpunkt S von l und E erhält man, indem man den allgemeinen Punkt $P_t(5+4t \mid 5+3t \mid 2)$ von l in E einsetzt:

$$\begin{aligned} 4\cdot(5+4t)+3\cdot(5+3t) &= 10 \\ 20+16t+15+9t &= 10 \\ 25t &= -25 \\ t &= -1 \end{aligned}$$

Setzt man $t=-1$ in $P_t(5+4t \mid 5+3t \mid 2)$ ein, erhält man die Koordinaten des Schnittpunkts $S(1 \mid 2 \mid 2)$.

Der Abstand von R zu E ist der Abstand von R zu S:

$$d(R;E) = \overline{RS} = \left|\overrightarrow{RS}\right| = \left|\begin{pmatrix} -4 \\ -3 \\ 0 \end{pmatrix}\right| = \sqrt{(-4)^2+(-3)^2+0^2} = \sqrt{16+9+0} = \sqrt{25} = 5\,\text{LE}$$

6.1.2 Abstand Punkt – Gerade

a) Einsetzen des Richtungsvektors von g und des Punktes T in die Punkt-Normalenform liefert die Hilfsebene $E_H: \ -2x_1+x_2+x_3=-9$. Schneiden mit g ergibt den Schnittpunkt L$(8 \mid 3 \mid 4)$. DerVerbindungsvektor ist $\overrightarrow{LT}=\begin{pmatrix}-2\\-9\\5\end{pmatrix}$. Für den Betrag des Verbindungsvektors ergibt sich $|\overrightarrow{LT}|=\sqrt{(-2)^2+(-9)^2+5^2}=\sqrt{110}$. Also ist der Punkt T $\sqrt{110}$ LE von der Geraden entfernt.

b) Einsetzen des Richtungsvektors von g und des Punktes P in die Punkt-Normalenform liefert die Hilfsebene $E_H: \ 3x_1-2x_3=3$. Schneiden mit g ergibt den Schnittpunkt L$(1 \mid -4 \mid 0)$. Betrag des Verbindungsvektors: $|\overrightarrow{LP}|=7$. Der Punkt P ist 7 LE von der Geraden entfernt.

6.1.3 Abstand paralleler Geraden

Die Fragestellung lässt sich auf den Abstand eines Punktes zu einer Geraden zurückführen: Wenn bewiesen ist, dass die Geraden parallel sind, berechnet man den Abstand des «Stützpunktes» der einen Geraden zur anderen Geraden.

a) Wenn die Geraden parallel oder identisch sind, müssen die Richtungsvektoren linear abhängig sein. Dies lässt sich unmittelbar an den beiden Vektoren ablesen: $\begin{pmatrix}3\\0\\3\end{pmatrix}=3\cdot\begin{pmatrix}1\\0\\1\end{pmatrix}$. Nun wird der Abstand des «Stützpunktes» S$(2 \mid 3 \mid 4)$ der Geraden h zu g berechnet: Einsetzen des Richtungsvektors von g und des Punktes S in die Punkt-Normalenform liefert die Hilfsebene $E_H: \ x_1+x_3=6$. Schneiden mit g ergibt den Schnittpunkt L$(3 \mid 1 \mid 3)$. Für die Länge bzw. den Betrag des Verbindungsvektors ergibt sich $|\overrightarrow{LS}|=\sqrt{6}$, damit sind die beiden Geraden $\sqrt{6}$ LE voneinander entfernt.

b) Die Richtungsvektoren sind linear abhängig, daher sind die Geraden parallel oder identisch. Nun wird der Abstand des «Stützpunktes» S der Geraden h zu g berechnet: Einsetzen des Richtungsvektors von g und des Punktes S in die Punkt-Normalenform liefert die Hilfsebene $E_H: \ x_1+3x_2+4x_3=14$. Schneiden mit g ergibt $t=0$ und damit den Schnittpunkt L$(5 \mid -1 \mid 3)$. Für die Länge bzw. den Betrag des Verbindungsvektors ergibt sich $|\overrightarrow{LS}|=\sqrt{56}$, damit sind die beiden Geraden $\sqrt{56}$ LE voneinander entfernt.

6.1.4 Verschiedene Aufgaben

a) Da der gesuchte Punkt A auf der Geraden von P und Q gleich weit entfernt ist, gilt: $|\overrightarrow{PA}|=|\overrightarrow{QA}|$. Die Gerade wird als «allgemeiner Punkt» geschrieben: A$(2+2t \mid 1+t \mid 3+2t)$.

Eingesetzt ergibt sich $|\overrightarrow{PA}| = |\vec{a}-\vec{p}| = \left|\begin{pmatrix} -3+2t \\ t \\ 3+2t \end{pmatrix}\right| = \sqrt{(-3+2t)^2+t^2+(3+2t)^2}$.

Für $|\overrightarrow{QA}|$ ergibt sich entsprechend $|\overrightarrow{QA}| = \sqrt{(-4+2t)^2+(-2+t)^2+(-4+2t)^2}$.
Die beiden Wurzeln werden gleichgesetzt:

$$\sqrt{(2t-3)^2+t^2+(2t+3)^2} = \sqrt{(2t-4)^2+(t-2)^2+(2t-4)^2}$$

Als Nächstes wird die Gleichung quadriert, um die Wurzel zu beseitigen, und die Klammern werden aufgelöst. Nachdem zusammengefasst wurde, ergibt sich $18 = 36t$. Dies führt zu $t = \frac{1}{2}$. Damit ist der gesuchte Punkt A$(3 \mid 1{,}5 \mid 4)$.

b) Da der gesuchte Punkt M auf der Geraden von A und C gleich weit entfernt ist, gilt $|\overrightarrow{AM}| = |\overrightarrow{CM}|$. Die Gerade wird als «allgemeiner Punkt» geschrieben und eingesetzt: Für den «allgemeinen Punkt» gilt M$(-1+2t \mid 4-2t \mid 1+t)$.

Eingesetzt ergibt sich $|\overrightarrow{AM}| = |\vec{m}-\vec{a}| = \left|\begin{pmatrix} 2t-3 \\ -2t+6 \\ t \end{pmatrix}\right| = \sqrt{(2t-3)^2+(-2t+6)^2+t^2}$.

Für $|\overrightarrow{CM}|$ ergibt sich entsprechend $|\overrightarrow{CM}| = \sqrt{(2t)^2+(-2t)^2+(2+t)^2}$.
Die beiden Wurzeln werden gleichgesetzt:

$$\sqrt{(2t-3)^2+(6-2t)^2+t^2} = \sqrt{(2t)^2+(-2t)^2+(2+t)^2}$$

Als Nächstes wird die Gleichung quadriert, um die Wurzel zu beseitigen, und die Klammern werden aufgelöst. Nachdem zusammengefasst wurde, ergibt sich

$$9t^2-36t+45 = 9t^2+4t+4$$

Dies führt zu $t = \frac{41}{40}$. Damit ist der gesuchte Punkt M$\left(\frac{21}{20} \mid \frac{39}{20} \mid \frac{81}{40}\right)$.

c) Da die beiden gesuchten Punkte P_1und P_2 auf g die Entfernung 3 vom Punkt A haben, gilt $|\overrightarrow{AP}| = 3$. Die Gerade wird als «allgemeiner Punkt» umgeschrieben und eingesetzt: P$(1+2t \mid t \mid 2+2t)$. Damit ist $|\overrightarrow{AP}| = |\vec{p}-\vec{a}| = \sqrt{(2t-2)^2+(t-1)^2+(2t-2)^2} = 3$. Die Gleichung wird zuerst quadriert, dann werden die Klammern aufgelöst. Es ergibt sich $9t^2-18t = 0$. Ausklammern von t oder Auflösen mit Hilfe der pq- oder abc-Formel führt zu $t_1 = 2$ und $t_2 = 0$. Damit sind die gesuchten Punkte $P_1\,(5 \mid 2 \mid 6)$ und $P_2\,(1 \mid 0 \mid 2)$.

d) Zuerst stellt man eine Ebenengleichung der drei Punkte auf. Die Höhe der Pyramide ist der Abstand des Punktes S von der Ebene. Die Ebene wird wie in Kapitel 13.1 aufgestellt, Koordinatengleichung: $E:\ x_1-x_2+x_3 = 1$. Eingesetzt in die Abstandsformel ergibt sich für den Abstand $d = \frac{15}{\sqrt{3}}$ LE. Die Wurzel im Nenner lässt sich noch durch ein Erweitern mit $\sqrt{3}$ beseitigen: $\frac{15}{\sqrt{3}} \cdot \frac{\sqrt{3}}{\sqrt{3}} = \frac{15\cdot\sqrt{3}}{3} = 5\sqrt{3}$ LE.

e) Gesucht ist der Wert b aus der Koordinatengleichung. Die Ebene, der Punkt und der Abstand werden in die Abstandsformel eingesetzt und anschließend nach b aufgelöst:

$$d(p;\mathrm{E}) = \frac{|2\cdot(-1)+1\cdot 2-2\cdot(-3)-b|}{\sqrt{2^2+1^2+2^2}} = 2 \Rightarrow \frac{|6-b|}{3} = 2 \Rightarrow |6-b| = 6$$

Nun muss eine Fallunterscheidung gemacht werden, um den Betrag aufzulösen:
1. Fall: $(6-b) = 6 \Rightarrow b_1 = 0$
2. Fall: $-(6-b) = 6 \Rightarrow b_2 = 12$
Damit sind die gesuchten Ebenen $\mathrm{E}_1:\ 2x_1+x_2-2x_3 = 0$ und $\mathrm{E}_2:\ 2x_1+x_2-2x_3 = 12$.

f) Gesucht sind die Punkte auf der Geraden, die den Abstand 13 LE von der angegebenen Ebene haben. Die Gerade wird hierzu als «allgemeiner Punkt» geschrieben, und dieser und die Ebene werden in die Abstandsformel eingesetzt. Anschließend löst man nach dem Parameter s auf und setzt ihn in die Geradengleichung ein, um die Punkte zu bestimmen:
«Allgemeiner Punkt» $\mathrm{P}(1+2s \mid -3+s \mid 5-3s)$

$$d\,(\mathrm{P};\mathrm{E}) = \frac{|1\cdot(1+2s)-4\cdot(-3+s)+8\cdot(5-3s)-1|}{\sqrt{81}} = 13$$

$$d\,(\mathrm{P};\mathrm{E}) = \frac{|-26s+52|}{9} = 13.$$

Fallunterscheidung:
1. Fall: $(2-s) = 4{,}5 \Rightarrow s_1 = -2{,}5$
2. Fall: $-(2-s) = 4{,}5 \Rightarrow s_2 = 6{,}5$
Einsetzen in die Geradengleichung führt zu $\mathrm{P}_1\,(-4 \mid -5{,}5 \mid 12{,}5)$ und $\mathrm{P}_2\,(14 \mid 3{,}5 \mid -14{,}5)$.

g) Einsetzen des «allgemeinen Punktes» $\mathrm{P}\,(2+2t \mid -5+4t \mid -3+5t)$ in die Abstandsformel:

$$d\,(\mathrm{P};\mathrm{E}) = \frac{|2\cdot(2+2t)+1\cdot(-5+4t)+2\cdot(-3+5t)-11|}{\sqrt{9}} = \frac{|18t-18|}{3} = 3$$

Fallunterscheidung:
1. Fall: $(18t-18) = 9 \Rightarrow t_1 = 1{,}5$
2. Fall: $-(18t-18) = 9 \Rightarrow t_2 = 0{,}5$
Einsetzen in die Geradengleichung führt zu $\mathrm{P}_1\,(5 \mid 1 \mid 4{,}5)$ und $\mathrm{P}_2\,(3 \mid -3 \mid -0{,}5)$.

h) Einsetzen des «allgemeinen Punktes» $\mathrm{P}\,(2t \mid 4+2t \mid -2+t)$ in die Abstandsformel:

$$d\,(\mathrm{P};\mathrm{E}) = \frac{|8t-8|}{3} = 8$$

Fallunterscheidung:
1. Fall: $(8t-8) = 24 \Rightarrow t_1 = 4$
2. Fall: $-(8t-8) = 24 \Rightarrow t_2 = -2$
Einsetzen in die Geradengleichung führt zu $\mathrm{P}_1\,(8 \mid 12 \mid 2)$ und $\mathrm{P}_2\,(-4 \mid 0 \mid -4)$.

i) Wenn g parallel zu E ist, müssen der Richtungsvektor der Geraden $\vec{r}$ und der Normalenvektor $\vec{n}$ der Ebene senkrecht aufeinander stehen:
$\vec{r}\cdot\vec{n}=0$: $\begin{pmatrix}2\\-1\\3\end{pmatrix}\cdot\begin{pmatrix}4\\-1\\-3\end{pmatrix}=8+1-9=0\Rightarrow$ g ist parallel zu E bzw. könnte in E liegen. Zur Abstandsberechnung wird der Abstand des «Stützpunktes» der Geraden zur Ebene E ausgerechnet: $d\left((1\mid 2\mid 3);\mathrm{E}\right)=\frac{|-26|}{\sqrt{26}}=\frac{26}{\sqrt{26}}=\sqrt{26}$ LE.

j) Wenn die Ebenen parallel zueinander liegen, müssen die beiden Normalenvektoren linear abhängig sein. Es ist $\vec{n}_1=(-1)\cdot\vec{n}_2$, damit ist bewiesen, dass die Ebenen parallel liegen (bzw. identisch sein können). Abstand der Ebenen: Man bestimmt einen Punkt $\mathrm{P}(p_1\mid p_2\mid p_3)$ in E_2 und berechnet den Abstand des Punktes zu E_1. Es werden p_1 und p_2 Null gesetzt und p_3 bestimmt: $-2\cdot 0+3\cdot 0-1\cdot p_3=-7\Rightarrow p_3=7$. Damit ist $\mathrm{P}(0\mid 0\mid 7)$, für den Abstand folgt: $d\left((0\mid 0\mid 7);\mathrm{E}_1\right)=\frac{3}{\sqrt{14}}$ LE.

6.2 Winkelberechnungen

a) Zuerst stellt man die Verbindungsvektoren zwischen je zwei Eckpunkten auf. Anschließend verwendet man die Formel zur Winkelberechnung. Dabei lässt sich ohne Taschenrechner teilweise nur der Kosinuswert des Winkels bestimmen.

$$\cos(\beta)=\frac{\overrightarrow{BA}\cdot\overrightarrow{BC}}{|\overrightarrow{BA}|\cdot|\overrightarrow{BC}|}=\frac{\begin{pmatrix}2\\-4\\4\end{pmatrix}\cdot\begin{pmatrix}-4\\2\\4\end{pmatrix}}{\sqrt{2^2+(-4)^2+4^2}\cdot\sqrt{(-4)^2+2^2+4^2}}=0\Rightarrow\beta=90^\circ$$

$$\cos(\gamma)=\frac{\overrightarrow{CA}\cdot\overrightarrow{CB}}{|\overrightarrow{CA}|\cdot|\overrightarrow{CB}|}=\frac{\begin{pmatrix}6\\-6\\0\end{pmatrix}\cdot\begin{pmatrix}4\\-2\\-4\end{pmatrix}}{\sqrt{72}\cdot 6}=\frac{36}{\sqrt{72}\cdot 6}=\frac{6}{\sqrt{72}}=\frac{6}{\sqrt{36}\cdot\sqrt{2}}=\frac{6}{6\cdot\sqrt{2}}=\frac{1}{\sqrt{2}}$$

$$\cos(\alpha)=\frac{\overrightarrow{AB}\cdot\overrightarrow{AC}}{|\overrightarrow{AB}|\cdot|\overrightarrow{AC}|}=\frac{\begin{pmatrix}-2\\4\\-4\end{pmatrix}\cdot\begin{pmatrix}-6\\6\\0\end{pmatrix}}{6\cdot\sqrt{72}}=\frac{36}{6\cdot\sqrt{72}}=\frac{6}{\sqrt{72}}=\frac{1}{\sqrt{2}}$$

Da $\cos(\alpha)=\cos(\gamma)$ ist, bedeutet dies im Dreieck, dass auch die Winkel gleich sein müssen. Da $\beta=90^\circ$ ist, sind $\alpha=45^\circ$ und $\gamma=45^\circ$.

b) I) Durch die Aufgabenstellung ist vorausgesetzt, dass sich die beiden Geraden tatsächlich schneiden, dies hätte sonst geprüft werden müssen. Der Winkel zwischen den beiden Geraden wird berechnet, indem man den Winkel zwischen den Richtungsvektoren berechnet:

$$\cos(\varphi) = \frac{\left|\begin{pmatrix} -1 \\ 3 \\ 5 \end{pmatrix} \cdot \begin{pmatrix} 7 \\ -1 \\ 2 \end{pmatrix}\right|}{\sqrt{35} \cdot \sqrt{54}} = \frac{|-7-3+10|}{\sqrt{35} \cdot \sqrt{54}} = \frac{|0|}{\sqrt{35} \cdot \sqrt{54}} = 0 \Rightarrow \varphi = 90^\circ$$

II) Auch hier wird der Winkel φ zwischen den Richtungsvektoren bestimmt; man erhält folgenden Rechenausdruck:

$$\cos(\varphi) = \frac{\left|\begin{pmatrix} 2 \\ -6 \\ 10 \end{pmatrix} \cdot \begin{pmatrix} 2 \\ 3 \\ 5 \end{pmatrix}\right|}{\sqrt{140} \cdot \sqrt{38}} = \frac{|4-18+50|}{\sqrt{140} \cdot \sqrt{38}} = \frac{36}{\sqrt{140} \cdot \sqrt{38}}$$

Ohne Taschenrechner läßt sich der Winkelwert nicht bestimmen.

6.3 Spiegelungen

Alle Spiegelpunkte sind im Folgenden mit einem Sternchen * versehen.

6.3.1 Punkt an Punkt

Um den Punkt P an Q zu spiegeln, wird der Vektor $\overrightarrow{PQ}$ an den Ortsvektor von Q einmal angehängt. (Alternativ kann man auch an den Ortsvektor von P den Vektor $\overrightarrow{PQ}$ zweimal anhängen). Damit ist:

a) $\overrightarrow{OP^*} = \overrightarrow{OQ} + \overrightarrow{PQ} = \begin{pmatrix} 2 \\ 1 \\ 2 \end{pmatrix} + \begin{pmatrix} -1 \\ -3 \\ -3 \end{pmatrix} = \begin{pmatrix} 1 \\ -2 \\ -1 \end{pmatrix}$, also ist $P^*(1 \mid -2 \mid -1)$.

b) $\overrightarrow{OP^*} = \overrightarrow{OR} + \overrightarrow{PR} = \begin{pmatrix} 0 \\ 3 \\ -2 \end{pmatrix} + \begin{pmatrix} -3 \\ -1 \\ -7 \end{pmatrix} = \begin{pmatrix} -3 \\ 2 \\ -9 \end{pmatrix}$, also ist $P^*(-3 \mid 2 \mid -9)$.

c) $\overrightarrow{OP^*} = \overrightarrow{OS} + \overrightarrow{PS} = \begin{pmatrix} -3 \\ 1 \\ 4 \end{pmatrix} + \begin{pmatrix} -6 \\ -3 \\ -1 \end{pmatrix} = \begin{pmatrix} -9 \\ -2 \\ 3 \end{pmatrix}$, also ist $P^*(-9 \mid -2 \mid 3)$.

6.3.2 Punkt an Ebene

Um einen Punkt P an einer Ebene zu spiegeln, braucht man zuerst den sog. Lotfußpunkt L, das ist der Punkt der Ebene, der den kürzesten Abstand zu P besitzt (es wird «das Lot von P auf die Ebene gefällt»). An diesem Punkt wird P gespiegelt. L bestimmt man, indem man eine Lotgerade durch den Punkt P aufstellt und als Richtungsvektor den Normalenvektor $\vec{n}$ der Ebene benutzt.

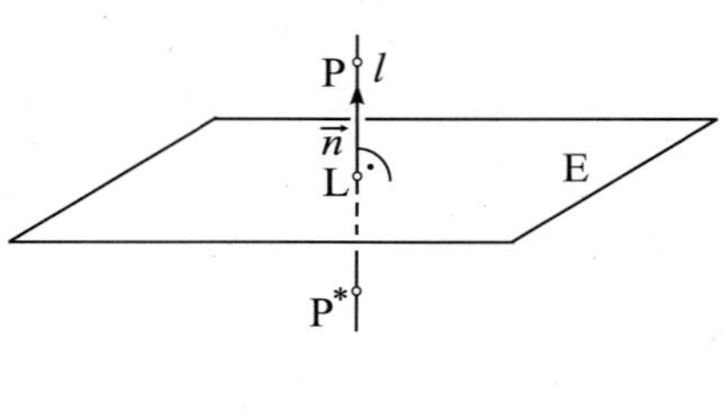

a) Die Lotgerade l hat die Gleichung $l:\ \vec{x} = \begin{pmatrix} 1 \\ 4 \\ 7 \end{pmatrix} + s \cdot \begin{pmatrix} 1 \\ -1 \\ -2 \end{pmatrix}$. Schneidet man l mit E: $x - y - 2z + 11 = 0$, ergibt sich: $\Rightarrow\ 1 + s - (4 - s) - 2(7 - 2s) + 11 = 0 \Rightarrow 6s = 6$ $\Rightarrow s = 1$. Setzt man $s = 1$ in l ein, ergibt sich der Lotfußpunkt L $(2 \mid 3 \mid 5)$. Nun wird A an L gespiegelt: $\overrightarrow{OA^*} = \overrightarrow{OL} + \overrightarrow{AL}$, damit ist A* $(3 \mid 2 \mid 3)$.

b) Die Lotgerade l hat die Gleichung $l:\ \vec{x} = \begin{pmatrix} -1 \\ -4 \\ -9 \end{pmatrix} + t \cdot \begin{pmatrix} 2 \\ -2 \\ 1 \end{pmatrix}$. Schneidet man l mit E: $2x - 2y + z = 6$, ergibt sich: $\Rightarrow\ 2 \cdot (-1 + 2t) - 2 \cdot (-4 - 2t) + (-9 + t) = 6 \Rightarrow t = 1$. Setzt man $t = 1$ in l ein, ergibt sich der Lotfußpunkt L $(1 \mid -6 \mid -8)$. Nun wird S an L gespiegelt: $\overrightarrow{OS^*} = \overrightarrow{OL} + \overrightarrow{SL}$, damit ist S* $(3 \mid -8 \mid -7)$.

c) Die Lotgerade l hat die Gleichung $l:\ \vec{x} = \begin{pmatrix} 2 \\ 3 \\ 4 \end{pmatrix} + r \cdot \begin{pmatrix} 4 \\ 1 \\ -1 \end{pmatrix}$. Schneidet man l mit E: $4x + y - z = 3$, ergibt sich: $\Rightarrow\ 4 \cdot (2 + 4r) + 3 + r - (4 - r) = 3 \Rightarrow r = -\frac{2}{9}$. Setzt man $r = -\frac{2}{9}$ in l ein, ergibt sich der Lotfußpunkt L $\left(\frac{10}{9} \mid \frac{25}{9} \mid \frac{38}{9}\right)$. Nun wird P an L gespiegelt: $\overrightarrow{OP^*} = \overrightarrow{OL} + \overrightarrow{PL}$, damit ist P* $\left(\frac{2}{9} \mid \frac{23}{9} \mid \frac{40}{9}\right)$.

6.3.3 Punkt an Gerade

Ein Punkt wird an einer Geraden gespiegelt, indem man eine Hilfsebene durch den Punkt und senkrecht zur Geraden aufstellt (ähnlich wie bei der Abstandsberechnung eines Punktes von einer Geraden wird der Richtungsvektor $\vec{r}$ der Geraden als Normalenvektor $\vec{n}$ benutzt). Anschließend wird die Hilfsebene mit der Geraden geschnitten und der Punkt am Schnittpunkt S von Gerade und Ebene gespiegelt.

a) Einsetzen von P und $\vec{r}$ in die Punkt-Normalenform: $\left(\begin{pmatrix} x_1 \\ x_2 \\ x_3 \end{pmatrix} - \begin{pmatrix} 2 \\ 3 \\ 4 \end{pmatrix}\right) \cdot \begin{pmatrix} 1 \\ 0 \\ 1 \end{pmatrix} = 0$, damit ist die Hilfsebene $E_H:\ x_1 + x_3 = 6$. Schneiden mit g führt zu $2 + t + 2 + t = 6$ $\Rightarrow t = 1$. Einsetzen in die Geradengleichung führt auf den Schnittpunkt S $(3 \mid 1 \mid 3)$. Spiegeln von P an S ergibt P* $(4 \mid -1 \mid 2)$.

b) Einsetzen von B und $\vec{r}$ in die Punkt-Normalenform ergibt die Hilfsebene $E_H:\ 4x_1 - x_2 - x_3 = 21$. Schneiden mit g führt zu $t = 2$. Einsetzen in die Geradengleichung führt auf den Schnittpunkt S $(7 \mid 4 \mid 3)$. Spiegeln von B an S ergibt B* $(9 \mid 10 \mid 5)$.

6.3.4 Allgemeine Spiegelungen

a) Bei der Spiegelung einer Geraden $g: \vec{a}+s\cdot\vec{r}$ an einer Ebene unterscheidet man zwei Fälle:

I) Die Gerade ist parallel zur Ebene: In diesem Fall spiegelt man den «Stützpunkt» A der Geraden an der Ebene, indem man eine Hilfsgerade senkrecht zu E durch A aufstellt und den Lotfußpunkt ermittelt. Der gespiegelte «Stützpunkt» A^* ist der «Stützpunkt» der neuen Geraden. Der Richtungsvektor $\vec{r}$ wird übernommen.

II) Die Gerade schneidet die Ebene: Zuerst ermittelt man den Schnittpunkt der Geraden mit der Ebene. Anschließend spiegelt man den «Stützpunkt» A (oder einen beliebigen anderen Punkt außer dem Schnittpunkt) der Geraden an der Ebene. Der Spiegelpunkt ist A^*. Die Spiegelgerade besitzt den «Stützpunkt» A^*, als Richtungsvektor dient der Verbindungsvektor zwischen A^* und dem Schnittpunkt mit der Ebene.

b) Bei der Spiegelung einer Ebene E_1 an einer Ebene E_2 können zwei Fälle auftreten:

I) Die Ebenen sind parallel: Zuerst bestimmt man einen Punkt auf E_1, dieser Punkt wird an E_2 gespiegelt. Der Normalenvektor wird übernommen, da die Ebenen parallel sind. Der Spiegelpunkt und der Normalenvektor werden in die Punkt-Normalenform eingesetzt und ergeben die Spiegelebene.

II) Die Ebenen schneiden sich: Es wird zuerst eine Schnittgerade ermittelt. Anschließend wird ein Punkt P, der nicht auf der Schnittgeraden liegt, auf der Ebene E_1 bestimmt und an E_2 gespiegelt. Mit der Schnittgeraden und dem Spiegelpunkt P^* wird die Spiegelebene aufgestellt.

7 Lineare Abbildungen und Matrizen

Ausführliche Rechenregeln zum Rechnen mit Matrizen finden Sie bei den Tipps auf Seite 92.

7.1 Rechnen mit Matrizen

a) I) $A+B=\begin{pmatrix} 2 & 1 \\ 3 & 2 \end{pmatrix}+\begin{pmatrix} 4 & 0 \\ 1 & 3 \end{pmatrix}=\begin{pmatrix} 6 & 1 \\ 4 & 5 \end{pmatrix}$

II) $3\cdot A=3\cdot\begin{pmatrix} 2 & 1 \\ 3 & 2 \end{pmatrix}=\begin{pmatrix} 6 & 3 \\ 9 & 6 \end{pmatrix}$

III) $(-2)\cdot B=(-2)\cdot\begin{pmatrix} 4 & 0 \\ 1 & 3 \end{pmatrix}=\begin{pmatrix} -8 & 0 \\ -2 & -6 \end{pmatrix}$

IV) $\vec{x}\cdot\vec{y}=\begin{pmatrix} 3 \\ 1 \end{pmatrix}\cdot\begin{pmatrix} 4 \\ -1 \end{pmatrix}=3\cdot 4+1\cdot(-1)=11$

V) $A\cdot\vec{x}=\begin{pmatrix} 2 & 1 \\ 3 & 2 \end{pmatrix}\cdot\begin{pmatrix} 3 \\ 1 \end{pmatrix}=\begin{pmatrix} 2\cdot 3+1\cdot 1 \\ 3\cdot 3+2\cdot 1 \end{pmatrix}=\begin{pmatrix} 7 \\ 11 \end{pmatrix}$

VI) $B\cdot\vec{y}=\begin{pmatrix} 4 & 0 \\ 1 & 3 \end{pmatrix}\cdot\begin{pmatrix} 4 \\ -1 \end{pmatrix}=\begin{pmatrix} 4\cdot 4+0\cdot(-1) \\ 1\cdot 4+3\cdot(-1) \end{pmatrix}=\begin{pmatrix} 16 \\ 1 \end{pmatrix}$

VII) $A\cdot B=\begin{pmatrix} 2 & 1 \\ 3 & 2 \end{pmatrix}\cdot\begin{pmatrix} 4 & 0 \\ 1 & 3 \end{pmatrix}=\begin{pmatrix} 2\cdot 4+1\cdot 1 & 2\cdot 0+1\cdot 3 \\ 3\cdot 4+2\cdot 1 & 3\cdot 0+2\cdot 3 \end{pmatrix}=\begin{pmatrix} 9 & 3 \\ 14 & 6 \end{pmatrix}$

VIII) $B\cdot A=\begin{pmatrix} 4 & 0 \\ 1 & 3 \end{pmatrix}\cdot\begin{pmatrix} 2 & 1 \\ 3 & 2 \end{pmatrix}=\begin{pmatrix} 4\cdot 2+0\cdot 3 & 4\cdot 1+0\cdot 2 \\ 1\cdot 2+3\cdot 3 & 1\cdot 1+3\cdot 2 \end{pmatrix}=\begin{pmatrix} 8 & 4 \\ 11 & 7 \end{pmatrix}$

b) I) $\vec{x}\cdot\vec{y}=\begin{pmatrix} 1 \\ 4 \\ -2 \end{pmatrix}\cdot\begin{pmatrix} 0 \\ -2 \\ 1 \end{pmatrix}=1\cdot 0+4\cdot(-2)+(-2)\cdot 1=-10$

II) $A\cdot\vec{x}=\begin{pmatrix} 3 & 2 & -1 \\ 1 & 0 & 1 \\ 2 & 1 & 2 \end{pmatrix}\cdot\begin{pmatrix} 1 \\ 4 \\ -2 \end{pmatrix}=\begin{pmatrix} 3\cdot 1+2\cdot 4+(-1)\cdot(-2) \\ 1\cdot 1+0\cdot 4+1\cdot(-2) \\ 2\cdot 1+1\cdot 4+2\cdot(-2) \end{pmatrix}=\begin{pmatrix} 13 \\ -1 \\ 2 \end{pmatrix}$

III) $B\cdot\vec{y}=\begin{pmatrix} 4 & 1 & 0 \\ 2 & -1 & 1 \\ 3 & 0 & -2 \end{pmatrix}\cdot\begin{pmatrix} 0 \\ -2 \\ 1 \end{pmatrix}=\begin{pmatrix} -2 \\ 3 \\ -2 \end{pmatrix}$

IV) $A\cdot B=\begin{pmatrix} 3 & 2 & -1 \\ 1 & 0 & 1 \\ 2 & 1 & 2 \end{pmatrix}\cdot\begin{pmatrix} 4 & 1 & 0 \\ 2 & -1 & 1 \\ 3 & 0 & -2 \end{pmatrix}=\begin{pmatrix} 13 & 1 & 4 \\ 7 & 1 & -2 \\ 16 & 1 & -3 \end{pmatrix}$

V) $B \cdot A = \begin{pmatrix} 4 & 1 & 0 \\ 2 & -1 & 1 \\ 3 & 0 & -2 \end{pmatrix} \cdot \begin{pmatrix} 3 & 2 & -1 \\ 1 & 0 & 1 \\ 2 & 1 & 2 \end{pmatrix} = \begin{pmatrix} 13 & 8 & -3 \\ 7 & 5 & -1 \\ 5 & 4 & -7 \end{pmatrix}$

c) I) $\begin{pmatrix} 2 & 4 \\ 9 & 0 \\ 3 & -1 \end{pmatrix} \cdot \begin{pmatrix} 1 \\ 3 \end{pmatrix} = \begin{pmatrix} 2 \cdot 1 + 4 \cdot 3 \\ 9 \cdot 1 + 0 \cdot 3 \\ 3 \cdot 1 + (-1) \cdot 3 \end{pmatrix} = \begin{pmatrix} 14 \\ 9 \\ 0 \end{pmatrix}$

II) $\begin{pmatrix} 2 & 1 \\ 4 & 2 \\ 1 & 5 \end{pmatrix} \cdot \begin{pmatrix} 4 & 2 & 1 \\ 1 & 3 & 2 \end{pmatrix} = \begin{pmatrix} 9 & 7 & 4 \\ 18 & 14 & 8 \\ 9 & 17 & 11 \end{pmatrix}$

7.2 Inverse Matrizen

a) I) Es sind $A = \begin{pmatrix} 1 & -3 \\ 1 & -4 \end{pmatrix}$, $B = \begin{pmatrix} 4 & -3 \\ 1 & -1 \end{pmatrix}$.

Multipliziert man A mit B, so erhält man:

$A \cdot B = \begin{pmatrix} 1 & -3 \\ 1 & -4 \end{pmatrix} \cdot \begin{pmatrix} 4 & -3 \\ 1 & -1 \end{pmatrix} = \begin{pmatrix} 1 & 0 \\ 0 & 1 \end{pmatrix}$.

Somit sind A und B zueinander invers. Das gleiche Ergebnis hätte man auch erhalten, wenn man $B \cdot A$ berechnet hätte.

II) Es sind $A = \begin{pmatrix} -1 & 2 & 0 \\ 0 & -1 & 1 \\ 1 & 1 & 1 \end{pmatrix}$ und $B = \begin{pmatrix} -\frac{1}{2} & -\frac{1}{2} & \frac{1}{2} \\ \frac{1}{4} & -\frac{1}{4} & \frac{1}{4} \\ \frac{1}{4} & \frac{3}{4} & \frac{1}{4} \end{pmatrix}$.

Multipliziert man A mit B, so erhält man:

$A \cdot B = \begin{pmatrix} -1 & 2 & 0 \\ 0 & -1 & 1 \\ 1 & 1 & 1 \end{pmatrix} \cdot \begin{pmatrix} -\frac{1}{2} & -\frac{1}{2} & \frac{1}{2} \\ \frac{1}{4} & -\frac{1}{4} & \frac{1}{4} \\ \frac{1}{4} & \frac{3}{4} & \frac{1}{4} \end{pmatrix} = \begin{pmatrix} 1 & 0 & 0 \\ 0 & 1 & 0 \\ 0 & 0 & 1 \end{pmatrix}$.

Somit sind A und B zueinander invers. Auch in diesem Fall hätte man das gleiche Ergebnis erhalten, wenn man $B \cdot A$ berechnet hätte.

b) Es ist $A = \begin{pmatrix} 3 & 1 \\ -2 & -1 \end{pmatrix}$. Wendet man die auf Seite 94 beschriebene Formel zur Bestimmung der Inversen an, ergibt sich:

$\det(A) = \begin{vmatrix} 3 & 1 \\ -2 & -1 \end{vmatrix} = 3 \cdot (-1) - (-2) \cdot 1 = -1.$

Für B gilt damit:

$B = A^{-1} = \frac{1}{\det A} \begin{pmatrix} -1 & -1 \\ -(-2) & 3 \end{pmatrix} = \frac{1}{-1} \cdot \begin{pmatrix} -1 & -1 \\ 2 & 3 \end{pmatrix} = \begin{pmatrix} 1 & 1 \\ -2 & -3 \end{pmatrix}$.

c) Man schreibt zunächst links die Matrix A auf, und rechts daneben die Einheitsmatrix. Nun wird die (linke) Matrix auf Diagonalenform gebracht, indem Vielfache der Zeilen zueinander addiert werden. Anschließend wird jede Zeile durch die in der Hauptdiagonale stehende Zahl geteilt, falls diese ungleich 1 ist, damit in der Hauptdiagonale nur noch Einsen stehen. Mit der rechten Einheitsmatrix werden in jedem Schritt die gleichen Umformungen durchgeführt:

$$\left.\begin{array}{cc|ccc|c} 1 & 4 & 1 & 0 & \mathrm{I} & \\ 2 & 6 & 0 & 1 & \mathrm{II} & -2\cdot\mathrm{I} \\ & & & & & \\ 1 & 4 & 1 & 0 & \mathrm{I} & +2\cdot\mathrm{IIa} \\ 0 & -2 & -2 & 1 & \mathrm{IIa} & \end{array}\right\}\text{Auf Diagonalenform bringen}$$

$$\left.\begin{array}{cc|ccc|c} 1 & 0 & -3 & 2 & \mathrm{Ia} & \\ 0 & -2 & -2 & 1 & \mathrm{IIa} & :(-2) \end{array}\right\}\text{Dort, wo es nötig ist, teilen}$$

$$\begin{array}{cc|ccc|} 1 & 0 & -3 & 2 & \mathrm{Ia} \\ 0 & 1 & 1 & -\frac{1}{2} & \mathrm{IIb} \end{array}$$

Damit ist $\mathrm{A}^{-1} = \begin{pmatrix} -3 & 2 \\ 1 & -\frac{1}{2} \end{pmatrix}$.

Stochastik

8 Wahrscheinlichkeitsrechnung

8.1 Baumdiagramme und Pfadregeln

8.1.1 Ziehen mit Zurücklegen

a) I)

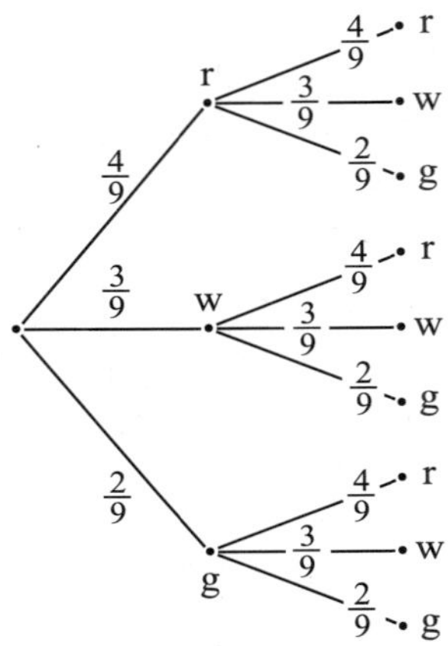

Da 4 rote, 3 weiße und 2 gelbe, also insgesamt 9 Kugeln in der Urne sind, betragen die Wahrscheinlichkeiten bei jedem Ziehen für rot (r), weiß (w) bzw. gelb (g): $\frac{4}{9}, \frac{3}{9}$ bzw. $\frac{2}{9}$.

Die Wahrscheinlichkeit, eine weiße und eine gelbe Kugel zu ziehen, erhält man mit Hilfe der 1. und 2. Pfadregel (Produkt- und Summenregel):

$$P(\text{«eine weiße und eine gelbe Kugel»}) = P(wg) + P(gw) = \frac{3}{9} \cdot \frac{2}{9} + \frac{2}{9} \cdot \frac{3}{9} = \frac{4}{27}$$

II)

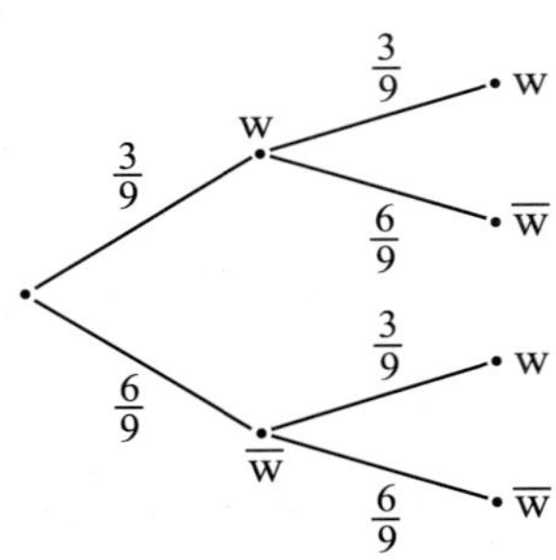

Da 3 weiße und 6 nicht weiße, also insgesamt 9 Kugeln in der Urne sind, beträgt die Wahrscheinlichkeit bei jedem Ziehen für weiß (w): $\frac{3}{9}$ und für nicht weiß ($\bar{w}$): $\frac{6}{9}$.

Die Wahrscheinlichkeit, keine weiße Kugel zu ziehen, erhält man mit Hilfe der 1. Pfadregel (Produktregel):

$$P(\text{«keine weiße Kugel»}) = P(\bar{w}\bar{w}) = \frac{6}{9} \cdot \frac{6}{9} = \frac{4}{9}$$

b) I)

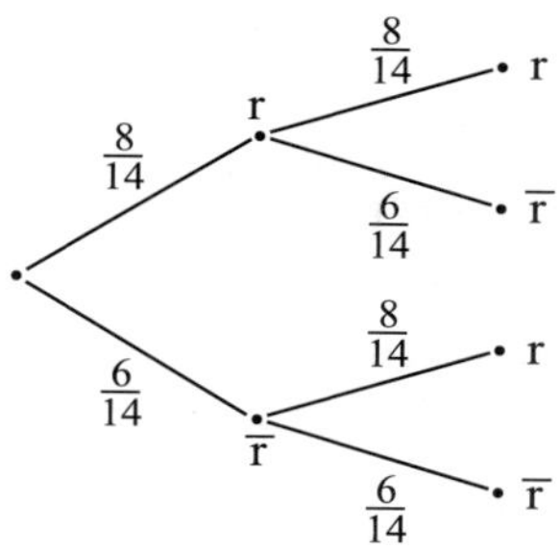

Da 8 rote und 6 nicht rote, also insgesamt 14 Kugeln in der Urne sind, beträgt die Wahrscheinlichkeit bei jedem Ziehen für rot (r): $\frac{8}{14}$ und für nicht rot ($\overline{\text{r}}$): $\frac{6}{14}$.
Die Wahrscheinlichkeit, keine rote Kugel zu ziehen, erhält man mit Hilfe der 1. Pfadregel (Produktregel):

$$\text{P}(\text{«keine rote Kugel»}) = \text{P}(\overline{\text{r}}\overline{\text{r}}) = \frac{6}{14} \cdot \frac{6}{14} = \frac{3}{7} \cdot \frac{3}{7} = \frac{9}{49}$$

II) Die Wahrscheinlichkeit, höchstens eine rote Kugel zu ziehen, erhält man mit Hilfe der 1. und 2. Pfadregel (Produkt- und Summenregel):

$$\begin{aligned}\text{P}(\text{«höchstens eine rote Kugel»}) &= \text{P}(\overline{\text{r}}\overline{\text{r}}) + \text{P}(\overline{\text{r}}\text{r}) + \text{P}(\text{r}\overline{\text{r}}) \\ &= \frac{6}{14} \cdot \frac{6}{14} + \frac{6}{14} \cdot \frac{8}{14} + \frac{8}{14} \cdot \frac{6}{14} \\ &= \frac{3}{7} \cdot \frac{3}{7} + \frac{3}{7} \cdot \frac{4}{7} + \frac{4}{7} \cdot \frac{3}{7} \\ &= \frac{9}{49} + \frac{12}{49} + \frac{12}{49} \\ &= \frac{33}{49}\end{aligned}$$

Alternativ kann man auch mit dem Gegenereignis rechnen:

$$\begin{aligned}\text{P}(\text{«höchstens eine rote Kugel»}) &= 1 - \text{P}(\text{«zwei rote Kugeln»}) \\ &= 1 - \text{P}(\text{rr}) \\ &= 1 - \frac{8}{14} \cdot \frac{8}{14} \\ &= 1 - \frac{4}{7} \cdot \frac{4}{7} \\ &= \frac{49}{49} - \frac{16}{49} \\ &= \frac{33}{49}\end{aligned}$$

c) I)

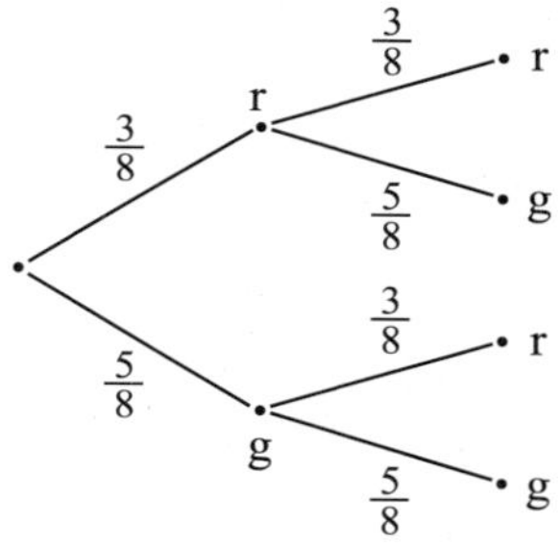

Da 3 rote und 5 gelbe, also insgesamt 8 Kugeln im Behälter sind, beträgt die Wahrscheinlichkeit bei jedem Ziehen für gelb (g): $\frac{5}{8}$ und für rot (r): $\frac{3}{8}$.
Die Wahrscheinlichkeit, mindestens eine gelbe Kugel zu ziehen, erhält man mit Hilfe der 1. und 2. Pfadregel (Produkt- und Summenregel):

$$\begin{aligned} P(\text{«mindestens eine gelbe Kugel»}) &= P(rg)+P(gr)+P(gg) \\ &= \frac{3}{8}\cdot\frac{5}{8}+\frac{5}{8}\cdot\frac{3}{8}+\frac{5}{8}\cdot\frac{5}{8} \\ &= \frac{15}{64}+\frac{15}{64}+\frac{25}{64}=\frac{55}{64} \end{aligned}$$

Alternativ kann man auch mit dem Gegenereignis rechnen:

$$\begin{aligned} P(\text{«mindestens eine gelbe Kugel»}) &= 1-P(\text{«keine gelbe Kugel»}) \\ &= 1-P(rr) \\ &= 1-\frac{3}{8}\cdot\frac{3}{8} \\ &= \frac{64}{64}-\frac{9}{64}=\frac{55}{64} \end{aligned}$$

II)

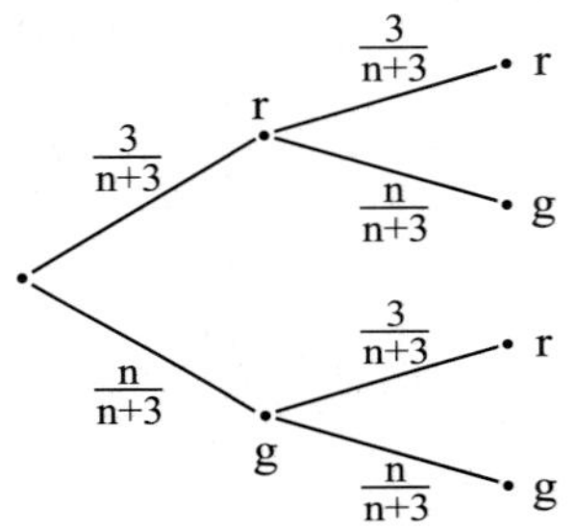

Wenn im Behälter 3 rote und n gelbe Kugeln sind, gibt es insgesamt $n+3$ Kugeln. Damit beträgt die Wahrscheinlichkeit bei jedem Ziehen für gelb (g): $\frac{n}{n+3}$ und für rot (r): $\frac{3}{n+3}$.
Da die Wahrscheinlichkeit, mindestens eine gelbe Kugel zu ziehen, 0,91 betragen soll, erhält man (am geschicktesten) mit Hilfe des Gegenereignisses folgende Gleichung:

$$\begin{aligned} P(\text{«mindestens eine gelbe Kugel»}) &= 1-P(\text{«keine gelbe Kugel»}) \\ 0{,}91 &= 1-P(rr) \\ 0{,}91 &= 1-\frac{3}{n+3}\cdot\frac{3}{n+3} \\ \frac{3}{n+3}\cdot\frac{3}{n+3} &= 1-0{,}91 \\ \frac{9}{(n+3)^2} &= 0{,}09 \\ \frac{9}{0{,}09} &= (n+3)^2 \\ \frac{9}{\frac{9}{100}} &= (n+3)^2 \\ 100 &= (n+3)^2 \mid \pm\sqrt{} \\ \pm 10 &= n+3 \end{aligned}$$

Durch Fallunterscheidung ergibt sich:
I) $n+3=10 \Rightarrow n_1=7$ bzw. II) $n+3=-10 \Rightarrow n_2=-13$
Wegen $n>0$ kommt nur $n_1=7$ als Lösung in Frage.
Also hätten sich im Behälter 7 gelbe Kugeln befinden müssen.

d) I)

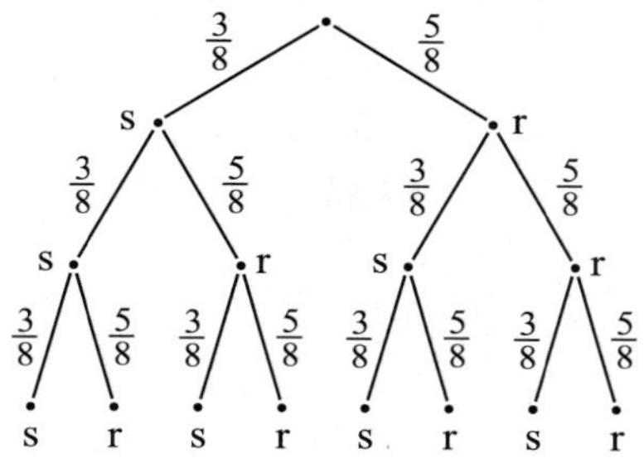

Zum Baumdiagramm passt z.B. folgende Situation:
In einer Urne befinden sich 5 rote und 3 schwarze Kugeln. Es werden drei Kugeln mit Zurücklegen gezogen, da die Wahrscheinlichkeiten beim 2. und beim 3. Zug gleich groß sind wie beim 1. Zug.

II) Die Wahrscheinlichkeit beträgt bei jedem Ziehen für rot (r) $\frac{5}{8}$ und für schwarz (s) $\frac{3}{8}$. Die Wahrscheinlichkeit, dass mindestens eine Kugel rot ist, erhält man am geschicktesten mit Hilfe des Gegenereignisses:

$$\begin{aligned} P(\text{«mindestens eine rote Kugel»}) &= 1 - P(\text{«keine rote Kugel»}) \\ &= 1 - P(\text{sss}) \\ &= 1 - \frac{3}{8} \cdot \frac{3}{8} \cdot \frac{3}{8} \\ &= \frac{512}{512} - \frac{27}{512} = \frac{485}{512} \end{aligned}$$

8.1.2 Ziehen ohne Zurücklegen

a) I)

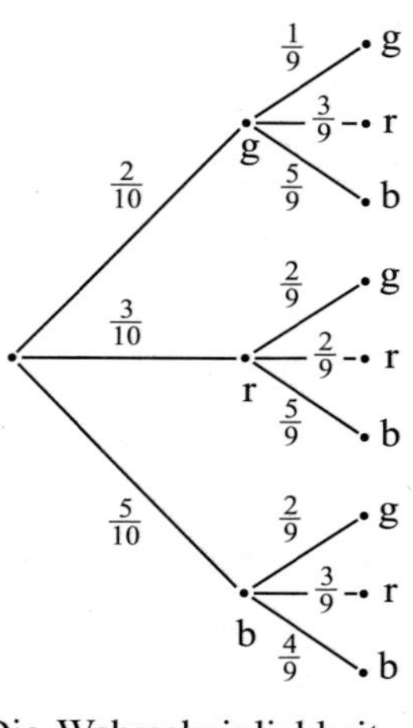

Da 2 grüne, 3 rote und 5 blaue, also insgesamt 10 Kugeln in der Urne sind, betragen die Wahrscheinlichkeiten beim 1. Ziehen für grün (g): $\frac{2}{10}$, für rot (r): $\frac{3}{10}$ und für blau (b): $\frac{5}{10}$.
Danach sind nur noch 9 Kugeln in der Urne und die Wahrscheinlichkeiten bei der 2. Ziehung hängen jeweils davon ab, welche Farbe beim 1. Mal gezogen wurde.

Die Wahrscheinlichkeit, dass eine grüne und eine rote Kugel gezogen wird, erhält man mit Hilfe der 1. und 2. Pfadregel (Produkt- und Summenregel):

$$\begin{aligned} P(\text{«rote und grüne Kugel»}) &= P(\text{gr}) + P(\text{rg}) \\ &= \frac{2}{10} \cdot \frac{3}{9} + \frac{3}{10} \cdot \frac{2}{9} \\ &= \frac{12}{90} = \frac{2}{15} \end{aligned}$$

II)

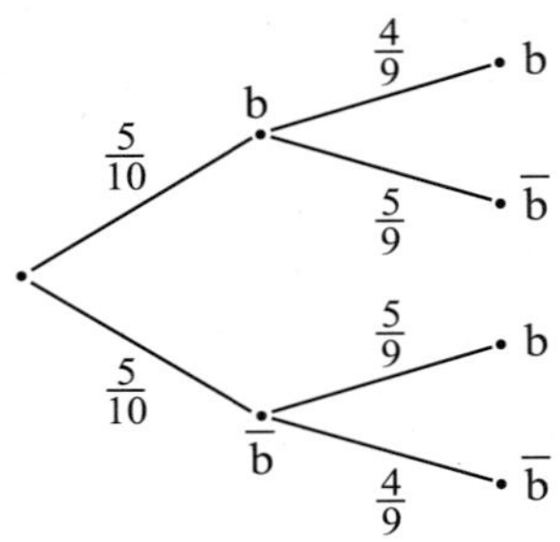

Da 5 blaue und 5 nicht blaue, also insgesamt 10 Kugeln in der Urne sind, betragen die Wahrscheinlichkeiten beim 1. Ziehen für blau (b): $\frac{5}{10}$ und für nicht blau ($\bar{b}$): $\frac{5}{10}$.

Danach sind nur noch 9 Kugeln in der Urne und die Wahrscheinlichkeiten bei der 2. Ziehung hängen jeweils davon ab, welche Farbe beim 1. Mal gezogen wurde.

Die Wahrscheinlichkeit, dass keine blaue Kugel gezogen wird, erhält man mit Hilfe der 1. Pfadregel (Produktregel):

$$P(\text{«keine blaue Kugel»}) = P(\bar{b}\bar{b}) = \frac{5}{10} \cdot \frac{4}{9} = \frac{20}{90} = \frac{2}{9}$$

b) I)

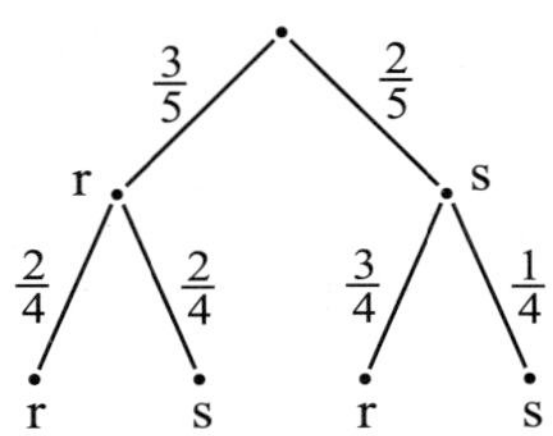

Zum Baumdiagramm passt z.B. folgende Situation:

In einer Urne befinden sich 3 rote und 2 schwarze Kugeln. Es werden zwei Kugeln ohne Zurücklegen gezogen, da die Wahrscheinlichkeiten beim 2. Zug anders sind als beim 1. Zug.

II) Die Wahrscheinlichkeit beträgt beim 1. Ziehen für rot (r): $\frac{3}{5}$ und für schwarz (s): $\frac{2}{5}$. Danach sind nur noch 4 Kugeln in der Urne und die Wahrscheinlichkeiten bei der 2. Ziehung hängen jeweils davon ab, welche Farbe beim 1. Mal gezogen wurde.
Die Wahrscheinlichkeit, dass beide Kugeln gleichfarbig sind, erhält man mit Hilfe der 1. und 2. Pfadregel (Produkt- und Summenregel):

$$\begin{aligned} P(\text{«beide Kugeln gleichfarbig»}) &= P(rr) + P(ss) \\ &= \frac{3}{5} \cdot \frac{2}{4} + \frac{2}{5} \cdot \frac{1}{4} \\ &= \frac{6}{20} + \frac{2}{20} = \frac{8}{20} = \frac{2}{5} \end{aligned}$$

c) I) Das gleichzeitige Ziehen von Kugeln entspricht einem Ziehen ohne Zurücklegen.
Da 7 weiße, 5 schwarze und 3 rote, also insgesamt 15 Kugeln in der Urne sind, betragen die Wahrscheinlichkeiten beim 1. Ziehen für weiß (w): $\frac{7}{15}$, für schwarz (s): $\frac{5}{15}$ und für rot (r): $\frac{3}{15}$.
Danach sind nur noch 14 Kugeln in der Urne und die Wahrscheinlichkeiten bei der 2. Ziehung hängen jeweils davon ab, welche Farbe beim 1. Mal gezogen wurde. Schließlich sind nur noch 13 Kugeln in der Urne.

Die Wahrscheinlichkeit, dass eine weiße und zwei schwarze Kugeln gezogen werden, erhält man mit Hilfe der 1. und 2. Pfadregel (Produkt- und Summenregel):

$$\begin{aligned}\mathrm{P}(\text{«1 weiße und 2 schwarze Kugeln»}) &= \mathrm{P}(\mathrm{wss}) + \mathrm{P}(\mathrm{sws}) + \mathrm{P}(\mathrm{ssw}) \\ &= \frac{7}{15}\cdot\frac{5}{14}\cdot\frac{4}{13} + \frac{5}{15}\cdot\frac{7}{14}\cdot\frac{4}{13} + \frac{5}{15}\cdot\frac{4}{14}\cdot\frac{7}{13} \\ &= 3\cdot\frac{7}{15}\cdot\frac{5}{14}\cdot\frac{4}{13} \\ &= \frac{2}{13}\end{aligned}$$

II)

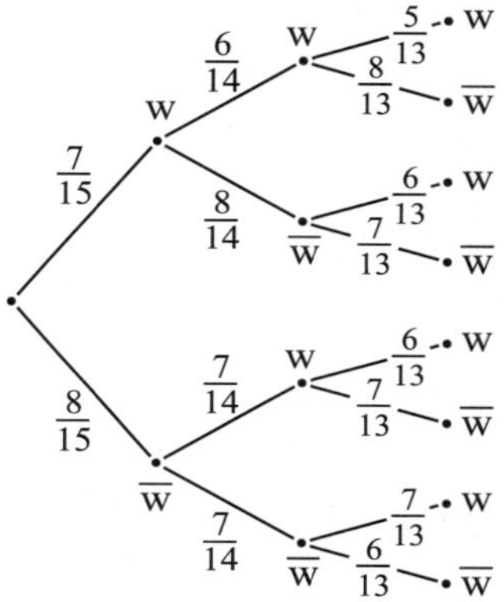

Da 7 weiße und 8 nicht weiße, also insgesamt 15 Kugeln in der Urne sind, betragen die Wahrscheinlichkeiten beim 1. Ziehen für weiß (w): $\frac{7}{15}$ und für nicht weiß $\bar{w}$: $\frac{8}{15}$.

Danach sind nur noch 14 Kugeln in der Urne und die Wahrscheinlichkeiten bei der 2. Ziehung hängen jeweils davon ab, welche Farbe beim 1. Mal gezogen wurde. Schließlich sind nur noch 13 Kugeln in der Urne.

Die Wahrscheinlichkeit, dass mindestens eine weiße Kugel gezogen wird, erhält man am geschicktesten mit Hilfe des Gegenereignisses:

$$\begin{aligned}\mathrm{P}(\text{«mindestens eine weiße Kugel»}) &= 1 - \mathrm{P}(\text{«keine weiße Kugel»}) \\ &= 1 - \mathrm{P}(\bar{w}\bar{w}\bar{w}) \\ &= 1 - \frac{8}{15}\cdot\frac{7}{14}\cdot\frac{6}{13} \\ &= 1 - \frac{8}{65} \\ &= \frac{57}{65}\end{aligned}$$

d) I)

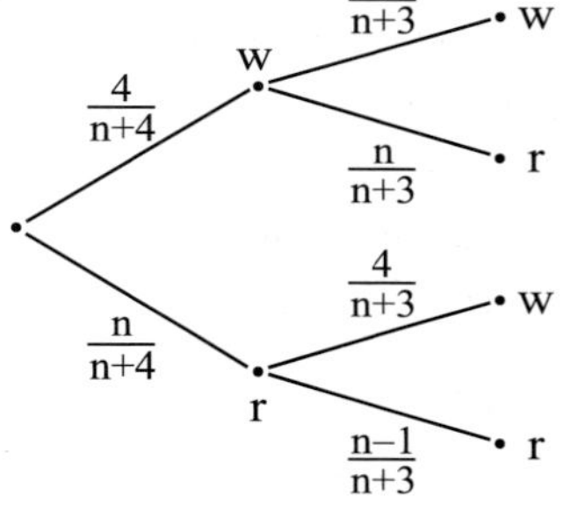

Wenn in der Urne 4 weiße und n rote Kugeln sind, gibt es insgesamt $n+4$ Kugeln. Damit beträgt die Wahrscheinlichkeit beim 1. Ziehen für weiß (w): $\frac{4}{n+4}$ und für rot (r): $\frac{n}{n+4}$.

Beim 2. Ziehen sind nur noch $n+3$ Kugeln vorhanden und die Wahrscheinlichkeiten hängen davon ab, welche Farbe schon gezogen wurde. Da die Wahrscheinlichkeit, dass beide Kugeln weiß sind, $\frac{1}{6}$ betragen soll, erhält man mit Hilfe der 1. Pfadregel folgende Gleichung:

$$\begin{aligned} P(\text{«beide Kugeln weiß»}) &= P(ww) \\ \frac{1}{6} &= \frac{4}{n+4} \cdot \frac{3}{n+3} \\ (n+4) \cdot (n+3) &= 72 \\ n^2 + 7n - 60 &= 0 \\ &\Rightarrow n_1 = 5 \text{ bzw. } n_2 = -12 \end{aligned}$$

Wegen $n > 0$ kommt nur $n_1 = 5$ als Lösung in Frage.
Also waren in der Urne 5 rote Kugeln vorhanden.

II) Da die Wahrscheinlichkeit, mindestens eine weiße Kugel zu ziehen, $\frac{2}{3}$ betragen soll, erhält man (am geschicktesten) mit Hilfe des Gegenereignisses folgende Gleichung:

$$\begin{aligned} P(\text{«mindestens eine weiße Kugel»}) &= 1 - P(\text{«keine weiße Kugel»}) \\ \frac{2}{3} &= 1 - P(rr) \\ \frac{2}{3} &= 1 - \frac{n}{n+4} \cdot \frac{n-1}{n+3} \\ \frac{n}{n+4} \cdot \frac{n-1}{n+3} &= \frac{1}{3} \\ 3 \cdot n \cdot (n-1) &= (n+4) \cdot (n+3) \\ 3n^2 - 3n &= n^2 + 7n + 12 \\ 2n^2 - 10n - 12 &= 0 \\ n^2 - 5n - 6 &= 0 \\ &\Rightarrow n_1 = 6 \text{ bzw. } n_2 = -1 \end{aligned}$$

Wegen $n > 0$ kommt nur $n_1 = 6$ als Lösung in Frage.
Also waren in der Urne 6 rote Kugeln vorhanden.

8.1.3 Mehrstufige Experimente

a) I)

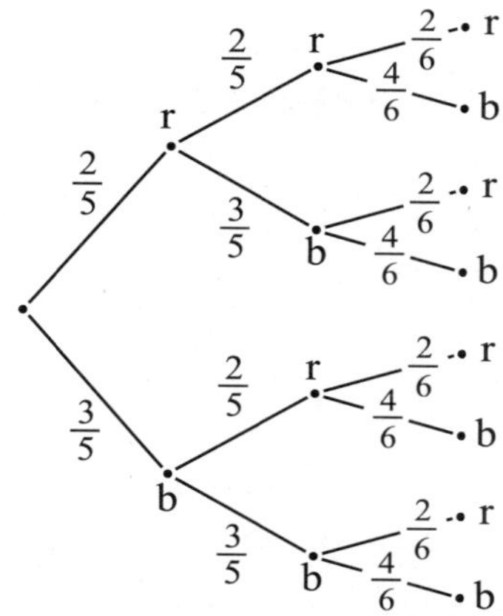

Es handelt sich um ein dreistufiges Experiment. Da 2 rote und 3 blaue Kugeln, also insgesamt 5 Kugeln, in Gefäß G_1 sind, betragen die Wahrscheinlichkeiten bei jedem Ziehen für rot (r): $\frac{2}{5}$ und für blau (b): $\frac{3}{5}$. Da in Gefäß G_2 2 rote und 4 blaue, also insgesamt 6 Kugeln sind, beträgt die Wahrscheinlichkeit für rot (r): $\frac{2}{6}$ und für blau (b): $\frac{4}{6}$. Die Wahrscheinlichkeit, dass mindestens 2 rote Kugeln gezogen wurden, erhält man mit Hilfe der 1. und 2. Pfadregel (Produkt- und Summenregel):

$$\begin{aligned} P(\text{«mind. zwei rote Kugeln»}) &= P(\text{brr}) + P(\text{rbr}) + P(\text{rrb}) + P(\text{rrr}) \\ &= \frac{3}{5}\cdot\frac{2}{5}\cdot\frac{2}{6} + \frac{2}{5}\cdot\frac{3}{5}\cdot\frac{2}{6} + \frac{2}{5}\cdot\frac{2}{5}\cdot\frac{4}{6} + \frac{2}{5}\cdot\frac{2}{5}\cdot\frac{2}{6} \\ &= \frac{12}{150} + \frac{12}{150} + \frac{16}{150} + \frac{8}{150} \\ &= \frac{24}{75} \end{aligned}$$

II)

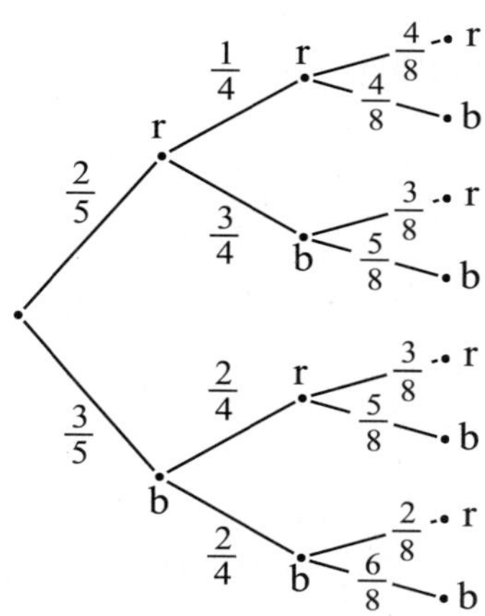

Es handelt sich um ein dreistufiges Experiment. Da 2 rote und 3 blaue, also insgesamt 5 Kugeln in Gefäß G_1 sind, betragen die Wahrscheinlichkeiten beim 1. Ziehen für rot (r): $\frac{2}{5}$ und für blau (b): $\frac{3}{5}$. Danach sind nur noch 4 Kugeln in Gefäß G_1 und die Wahrscheinlichkeiten bei der 2. Ziehung aus G_1 hängen jeweils davon ab, welche Farbe beim 1. Mal gezogen wurde. Da die beiden Kugeln in Gefäß G_2 gelegt werden, gibt es insgesamt 8 Kugeln in G_2. Die Wahrscheinlichkeit der einzelnen Farbe hängt davon ab, was vorher gezogen wurde. Die Wahrscheinlichkeit, genau eine rote Kugel zu ziehen, erhält man mit Hilfe der 1. und 2. Pfadregel (Produkt- und Summenregel):

$$\begin{aligned} P(\text{«genau eine rote Kugel»}) &= P(bbr) + P(brb) + P(rbb) \\ &= \frac{3}{5}\cdot\frac{2}{4}\cdot\frac{2}{8} + \frac{3}{5}\cdot\frac{2}{4}\cdot\frac{5}{8} + \frac{2}{5}\cdot\frac{3}{4}\cdot\frac{5}{8} \\ &= \frac{12}{160} + \frac{30}{160} + \frac{30}{160} \\ &= \frac{9}{20} \end{aligned}$$

b) I)

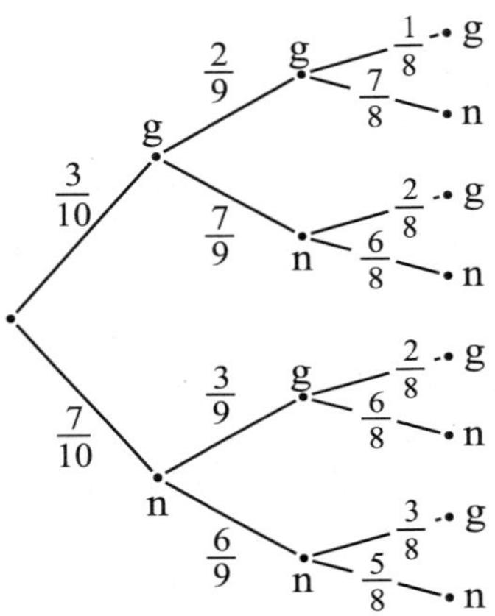

Da 3 Gewinne und 7 Nieten, also insgesamt 10 Lose in der Lostrommel sind, betragen die Wahrscheinlichkeiten beim 1. Ziehen für Gewinn (g): $\frac{3}{10}$ und für Niete (n): $\frac{7}{10}$.
Danach sind nur noch 9 Lose in der Trommel und die Wahrscheinlichkeiten bei der 2. und 3. Ziehung hängen jeweils davon ab, was beim 1. bzw. 2. Mal gezogen wurde.

Die Wahrscheinlichkeit, dass genau zwei Gewinne gezogen werden, erhält man mit Hilfe der 1. und 2. Pfadregel (Produkt- und Summenregel):

$$\begin{aligned} P(\text{«genau zwei Gewinne»}) &= P(ggn) + P(gng) + P(ngg) \\ &= \frac{3}{10}\cdot\frac{2}{9}\cdot\frac{7}{8} + \frac{3}{10}\cdot\frac{7}{9}\cdot\frac{2}{8} + \frac{7}{10}\cdot\frac{3}{9}\cdot\frac{2}{8} \\ &= 3\cdot\frac{3}{10}\cdot\frac{2}{9}\cdot\frac{7}{8} \\ &= \frac{7}{40} \end{aligned}$$

II) Die Wahrscheinlichkeit, dass der Gewinn erst beim dritten Zug gezogen wird, erhält man mit Hilfe der 1. Pfadregel (Produktregel):

$$P(\text{«Gewinn beim dritten Zug»}) = P(nng) = \frac{7}{10}\cdot\frac{6}{9}\cdot\frac{3}{8} = \frac{7}{40}$$

c) I)

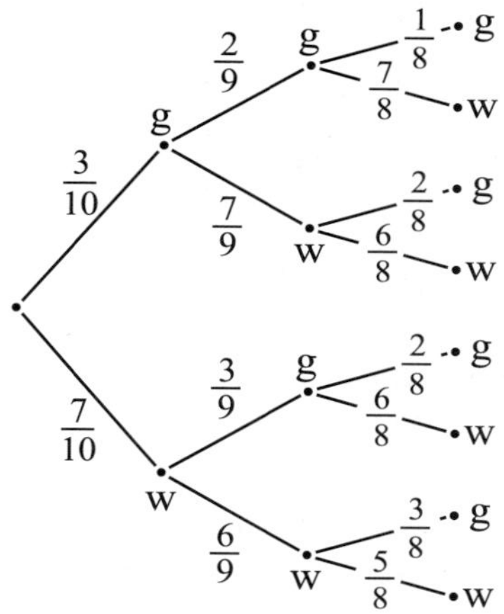

Da in der dritten Packung 3 gelbe und 7 weiße, also insgesamt 10 Tabletten sind, betragen die Wahrscheinlichkeiten beim 1. Ziehen für gelb (g): $\frac{3}{10}$ und für weiß (w): $\frac{7}{10}$. Danach sind nur noch 9 Tabletten in der Schachtel. Die Wahrscheinlichkeiten bei der 2. und 3. Ziehung hängen also jeweils davon ab, welche Farbe beim 1. bzw. 2. Mal gezogen wurde.

Die Wahrscheinlichkeit, dass aus der dritten Packung mindestens 2 gelbe Tabletten gezogen werden, erhält man mit Hilfe der 1. und 2. Pfadregel (Produkt- und Summenregel):

$$\begin{aligned} P(\text{«mind. 2 gelbe Tabletten»}) &= P(ggw) + P(gwg) + P(wgg) + P(ggg) \\ &= \frac{3}{10}\cdot\frac{2}{9}\cdot\frac{7}{8} + \frac{3}{10}\cdot\frac{7}{9}\cdot\frac{2}{8} + \frac{7}{10}\cdot\frac{3}{9}\cdot\frac{2}{8} + \frac{3}{10}\cdot\frac{2}{9}\cdot\frac{1}{8} \\ &= \frac{42}{720} + \frac{42}{720} + \frac{42}{720} + \frac{6}{720} \\ &= \frac{11}{60} \end{aligned}$$

II)

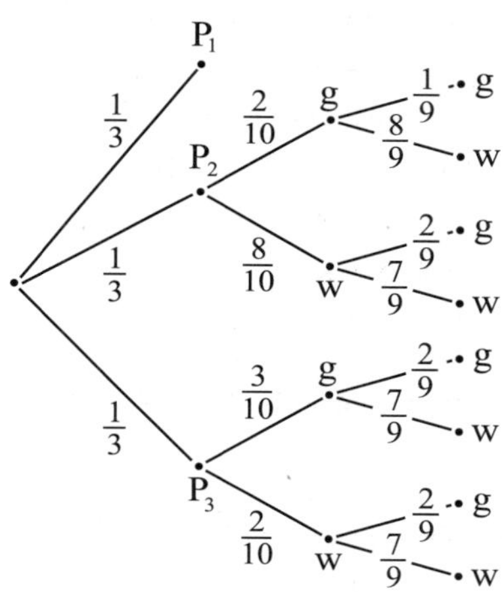

Da bei der 1. Ziehung 3 Packungen zur Verfügung stehen, beträgt die Wahrscheinlichkeit für jede Packung $\frac{1}{3}$. Da in der ersten Packung nur eine gelbe Tablette ist, können aus dieser keine 2 gelben Tabletten gezogen werden.

Aus der zweiten und dritten Packung können jeweils 2 gelbe Tabletten ohne Zurücklegen gezogen werden. Die Wahrscheinlichkeiten ändern sich dabei bei jedem Zug.

Die Wahrscheinlichkeit, dass beide Tabletten gelb sind, erhält man mit Hilfe der 1.

und 2. Pfadregel (Produkt- und Summenregel):

$$\begin{aligned} P(\text{«beide Tabletten gelb»}) &= P(P_2gg) + P(P_3gg) \\ &= \frac{1}{3} \cdot \frac{2}{10} \cdot \frac{1}{9} + \frac{1}{3} \cdot \frac{3}{10} \cdot \frac{2}{9} \\ &= \frac{8}{270} = \frac{4}{135} \end{aligned}$$

d) I) Es handelt sich um ein vierstufiges Experiment, bei welchem die Wahrscheinlichkeiten miteinander multipliziert werden. Die Wahrscheinlichkeit einer jeden Stufe erhält man mit Hilfe der 1. Pfadregel für das Ziehen ohne Zurücklegen:

$$\begin{aligned} P(\text{alle Karten sind rot}) &= P_{(\text{Stapel1})}(rr) \cdot P_{(\text{Stapel2})}(rr) \\ &= \left(\frac{2}{5} \cdot \frac{1}{4}\right) \cdot \left(\frac{2}{6} \cdot \frac{1}{5}\right) \\ &= \frac{1}{150} \end{aligned}$$

II)

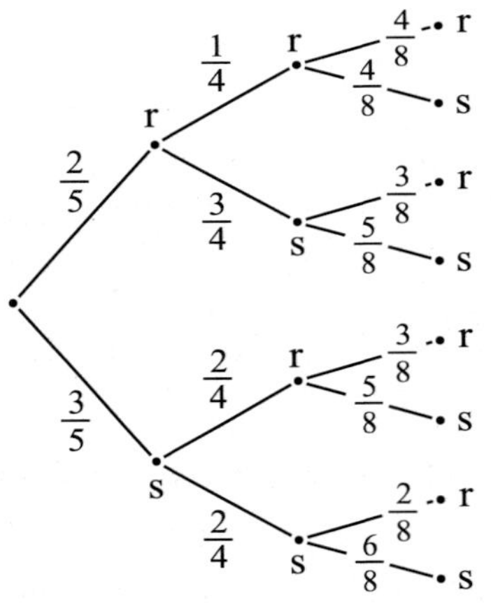

Da 2 rote und 3 schwarze, also insgesamt 5 Karten im 1. Stapel sind, betragen die Wahrscheinlichkeiten beim 1. Ziehen für rot (r): $\frac{2}{5}$ und für schwarz (s): $\frac{3}{5}$.
Danach sind nur noch 4 Karten auf dem 1. Stapel und die Wahrscheinlichkeiten bei der 2. Ziehung hängen jeweils davon ab, welche Farbe beim 1. Mal gezogen wurde. Da die beiden Karten mit dem 2. Stapel vermischt werden, gibt es insgesamt 8 Karten im 2. Stapel. Die Wahrscheinlichkeit der einzelnen Farbe hängt davon ab, was vorher gezogen wurde.

Die Wahrscheinlichkeit, dass die zuletzt gezogene Karte schwarz ist, erhält man mit Hilfe der 1. und 2. Pfadregel (Produkt- und Summenregel):

$$\begin{aligned} P(\text{«letzte Karte schwarz»}) &= P(rrs) + P(rss) + P(srs) + P(sss) \\ &= \frac{2}{5} \cdot \frac{1}{4} \cdot \frac{4}{8} + \frac{2}{5} \cdot \frac{3}{4} \cdot \frac{5}{8} + \frac{3}{5} \cdot \frac{2}{4} \cdot \frac{5}{8} + \frac{3}{5} \cdot \frac{2}{4} \cdot \frac{6}{8} \\ &= \frac{8}{160} + \frac{30}{160} + \frac{30}{160} + \frac{36}{160} \\ &= \frac{13}{20} \end{aligned}$$

8.2 Unabhängigkeit und Vierfeldertafeln

a) I)

	A	$\overline{A}$	
B	0,32	0,08	0,4
$\overline{B}$	0,48	0,12	0,6
	0,8	0,2	1

II)

	A	$\overline{A}$	
B	$\frac{3}{5}$	$\frac{1}{15}$	$\frac{2}{3}$
$\overline{B}$	$\frac{3}{10}$	$\frac{1}{30}$	$\frac{1}{3}$
	$\frac{9}{10}$	$\frac{1}{10}$	1

III)

	A	$\overline{A}$	
B	$\frac{1}{20}$	$\frac{1}{5}$	$\frac{1}{4}$
$\overline{B}$	$\frac{3}{20}$	$\frac{3}{5}$	$\frac{3}{4}$
	$\frac{1}{5}$	$\frac{4}{5}$	1

b) Es ist: $P(m) = \frac{90}{200} = 0,45$; $P(R) = \frac{80}{200} = 0,4$; $P(m \cap R) = \frac{36}{200} = 0,18$.
Wegen $P(m) \cdot P(R) = 0,45 \cdot 0,4 = 0,18 = P(m \cap R)$ gilt der spezielle Multiplikationssatz und die Ereignisse sind unabhängig.
Alternativer Lösungsweg:
Man prüft nach, ob der Anteil an Rauchern unter allen Befragten genau so groß ist wie der Anteil an Rauchern unter den Männern.
Anteil der Raucher unter allen Befragten: $\frac{80}{200} = \frac{2}{5} = 0,4$.
Anteil der Raucher unter den Männern: $\frac{36}{90} = \frac{2}{5} = 0,4$.
Die Werte stimmen überein, also sind Geschlecht und Rauchverhalten unabhängig voneinander.

c) Es ergeben sich folgende ergänzte Tafeln:

I)

	A	$\overline{A}$	
B	0,3	0,1	0,4
$\overline{B}$	0,5	0,1	0,6
	0,8	0,2	1

II)

	A	$\overline{A}$	
B	$\frac{1}{8}$	$\frac{1}{2}$	$\frac{5}{8}$
$\overline{B}$	$\frac{1}{4}$	$\frac{1}{8}$	$\frac{3}{8}$
	$\frac{3}{8}$	$\frac{5}{8}$	1

I) Wegen $P(A) \cdot P(B) = 0,8 \cdot 0,4 = 0,32 \neq 0,3 = P(A \cap B)$ sind A und B nicht unabhängig.

II) Wegen $P(A) \cdot P(B) = \frac{3}{8} \cdot \frac{5}{8} = \frac{15}{64} \neq \frac{1}{8} = P(A \cap B)$ sind A und B nicht unabhängig.

d)

	F	$\overline{F}$	
S	0,4	0,2	0,6
$\overline{S}$	0,3	0,1	0,4
	0,7	0,3	1

Es sind:
F: mag Fußball
S: mag Schwimmen
$\overline{F}$: mag Fußball nicht
$\overline{S}$: mag Schwimmen nicht

Gegeben sind $P(F) = 0,7$ und $P(S) = 0,6$ sowie $P(\overline{F} \cap \overline{S}) = 0,1$, da sich 10% der Schüler für keine der beiden Sportarten begeistern.
Aus der Vierfeldertafel ergibt sich: $P(F \cap S) = 0,4$.
Somit begeistern sich 40% der Schüler für beide Sportarten.

8.3 Bedingte Wahrscheinlichkeit

a) Es ist a: über 40 Jahre, j: bis 40 Jahre und L: Leserin.

Aus den Angaben lassen sich folgende Wahrscheinlichkeiten bestimmen:

$P(a) = \frac{60}{100} = 0,6.$

$P(L) = \frac{40}{100} = 0,4.$

$P(a \cap L) = \frac{25}{100} = 0,25.$

$P_L(a) = \frac{25}{40}$ (für die Vierfeldertafel nicht nötig).

Die ersten drei Wahrscheinlichkeiten werden in eine Vierfeldertafel eingesetzt und diese wird vervollständigt.

	L	$\overline{L}$	
a	0,25	0,35	0,6
j	0,15	0,25	0,4
	0,4	0,6	1

I) Den Anteil der Leserinnen unter den über 40-jährigen erhält man mit Hilfe der bedingten Wahrscheinlichkeit:

$$P_a(L) = \frac{P(L \cap a)}{P(a)} = \frac{0,25}{0,6} = \frac{25}{60} = \frac{5}{12}$$

II) Den Anteil der Nicht-Leserinnen unter den jüngeren Befragten (bis 40 Jahre) erhält man mit Hilfe der bedingten Wahrscheinlichkeit:

$$P_j\left(\overline{L}\right) = \frac{P\left(\overline{L} \cap j\right)}{P(j)} = \frac{0,25}{0,4} = \frac{25}{40} = \frac{5}{8}$$

b) Es ist k: krank, g: gesund, «+»: positiv getestet, «−»: negativ getestet.

Aus den Angaben lassen sich folgende Wahrscheinlichkeiten bestimmen:

$P(k) = 0,2$; $P_k(+) = 0,95$; $P_g(-) = 0,9.$

Damit ist:

$P(g) = 1 - P(k) = 0,8.$

$P(k \cap +) = P(k) \cdot P_k(+) = 0,2 \cdot 0,95 = 0,19$

$P(g \cap -) = P(g) \cdot P_g(-) = 0,8 \cdot 0,9 = 0,72$

Somit erhält man nebenstehende Vierfeldertafel:

	k	g	
+	0,19	0,08	0,27
−	0,01	0,72	0,73
	0,2	0,8	1

I) Die Wahrscheinlichkeit, dass man bei einem positiven Testergebnis tatsächlich krank ist, erhält man, indem man mit Hilfe der bedingten Wahrscheinlichkeit folgendes berechnet:

$$P_+(k) = \frac{P(k \cap +)}{P(+)} = \frac{0,19}{0,27} = \frac{19}{27} \approx 0,70 = 70\,\%$$

II) Die Wahrscheinlichkeit, dass man bei einem negativen Testergebnis tatsächlich gesund ist, erhält man mit Hilfe der bedingten Wahrscheinlichkeit folgendermaßen:

$$P_-(g) = \frac{P(g \cap -)}{P(-)} = \frac{0,72}{0,73} = \frac{72}{73} \approx 0,99 = 99\,\%$$

c) Es ist a: älter als 70 Jahre, j $(=\overline{a})$: höchstens 70 Jahre, m: männlich, w$(=\overline{m})$: weiblich.
Gegeben sind $P(a) = 0,3$; $P_a(m) = 0,4$ und $P_j(m) = 0,5$.
Wegen $P_a(m) = \frac{P(m \cap a)}{P(a)}$ gilt:

$$P(m \cap a) = P(a) \cdot P_a(m) = 0,3 \cdot 0,4 = 0,12$$

Es ist $P(j) = 1 - P(a) = 0,7$.
Wegen $P_j(m) = \frac{P(m \cap j)}{P(j)}$ gilt:

$$P(m \cap j) = P(j) \cdot P_j(m) = 0,7 \cdot 0,5 = 0,35$$

P(a), P(j), P(m∩a) und P(m∩j) werden in die Vierfeldertafel eingetragen und diese wird vervollständigt:

	a	j	
m	0,12	0,35	0,47
w	0,18	0,35	0,53
	0,3	0,7	1

I) Den Anteil der Männer, die höchstens 70 Jahre alt sind, erhält man mit Hilfe der bedingten Wahrscheinlichkeit:

$$P_m(j) = \frac{P(m \cap j)}{P(m)} = \frac{0,35}{0,47} = \frac{35}{47}$$

II) Den Anteil der Frauen, die über 70 Jahre alt sind, erhält man mit Hilfe der bedingten Wahrscheinlichkeit:

$$P_w(a) = \frac{P(a \cap w)}{P(w)} = \frac{0,18}{0,53} = \frac{18}{53}$$

8.4 Binomialverteilung

Bei einem Bernoulli-Experiment wird die Wahrscheinlichkeit P eines Ereignisses mit k Treffern mit der Trefferwahrscheinlichkeit p und der Kettenlänge n (Anzahl der Durchführungen des Experiments) mit folgender Formel berechnet:

$$P(X=k)=\binom{n}{k}\cdot p^k\cdot(1-p)^{n-k}$$

a) I) Da die Zufallsvariable X binomialverteilt ist mit $p=0,4$ und $n=10$, gilt:

$$P(X=1)=\binom{10}{1}\cdot 0,4^1\cdot(1-0,4)^9=\binom{10}{1}\cdot 0,4^1\cdot 0,6^9$$

II) Anhand der gegebenen Abbildung kann man folgende Wahrscheinlichkeiten näherungsweise ablesen:

$$\begin{aligned} P(X=4) &\approx 0,25 \qquad & P(X=8) &\approx 0,01\\ P(X=5) &\approx 0,20 & P(X=9) &\approx 0,00\\ P(X=6) &\approx 0,11 & P(X=10) &\approx 0,00\\ P(X=7) &\approx 0,04 \end{aligned}$$

Damit gilt:

$$P(3<X<6)=P(X=4)+P(X=5)\approx 0,25+0,20=0,45$$

und

$$\begin{aligned} P(X>6) &= P(X=7)+P(X=8)+P(X=9)+P(X=10)\\ &\approx 0,04+0,01+0,00+0,00\\ &= 0,05 \end{aligned}$$

b) I) Da es bei der Stichprobe nur die beiden Ausgänge verdorben oder nicht verdorben gibt, handelt es sich um ein Bernoulliexperiment.
Die Wahrscheinlichkeit, dass eine Apfelsine verdorben ist, beträgt $p=0,2=\frac{1}{5}$, die Kettenlänge ist $n=5$.
Damit gilt für die Wahrscheinlichkeit, dass in der Stichprobe genau eine verdorbene Apfelsine ist:

$$P(X=1)=\binom{5}{1}\cdot\left(\frac{1}{5}\right)^1\cdot\left(\frac{4}{5}\right)^4$$

II) Um ein Ereignis A anzugeben, formt man die gegebene Wahrscheinlichkeit um:

$$P(A)=\binom{5}{3}\cdot 0,2^3\cdot 0,8^2=P(X=3)$$

Damit lautet das Ereignis A: In der Stichprobe sind genau drei verdorbene Apfelsinen enthalten.

Um ein Ereignis B anzugeben, formt man ebenfalls die gegebene Wahrscheinlichkeit um:

$$\begin{aligned} P(B) &= 1 - 0{,}2^5 \\ &= 1 - \binom{5}{5} \cdot 0{,}2^5 \cdot 0{,}8^0 \\ &= 1 - P(X = 5) \end{aligned}$$

Dies ist die Wahrscheinlichkeit für das Gegenereignis zu: Es sind alle 5 Apfelsinen verdorben.

Damit lautet das Ereignis B: Es ist mindestens eine Apfelsine nicht verdorben.

c) I) Da die Zufallsvariable X binomialverteilt ist mit $p = 0{,}2$ und $n = 20$, gilt:

$$P(X = 2) = \binom{20}{2} \cdot 0{,}2^2 \cdot (1 - 0{,}2)^{18} = \binom{20}{2} \cdot 0{,}2^2 \cdot 0{,}8^{18}$$

II) Aufgrund der Binomialverteilung mit $p = 0{,}2$ und $n = 20$ gilt ebenfalls:

$$\begin{aligned} P(X < 2) &= P(X = 0) + P(X = 1) \\ &= \binom{20}{0} \cdot 0{,}2^0 \cdot 0{,}8^{20} + \binom{20}{1} \cdot 0{,}2^1 \cdot 0{,}8^{19} \end{aligned}$$

und

$$\begin{aligned} P(X \neq 1) &= 1 - P(X = 1) \\ &= 1 - \binom{20}{1} \cdot 0{,}2^1 \cdot 0{,}8^{19} \end{aligned}$$

d) I) Da es bei einer Zwiebel nur die beiden Ausgänge keimen oder nicht keimen gibt, handelt es sich um ein Bernoulliexperiment.

Die Wahrscheinlichkeit, dass eine Zwiebel keimt, beträgt $p = 90\% = 0{,}9$. Die Kettenlänge ist $n = 20$. Damit gilt für die Wahrscheinlichkeit, dass von 20 Zwiebeln alle keimen:

$$P(X = 20) = \binom{20}{20} \cdot 0{,}9^{20} \cdot 0{,}1^0 = 1 \cdot 0{,}9^{20} \cdot 1 = 0{,}9^{20}$$

II) Um ein Ereignis A anzugeben, formt man die gegebene Wahrscheinlichkeit um:

$$\begin{aligned} P(A) &= \binom{20}{18} \cdot 0{,}9^{18} \cdot 0{,}1^2 + \binom{20}{19} \cdot 0{,}9^{19} \cdot 0{,}1^1 + 0{,}9^{20} \\ &= P(X = 18) + P(X = 19) + P(X = 20) \\ &= P(X \geqslant 18) \end{aligned}$$

Damit lautet das Ereignis A: Mindestens 18 Zwiebeln keimen.

Um ein Ereignis B anzugeben, formt man ebenfalls die gegebene Wahrscheinlichkeit um:

$$\begin{aligned} P(B) &= 1 - 0,1^{20} \\ &= 1 - \binom{20}{0} \cdot 0,9^0 \cdot 0,1^{20} \\ &= 1 - P(X=0) \end{aligned}$$

Dies ist die Wahrscheinlichkeit für das Gegenereignis zu: Es keimt keine der 20 Zwiebeln.
Damit lautet das Ereignis B: Es keimt mindestens eine der Zwiebeln.

e) Die Zufallsvariable X ist binomialverteilt mit $n = 10$ und $p = 0,6$ und hat folgende Verteilung:

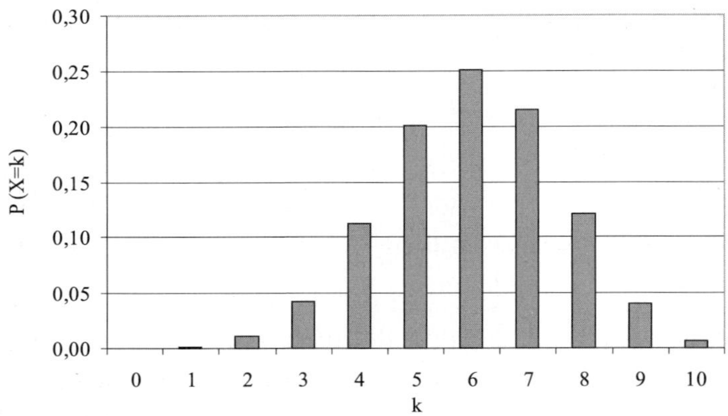

I) Da die Zufallsvariable X binomialverteilt ist mit $p = 0,6$ und $n = 10$, gilt:

$$P(X=10) = \binom{10}{10} \cdot 0,6^{10} \cdot (1-0,6)^0 = 0,6^{10}$$

II) Anhand der gegebenen Abbildung kann man folgende Wahrscheinlichkeiten näherungsweise ablesen:

$$\begin{aligned} P(X=4) &\approx 0,11 \\ P(X=6) &\approx 0,25 \\ P(X=7) &\approx 0,22 \\ P(X=8) &\approx 0,12 \\ P(X=9) &\approx 0,04 \\ P(X=10) &\approx 0,01 \end{aligned}$$

Damit gilt:

$$\begin{aligned} P(X>5) &= P(X=6)+P(X=7)+P(X=8)+P(X=9)+P(X=10) \\ &\approx 0,25+0,22+0,12+0,04+0,01 \\ &= 0,64 \end{aligned}$$

und

$$P(X \neq 4) = 1-P(X=4) \approx 1-0,11 = 0,89$$

f) Laut Verpackungsangabe kommt es bei sachgerechter Pflanzung einer Tulpenzwiebel im nächsten Frühjahr mit einer Wahrscheinlichkeit von $p = 0,98$ zu einer Blüte. $0,98^n$ ist also die Wahrscheinlichkeit, dass von n ($n \in \mathbb{N}$) sachgerecht gepflanzten Tulpenzwiebeln alle n Zwiebeln im nächsten Frühjahr zu einer Blüte kommen. Ungleichung (I) beschreibt die Bedingung für die Wahrscheinlichkeit, dass alle n gepflanzten Tulpenzwiebeln im nächsten Frühjahr blühen, größer als 75 % ist:

$$0,98^n > 0,75$$

Ungleichung (II) beschreibt die Lösung von Ungleichung (I): $n < 14,24$.
Also dürfen höchstens 14 Tulpenzwiebeln gepflanzt werden, wenn gewährleistet werden soll, dass mit einer Wahrscheinlichkeit von mehr als 75 % alle gepflanzten Tulpenzwiebeln blühen.

g) Legt man X als Zufallsvariable für die Anzahl der erfolgreich entwöhnten nicht starken Raucher fest, so ist X binomialverteilt mit den Parametern $n = 8$ und $p = 0,7$. Die Wahrscheinlichkeit, dass bei genau fünf der acht nicht starken Raucher die Entwöhnung erfolgreich ist, erhält man mit der Bernoulliformel $P(X=5) = \binom{8}{5} \cdot 0,7^5 \cdot 0,3^3$. Also beschreibt Term (v) diesen Sachverhalt.
Wenn bei genau fünf der acht nicht starken Raucher die Entwöhnung erfolgreich ist, so ist bei genau drei der acht nicht starken Raucher die Entwöhnung nicht erfolgreich. Legt man Y als Zufallsvariable für die Anzahl der nicht erfolgreich entwöhnten nicht starken Raucher fest, so ist Y binomialverteilt mit den Parametern $n = 8$ und $q = 1-p = 0,3$. Die Wahrscheinlichkeit, dass bei genau drei der acht nicht starken Raucher die Entwöhnung nicht erfolgreich ist, erhält man mit der Bernoulliformel $P(Y=3) = \binom{8}{3} \cdot 0,3^3 \cdot 0,7^5$. Also beschreibt Term (i) diesen Sachverhalt.
Somit beschreiben (i) und (v) die gesuchte Wahrscheinlichkeit.

h) Die Wahrscheinlichkeit, dass eine Tasse fehlerfrei glasiert ist, beträgt $p = 0,8$.

I) Die Wahrscheinlichkeit des Ereignisses A: «Von den entnommenen Tassen ist nur die 8. nicht fehlerfrei glasiert» erhält man durch Multiplikation der Wahrscheinlichkeiten jeder Stufe:

$$P(A) = 0,8^7 \cdot 0,2^1 \cdot 0,8^2 = 0,2 \cdot 0,8^9 \approx 0,03$$

II) Die Wahrscheinlichkeit, dass eine Tasse nicht fehlerfrei glasiert ist, beträgt $q = 0,2$. Das Ereignis B mit der Wahrscheinlichkeit

$$P(B) = \binom{10}{0} \cdot 0,8^{10} + \binom{10}{1} \cdot 0,8^9 \cdot 0,2^1 + \binom{10}{2} \cdot 0,8^8 \cdot 0,2^2$$

kann damit folgendermaßen beschrieben werden: «Von den 10 entnommenen Tassen sind höchstens 2 nicht fehlerfrei glasiert».

8.5 Erwartungswert und Standardabweichung

a) Da in der Urne 1 weiße, 1 rote und 8 schwarze Kugeln sind, beträgt die Wahrscheinlichkeit für weiß: $\frac{1}{10}$, für rot: $\frac{1}{10}$ und für schwarz: $\frac{8}{10}$. Damit erhält man für die Auszahlungsbeträge folgende Verteilung:

Ereignis	Auszahlungsbetrag x_i	$P(x_i)$	$x_i \cdot P(x_i)$
weiß	4	$\frac{1}{10}$	0,4
rot	8	$\frac{1}{10}$	0,8
schwarz	0	$\frac{8}{10}$	0
Summe		1	1,2

Sei X Zufallsvariable für die Höhe des Gewinns. Den Erwartungswert E von X erhält man, indem man die möglichen Auszahlungsbeträge mit den zugehörigen Wahrscheinlichkeiten multipliziert und den Einsatz subtrahiert:

$$E(X) = 4 \cdot 0,1 + 8 \cdot 0,1 + 0 \cdot 0,8 - 0,5 = 1,2 - 0,5 = 0,7$$

Der Erwartungswert für den Gewinn beträgt 0,70€.

b) I) Mit $n = 80$ und $p = 0,3$ ergibt sich für den Erwartungswert:

$$E(X) = n \cdot p = 80 \cdot 0,3 = 24$$

Für die Standardabweichung σ gilt:

$$\sigma = \sqrt{n \cdot p \cdot (1-p)} = \sqrt{80 \cdot 0,3 \cdot 0,7} = \sqrt{16,8} \approx 4,1$$

II) Mit $E(X) = 20$ und $n = 50$ ergibt sich für die Trefferwahrscheinlichkeit:

$$20 = 50 \cdot p \Rightarrow p = \frac{2}{5} = 0,4$$

Für die Standardabweichung σ gilt:

$$\sigma = \sqrt{n \cdot p \cdot (1-p)} = \sqrt{50 \cdot 0,4 \cdot 0,6} = \sqrt{12} \approx 3,5$$

III) Mit $E(X) = 12$ und $p = 0,6$ ergibt sich für die Kettenlänge:

$$12 = n \cdot 0,6 \Rightarrow n = \frac{12}{0,6} = 20$$

Für die Standardabweichung σ gilt:

$$\sigma = \sqrt{n \cdot p \cdot (1-p)} = \sqrt{20 \cdot 0,6 \cdot 0,4} = \sqrt{4,8} \approx 2,2$$

c) Die Wahrscheinlichkeit beträgt für 1 €: $\frac{180}{360}$, für 3 €: $\frac{120}{360}$ und für 4 €: $\frac{60}{360}$. Damit ergibt sich für die Auszahlungsbeträge folgende Verteilung:

Auszahlungsbetrag x_i in €	$P(x_i)$	$x_i \cdot P(x_i)$
1	$\frac{180}{360}$	$\frac{1}{2}$
3	$\frac{120}{360}$	1
4	$\frac{60}{360}$	$\frac{2}{3}$

Sei X Zufallsvariable für die Höhe des Gewinns. Den Erwartungswert von X erhält man, indem man die möglichen Auszahlungsbeträge mit den zugehörigen Wahrscheinlichkeiten multipliziert und den Einsatz von 2 Euro subtrahiert:

$$E(X) = 1 \cdot \frac{180}{360} + 3 \cdot \frac{120}{360} + 4 \cdot \frac{60}{360} - 2 = \frac{1}{2} + 1 + \frac{2}{3} - 2 = \frac{1}{6} \approx 0,17$$

Der Erwartungswert beträgt also etwa 17 Cent.

d) Da in der Urne 4 weiße, 4 rote und 2 schwarze Kugeln sind, beträgt die Wahrscheinlichkeit für weiß (w): $\frac{4}{10} = 0,4$, für rot (r): $\frac{4}{10} = 0,4$ und für schwarz (s): $\frac{2}{10} = 0,2$. Damit ergibt sich für die Auszahlungsbeträge folgende Verteilung:

Ereignis	Auszahlungsbetrag x_i in €	$P(x_i)$	$x_i \cdot P(x_i)$
weiß	1	0,4	0,4
rot	2	0,4	0,8
schwarz	0	0,2	0
Summe		1	1,2

Sei X Zufallsvariable für die Höhe des Gewinns. Den Erwartungswert von X erhält man, indem man die möglichen Auszahlungsbeträge mit den zugehörigen Wahrscheinlichkeiten multipliziert und den Einsatz von 1 Euro subtrahiert:

$$E(X) = 1 \cdot 0,4 + 2 \cdot 0,4 + 0 \cdot 0,2 - 1 = 1,2 - 1 = 0,2$$

Der Erwartungswert beträgt $0,20$ €.
Da der Erwartungswert nicht Null ist, ist das Spiel auch nicht fair. Es wird in diesem Fall der Spieler begünstigt, da der Erwartungswert des Spielers positiv ist.

e) 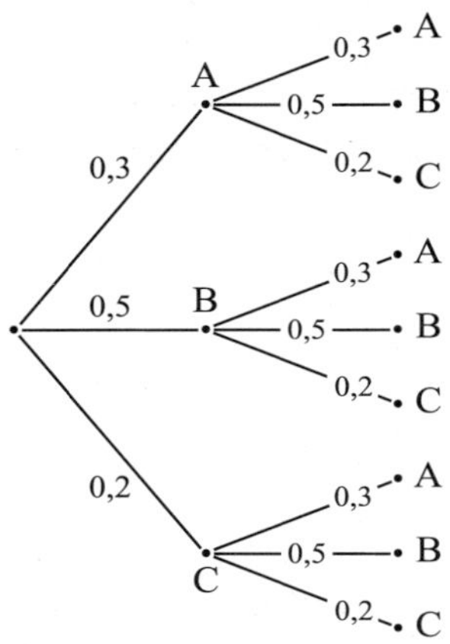

Die Wahrscheinlichkeiten für die Buchstaben A, B und C betragen bei jedem Drehen:
$P(A) = 0,3$
$P(B) = 0,5$
$P(C) = 0,2$

Die Wahrscheinlichkeit, dass zwei gleiche Buchstaben erscheinen, erhält man mit Hilfe der 1. und 2. Pfadregel (Produkt- und Summenregel):

$$\begin{aligned} P(\text{«zwei gleiche Buchstaben»}) &= P(AA) + P(BB) + P(CC) \\ &= 0,3 \cdot 0,3 + 0,5 \cdot 0,5 + 0,2 \cdot 0,2 \\ &= 0,09 + 0,25 + 0,04 \\ &= 0,38 \end{aligned}$$

Sei X Zufallsvariable für die Höhe des Gewinns. Den Erwartungswert von X erhält man, indem man den möglichen Auszahlungsbetrag mit der zugehörigen Wahrscheinlichkeit multipliziert und den Einsatz subtrahiert:

$$E(X) = 10 \cdot 0,38 - 4 = 3,8 - 4 = -0,2$$

Der Erwartungswert beträgt $-0,20$ €.
Da der Erwartungswert nicht Null ist, ist das Spiel auch nicht fair. Es wird der Spieler benachteiligt.

f) Den Erwartungswert $E(X)$ der Zufallsvariablen X erhält man, indem man die möglichen Werte von x_i mit den zugehörigen Wahrscheinlichkeiten multipliziert und die Ergebnisse addiert:

$$E(X) = -5 \cdot 0,1 + (-1) \cdot a + 0 \cdot b + 3 \cdot 0,3 = -0,5 - a + 0,9 = 0,4 - a$$

Wegen $E(X) = 0,3$ erhält man folgende Gleichung:

$$0,3 = 0,4 - a \Rightarrow a = 0,1$$

Da die Summe aller Wahrscheinlichkeiten 1 ergeben muss, gilt mit $a = 0,1$:

$$0,1 + 0,1 + b + 0,3 = 1 \Rightarrow b = 0,5$$

g) Um zu zeigen, dass der Erwartungswert von X nicht größer als 2,2 sein kann, bestimmt man den Erwartungswert von X:

$$E(X) = 0 \cdot p_1 + 1 \cdot \frac{3}{10} + 2 \cdot \frac{1}{5} + 3 \cdot p_2 = \frac{7}{10} + 3 \cdot p_2$$

Da die Summe der Wahrscheinlichkeiten nicht größer als 1 sein darf, gilt:
$p_2 \leqslant 1 - \frac{3}{10} - \frac{1}{5} - p_1 = \frac{1}{2} - p_1$. Der Erwartungswert ist am größten, wenn gilt $p_1 = 0$. Damit ergibt:

$$E(X) \leqslant \frac{7}{10} + 3 \cdot \frac{1}{2} = 2,2$$

Somit kann der Erwartungswert von X nicht größer als 2,2 sein.

h) Sei X Zufallsvariable für die Anzahl der defekten Glühbirnen.
Mit $n = 200$ und $p = 0,05$ (5 %) erhält man:
Erwartungswert: $E(X) = \mu = n \cdot p = 200 \cdot 0,05 = 10$.
Zugehörige Standardabweichung: $\sigma = \sqrt{n \cdot p \cdot (1-p)} = \sqrt{200 \cdot 0,05 \cdot 0,95} = \sqrt{9,5} \approx 3$.
Bei einer Entnahme von 200 Glühbirnen hat man durchschnittlich mit 10 defekten Glühbirnen zu rechnen. Die zugehörige Standardabweichung beträgt etwa 3 Glühbirnen.

i) I) Erwartungswert: $E(X) = \mu = n \cdot p = 80 \cdot 0,3 = 24$.
Zugehörige Standardabweichung: $\sigma = \sqrt{n \cdot p \cdot (1-p)} = \sqrt{80 \cdot 0,3 \cdot 0,7} = \sqrt{16,8}$.

II) Erwartungswert: $E(X) = \mu = n \cdot p = 50 \cdot 0,4 = 20$.
Zugehörige Standardabweichung: $\sigma = \sqrt{n \cdot p \cdot (1-p)} = \sqrt{50 \cdot 0,4 \cdot 0,6} = \sqrt{12}$.

III) Erwartungswert: $E(X) = \mu = n \cdot p = 20 \cdot 0,6 = 12$.
Zugehörige Standardabweichung: $\sigma = \sqrt{n \cdot p \cdot (1-p)} = \sqrt{20 \cdot 0,6 \cdot 0,4} = \sqrt{4,8}$.

j) Sei X Zufallsvariable für die Menge verdorbener Tomaten (in kg).
Mit $n = 100$ und $p = 0,2$ (20 %) erhält man:
Erwartungswert: $E(X) = \mu = n \cdot p = 100 \cdot 0,2 = 20$.
Zugehörige Standardabweichung: $\sigma = \sqrt{n \cdot p \cdot (1-p)} = \sqrt{100 \cdot 0,2 \cdot 0,8} = \sqrt{16} = 4$.
Bei einer Entnahme von 100 kg sind durchschnittlich 20 kg verdorbene Tomaten zu erwarten. Die zugehörige Standardabweichung beträgt 4 kg.

Musteraufgabensatz 1 ☐

Tipps ab Seite 211, Lösungen ab Seite 213

Analysis

1 Die Abbildung zeigt den Graph einer Funktion f. F ist eine Stammfunktion von f. Begründen Sie, dass folgende Aussagen wahr sind:

1.1 F ist im Bereich $-3 \leqslant x \leqslant 1$ monoton wachsend. (1 BE)

1.2 f' hat im Bereich $-3{,}5 \leqslant x \leqslant 3{,}5$ drei Nullstellen. (1 BE)

1.3 $\int_0^3 f'(x)\mathrm{d}x = -1$ (2 BE)

1.4 $O(0 \mid 0)$ ist Hochpunkt des Graphen von f'. (1 BE)

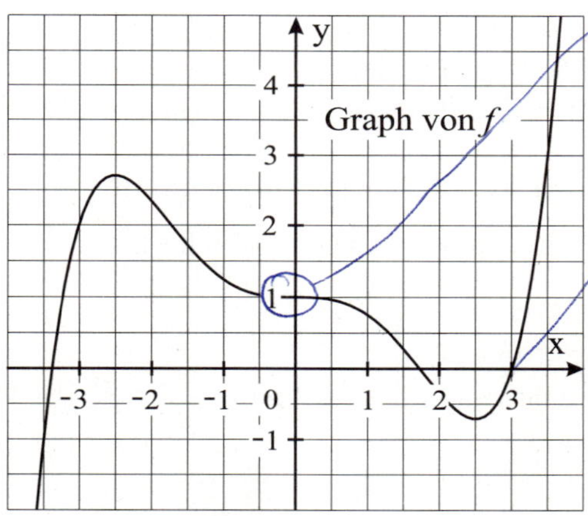

Lineare Algebra / Analytische Geometrie

2 2.1 Bestimmen Sie die fehlenden Elemente der Matrix $B = \begin{pmatrix} 1 & b_{12} \\ b_{21} & \frac{1}{2} \end{pmatrix}$ so, dass B die inverse Matrix zu $A = \begin{pmatrix} 1 & 4 \\ 0 & 2 \end{pmatrix}$ ist. (2 BE)

2.2 Es ist die Matrix A gegeben. Multipliziert man diese mit den Vektoren $\vec{a} = \begin{pmatrix} 1 \\ 1 \end{pmatrix}$ und $\vec{b} = \begin{pmatrix} 1 \\ 0 \end{pmatrix}$ ergibt sich:

$$A \cdot \begin{pmatrix} 1 \\ 1 \end{pmatrix} = \begin{pmatrix} 3 \\ 4 \end{pmatrix}$$

und

$$A \cdot \begin{pmatrix} 1 \\ 0 \end{pmatrix} = \begin{pmatrix} 1 \\ 4 \end{pmatrix}$$

Bestimmen Sie die Koeffizienten von A. (3 BE)

Lineare Algebra / Analytische Geometrie

3 Die Gerade g verläuft durch die Punkte $A(1 \mid -1 \mid 3)$ und $B(2 \mid -3 \mid 0)$.
Die Ebene E wird von g orthogonal geschnitten und enthält den Punkt $C(4 \mid 3 \mid -8)$.

3.1 Bestimmen Sie den Schnittpunkt S von g und E. (3 BE)

3.2 Untersuchen Sie, ob S zwischen A und B liegt. (2 BE)

Stochastik

4 An einem Spielautomaten verliert man durchschnittlich zwei Drittel aller Spiele.

4.1 Formulieren Sie ein Ereignis A, für das gilt:

$$P(A) = \binom{10}{8} \cdot \left(\frac{2}{3}\right)^8 \cdot \left(\frac{1}{3}\right)^2 + 10 \cdot \left(\frac{2}{3}\right)^9 \cdot \frac{1}{3} + \left(\frac{2}{3}\right)^{10}$$

(3 BE)

4.2 Jemand spielt vier Spiele an dem Automaten.
Mit welcher Wahrscheinlichkeit verliert er dabei genau zwei Mal? (2 BE)

Summe: 20 BE

Tipps Musteraufgabensatz 1

Analysis

1.1 Beachten Sie, dass der Graph von f die Steigung des Graphen von F beschreibt. Eine Funktion F ist monoton wachsend, wenn gilt: $F'(x) \geqslant 0$.

1.2 Überlegen Sie, an welchen Stellen der Graph von f Punkte mit waagerechter Tangente hat. Daraus können Sie folgern, dass f' an diesen Stellen Nullstellen hat.

1.3 Verwenden Sie die Tatsache, dass f eine Stammfunktion von f' ist und berechnen Sie das Integral mithilfe des Hauptsatzes der Differential- und Integralrechnung: $\int_a^b f(x)\mathrm{d}x = F(b) - F(a)$.

1.4 Überlegen Sie, ob der Graph von f bei $x = 0$ einen Wendepunkt hat und wie groß die Steigung an dieser Stelle ist. Beachten Sie, dass der Graph von f für $-1 \leqslant x < 0$ und für $0 < x \leqslant 1$ eine negative Steigung hat.

Lineare Algebra / Analytische Geometrie

2.1 Wenn B die zu A inverse Matrix ist, muss gelten $A \cdot B = E$. Führen Sie die Multiplikation durch und vergleichen Sie die Koeffizienten der Ergebnismatrix mit denen der Einheitsmatrix.

2.2 Wählen Sie als Ansatz eine allgemeine Matrix, z.B. $A = \begin{pmatrix} a & b \\ c & d \end{pmatrix}$ mit $a, b, c, d \in \mathbb{R}$ und führen Sie die angegebenen zwei Multiplikationen durch. Mithilfe der Ergebnisvektoren können Sie Bedingungen für die Koeffizienten bestimmen.

Lineare Algebra / Analytische Geometrie

3.1 Stellen Sie eine Gleichung der Geraden g durch die Punkte A und B auf. Da die Ebene E von g orthogonal geschnitten wird, können Sie den Richtungsvektor von g als Normalenvektor $\vec{n}$ von E verwenden. Setzen Sie die Koordinaten des Punktes C und $\vec{n}$ in die Punkt-Normalenform $\vec{n} \cdot (\vec{x} - \vec{c}) = 0$ ein und bestimmen Sie eine Koordinatengleichung von E durch Ausmultiplizieren des Skalarprodukts. Die Koordinaten des Schnittpunkts S von g und E erhalten Sie, indem Sie die Koordinaten eines allgemeinen Punktes P_t von g in die Koordinatengleichung von E einsetzen. Den erhaltenen t-Wert setzen Sie in g ein, um S zu erhalten.

3.2 Um zu untersuchen, ob S zwischen A und B liegt, betrachten Sie die Vektoren $\overrightarrow{AS}$ und $\overrightarrow{AB}$ sowie $\overrightarrow{AS} = t \cdot \overrightarrow{AB}$. Für $t > 1$ liegt S nicht zwischen A und B. Skizzieren Sie die Anordnung. Alternativ können Sie sich auch überlegen, ob die x_1-Koordinate von S zwischen den x_1-Koordinaten von A und B liegt, die x_2-Koordinate von S zwischen den x_2-Koordinaten und die x_3-Koordinate von S zwischen den x_3-Koordinaten von A und B liegt.

Stochastik

4 Beachten Sie, dass es sich um ein Bernoulli-Experiment handelt, da es nur zwei verschiedene Ausgänge bei einem Spiel gibt. Geben Sie die Trefferwahrscheinlichkeit p für das Verlieren eines Spiels an und legen Sie X als Zufallsvariable für die Anzahl der verlorenen Spiele fest.

4.1 Um ein Ereignis A anzugeben, formen Sie die gegebene Wahrscheinlichkeit so um, dass bei jedem Summanden die Bernoulli-Formel $P(X = k) = \binom{n}{k} \cdot p^k \cdot (1-p)^{n-k}$ sichtbar wird. Bestimmen Sie anschließend die Anzahl der Spiele (n) und die Anzahl der verlorenen Spiele (k).

4.2 Bestimmen Sie n (Anzahl der Spiele) und k (Anzahl der verlorenen Spiele) und verwenden Sie die Bernoulli-Formel $P(X = k) = \binom{n}{k} \cdot p^k \cdot (1-p)^{n-k}$.

Lösungen Musteraufgabensatz 1

Analysis

1.1 Der Graph von f beschreibt die Steigung des Graphen von F.
Da der Graph von f für $-3 \leqslant x \leqslant 1$ oberhalb der x-Achse verläuft, gilt:
$\mathrm{F}'(x) = f(x) \geqslant 0$. Damit ist F für $-3 \leqslant x \leqslant 1$ monoton wachsend.

1.2 Der Graph von f besitzt einen Hochpunkt bei $x = -2{,}5$, einen Sattelpunkt bei $x = 0$ und einen Tiefpunkt bei $x = 2{,}5$. Also gibt es drei waagerechte Tangenten mit Steigung Null, so dass die Ableitungsfunktion f' für $-3{,}5 \leqslant x \leqslant 3{,}5$ drei Nullstellen hat.

1.3 Da f eine Stammfunktion von f' ist, ergibt sich für das Integral:

$$\begin{aligned}\int_0^3 f'(x)\mathrm{d}x &= \Big[f(x)\Big]_0^3 = f(3) - f(0) \\ &= 0 - 1 = -1\end{aligned}$$

1.4 Der Graph von f hat bei $x = 0$ einen Sattelpunkt, also einen Wendepunkt mit der Steigung Null.
Damit hat der Graph von f' bei $x = 0$ einen Extrempunkt mit y-Wert Null.
Für $-1 \leqslant x < 0$ hat der Graph von f eine negative Steigung, für $x = 0$ ist sie Null und für $0 < x \leqslant 1$ ist sie wieder negativ. Damit hat f' an der Stelle $x = 0$ ein Maximum.
Somit ist $\mathrm{O}(0 \mid 0)$ Hochpunkt des Graphen von f'.

Lineare Algebra / Analytische Geometrie

2.1 Wenn B die zu A inverse Matrix ist, muss gelten $\mathrm{A} \cdot \mathrm{B} = \mathrm{E}$, wobei E die Einheitsmatrix ist:

$$\begin{pmatrix} 1 & 4 \\ 0 & 2 \end{pmatrix} \cdot \begin{pmatrix} 1 & b_{12} \\ b_{21} & \frac{1}{2} \end{pmatrix} = \begin{pmatrix} 1 & 0 \\ 0 & 1 \end{pmatrix}$$

Man multipliziert die beiden Matrizen, z.B. mithilfe des Falkschen Schemas, und erhält:

$$\begin{pmatrix} 1 + 4b_{21} & b_{12} + 2 \\ 2b_{21} & 1 \end{pmatrix} = \begin{pmatrix} 1 & 0 \\ 0 & 1 \end{pmatrix}$$

Vergleicht man die Koeffizienten, so erhält man $b_{12} + 2 = 0 \Rightarrow b_{12} = -2$ bzw. $2b_{21} = 0 \Rightarrow b_{21} = 0$. Damit hat Matrix B die folgende Gestalt:

$$\mathrm{B} = \begin{pmatrix} 1 & -2 \\ 0 & \frac{1}{2} \end{pmatrix}$$

2.2 Als Ansatz wählt man beispielsweise $A = \begin{pmatrix} a & b \\ c & d \end{pmatrix}$ mit $a, b, c, d \in \mathbb{R}$.

Einsetzen führt zu:

$$\begin{pmatrix} a & b \\ c & d \end{pmatrix} \cdot \begin{pmatrix} 1 \\ 1 \end{pmatrix} = \begin{pmatrix} 3 \\ 4 \end{pmatrix}$$

$$\begin{pmatrix} a+b \\ c+d \end{pmatrix} = \begin{pmatrix} 3 \\ 4 \end{pmatrix}$$

Daraus ergibt sich $a+b=3$ und $c+d=4$.
Die zweite Eigenschaft führt zu:

$$\begin{pmatrix} a & b \\ c & d \end{pmatrix} \cdot \begin{pmatrix} 1 \\ 0 \end{pmatrix} = \begin{pmatrix} 1 \\ 4 \end{pmatrix}$$

$$\begin{pmatrix} a \\ c \end{pmatrix} = \begin{pmatrix} 1 \\ 4 \end{pmatrix}$$

Daraus ergibt sich $a=1$ und $c=4$.
Setzt man nun a und c in die beiden Gleichungen ein, die sich aus der ersten Multiplikation ergeben haben, erhält man $1+b=3 \Rightarrow b=2$ und $4+d=4 \Rightarrow d=0$.

Damit hat die Matrix A die Form: $A = \begin{pmatrix} 1 & 2 \\ 4 & 0 \end{pmatrix}$.

Lineare Algebra / Analytische Geometrie

3.1 Die Gerade g durch die Punkte $A\,(1 \mid -1 \mid 3)$ und $B\,(2 \mid -3 \mid 0)$ hat die Gleichung:

$$g: \vec{x} = \begin{pmatrix} 1 \\ -1 \\ 3 \end{pmatrix} + t \cdot \begin{pmatrix} 1 \\ -2 \\ -3 \end{pmatrix}$$

Da die Ebene E von g orthogonal geschnitten wird, kann man den Richtungsvektor von g als Normalenvektor $\vec{n}$ von E verwenden.

Setzt man die Koordinaten des Punktes $C\,(4 \mid 3 \mid -8)$ und $\vec{n} = \begin{pmatrix} 1 \\ -2 \\ -3 \end{pmatrix}$ in die Punkt-Normalenform $\vec{n} \cdot (\vec{x} - \vec{c}) = 0$ ein, erhält man durch Ausmultiplizieren des Skalarprodukts eine Koordinatengleichung von E:

$$\text{E:}\ \begin{pmatrix}1\\-2\\-3\end{pmatrix}\cdot\left[\begin{pmatrix}x_1\\x_2\\x_3\end{pmatrix}-\begin{pmatrix}4\\3\\-8\end{pmatrix}\right]=0$$

$$\text{E:}\ 1\cdot(x_1-4)+(-2)\cdot(x_2-3)+(-3)\cdot(x_3+8)=0$$

$$\text{E:}\ x_1-2x_2-3x_3=22$$

Die Koordinaten des Schnittpunkts S von g und E erhält man, indem man die Koordinaten eines allgemeinen Punktes $\text{P}_t\,(1+t\mid -1-2t\mid 3-3t)$ von g in die Koordinatengleichung von E einsetzt:

$$1+t-2\cdot(-1-2t)-3\cdot(3-3t)=22 \Leftrightarrow 14t-6=22 \Rightarrow t=2$$

Setzt man $t=2$ in g ein, ergibt sich:

$$\vec{s}=\begin{pmatrix}1\\-1\\3\end{pmatrix}+2\cdot\begin{pmatrix}1\\-2\\-3\end{pmatrix}=\begin{pmatrix}3\\-5\\-3\end{pmatrix}\Rightarrow \text{S}\,(3\mid -5\mid -3)$$

Der Schnittpunkt S von g und E hat die Koordinaten $\text{S}\,(3\mid -5\mid -3)$.

3.2 Um zu untersuchen, ob S zwischen A und B liegt, betrachtet man die Vektoren

$$\overrightarrow{\text{AS}}=\begin{pmatrix}2\\-4\\-6\end{pmatrix} \text{ und } \overrightarrow{\text{AB}}=\begin{pmatrix}1\\-2\\-3\end{pmatrix}.$$

Wegen $\overrightarrow{\text{AS}}=2\cdot\overrightarrow{\text{AB}}$ kann der Punkt S nicht zwischen A und B liegen.

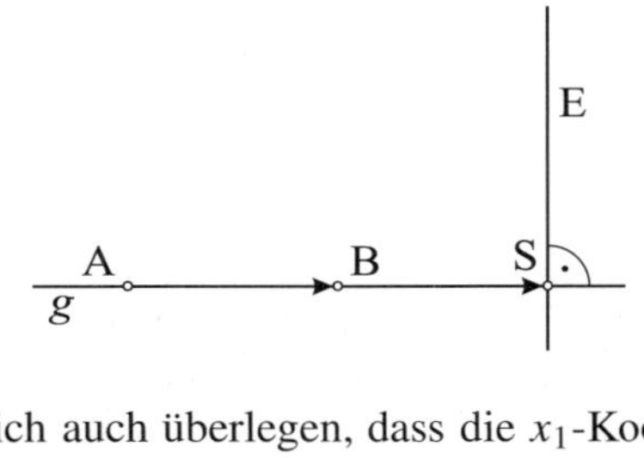

Alternativ kann man sich auch überlegen, dass die x_1-Koordinate von S nicht zwischen den x_1-Koordinaten von A und B liegt, die x_2-Koordinate von S nicht zwischen den x_2-Koordinaten und die x_3-Koordinate von S nicht zwischen den x_3-Koordinaten von A und B liegt.
Somit liegt S nicht zwischen A und B.

Stochastik

4 Beim Spiel an einem Spielautomaten gibt es nur die beiden Ausgänge «gewinnen» oder «verlieren», also handelt es sich um ein Bernoulli-Experiment. Da man durchschnittlich zwei Drittel aller Spiele verliert, gilt $p = \frac{2}{3}$ für das Verlieren eines Spiels.
Es sei X die Zufallsvariable für die Anzahl der verlorenen Spiele.

4.1 Um ein Ereignis A anzugeben, formt man die gegebene Wahrscheinlichkeit um:

$$\begin{aligned} P(A) &= \binom{10}{8} \cdot \left(\frac{2}{3}\right)^8 \cdot \left(\frac{1}{3}\right)^2 + 10 \cdot \left(\frac{2}{3}\right)^9 \cdot \frac{1}{3} + \left(\frac{2}{3}\right)^{10} \\ &= \binom{10}{8} \cdot \left(\frac{2}{3}\right)^8 \cdot \left(\frac{1}{3}\right)^2 + \binom{10}{9} \cdot \left(\frac{2}{3}\right)^9 \cdot \left(\frac{1}{3}\right)^1 + \binom{10}{10} \cdot \left(\frac{2}{3}\right)^{10} \cdot \left(\frac{1}{3}\right)^0 \\ &= P(X = 8) + P(X = 9) + P(X = 10) \\ &= P(X \geqslant 8) \end{aligned}$$

Damit lautet das Ereignis A: «Von 10 Spielen werden mindestens 8 Spiele verloren».

4.2 Wenn jemand vier Spiele an dem Automaten spielt, gilt: $n = 4$.
Die Wahrscheinlichkeit, dass er dabei genau zwei Mal verliert, erhält man mithilfe der Bernoulli-Formel:

$$\begin{aligned} P(X = 2) &= \binom{4}{2} \cdot \left(\frac{2}{3}\right)^2 \cdot \left(1 - \frac{2}{3}\right)^{4-2} \\ &= \binom{4}{2} \cdot \left(\frac{2}{3}\right)^2 \cdot \left(\frac{1}{3}\right)^2 \\ &= \frac{4 \cdot 3}{2} \cdot \frac{4}{9} \cdot \frac{1}{9} \\ &= \frac{8}{27} \end{aligned}$$

Die Wahrscheinlichkeit, dass bei vier Spielen genau zwei Spiele verloren werden, beträgt $\frac{8}{27}$.

Musteraufgabensatz 2 ☐

Tipps ab Seite 219, Lösungen ab Seite 221

Analysis

1 Die Abbildung zeigt die Graphen K_f und K_g zweier Funktionen f und g.

1.1 Bestimmen Sie $f(g(3))$.
Bestimmen Sie einen Wert für x so, dass $f(g(x)) = 0$ ist. (2 BE)

1.2 Die Funktion h ist gegeben durch $h(x) = f(x) \cdot g(x)$.
Bestimmen Sie $h'(2)$. (3 BE)

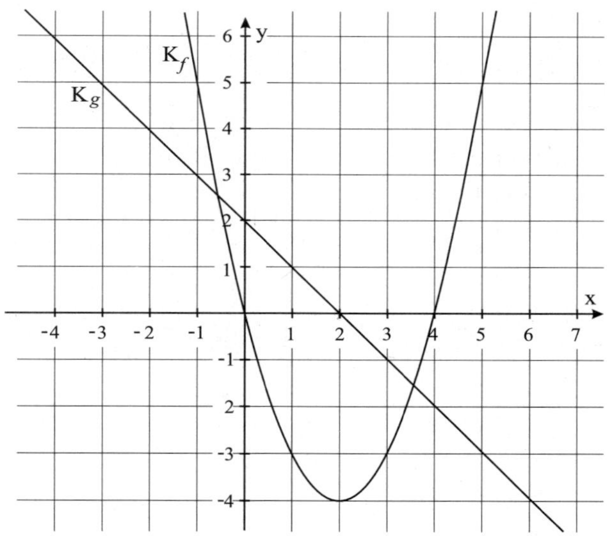

Lineare Algebra / Analytische Geometrie

2 Gegeben ist die Matrix $A = \begin{pmatrix} 1 & 0 \\ 4 & -1 \end{pmatrix}$ und die Matrix $B = \begin{pmatrix} 1 & 0 \\ t & -1 \end{pmatrix}$ mit $t \in \mathbb{R}$.

2.1 Zeigen Sie, dass die Matrix A zu sich selbst invers ist. (1 BE)

2.2 Berechnen Sie A^2 und A^3. Welche Eigenschaft lässt sich bei der Potenzierung dieser Matrix beobachten? Geben Sie A^8 an. (2 BE)

2.3 Zeigen Sie, dass B für jede Wahl von $t \in \mathbb{R}$ zu sich selbst invers ist. (2 BE)

Lineare Algebra / Analytische Geometrie

3 Gegeben sind die beiden Ebenen

$$E_1: 2x_1 - 2x_2 + x_3 = -1 \text{ und } E_2: \vec{x} = \begin{pmatrix} 7 \\ 7 \\ 5 \end{pmatrix} + s \cdot \begin{pmatrix} 1 \\ 1 \\ 0 \end{pmatrix} + t \cdot \begin{pmatrix} 1 \\ 3 \\ 4 \end{pmatrix}.$$

3.1 Zeigen Sie, dass die beiden Ebenen parallel zueinander sind. (2 BE)

3.2 Die Ebene E_3 ist parallel zu E_1 und E_2 und hat von beiden Ebenen denselben Abstand.
Bestimmen Sie eine Gleichung der Ebene E_3. (3 BE)

Stochastik

4 Ein Glücksrad wird für ein Glücksspiel verwendet. Ein Spieler stellt hierzu folgende Rechnung auf:

$$\begin{aligned} E(X) &= x_1 \cdot P(x_1) + x_2 \cdot P(x_2) + x_3 \cdot P(x_3) + x_4 \cdot P(x_4) \\ &= 1\,€ \cdot \frac{1}{2} + 2\,€ \cdot \frac{1}{4} + 4\,€ \cdot \frac{1}{8} + 6\,€ \cdot \frac{1}{8} \end{aligned}$$

4.1 Beschreiben Sie, wie das zugehörige Glücksrad aussehen könnte. (2 BE)

4.2 Wie hoch müsste der Einsatz des Spielers sein, damit er mit einem durchschnittlichen Gewinn von 75 Cent rechnen kann? (3 BE)

Summe: 20 BE

Tipps Musteraufgabensatz 2

Analysis

1 Bestimmen Sie anhand der gegebenen Schaubilder die Funktionswerte und Steigungen für verschiedene x-Werte.

1.1 Zur Bestimmung von $f(g(3))$ verwenden Sie $g(3)$ und den zugehörigen Funktionswert von f.
Um einen Wert für x so zu bestimmen, dass $f(g(x)) = 0$ ist, verwenden Sie die Nullstellen von f. Setzen Sie diese gleich mit $g(x)$, lesen Sie die zugehörigen x-Werte ab.

1.2 Beachten Sie, dass der Graph von f bei $x = 2$ einen Tiefpunkt hat und dass der Graph von g eine Gerade mit negativer Steigung ist. Die 1. Ableitung der Funktion h mit $h(x) = f(x) \cdot g(x)$ erhalten Sie mit der Produktregel $(u \cdot v)' = u' \cdot v + u \cdot v'$. Setzen Sie die abgelesenen Funktionswerte und Steigungen für $x = 2$ ein.

Lineare Algebra / Analytische Geometrie

2.1 Wenn die Matrix zu sich selbst invers ist, muss gelten: $\mathrm{A} \cdot \mathrm{A} = \mathrm{E}$.

2.2 Benutzen Sie das Ergebnis aus Teilaufgabe a). Es ist nicht notwendig, die Rechnung konkret durchzuführen.

2.3 Berechnen Sie $\mathrm{B} \cdot \mathrm{B}$ und untersuchen Sie, ob das Ergebnis vom Parameter t abhängig ist.

Lineare Algebra / Analytische Geometrie

3.1 Bestimmen Sie einen Normalenvektor $\vec{n}_1$ von E_1 anhand der gegebenen Ebenengleichung. Einen Normalenvektor $\vec{n}_2$ von E_2 erhalten Sie mithilfe des Vektorproduktes (siehe Seite 42) der beiden Spannvektoren von E_2. Um zu zeigen, dass die beiden Ebenen E_1 und E_2 parallel zueinander sind, vergleichen Sie die beiden Normalenvektoren; ist der eine ein Vielfaches des anderen, sind die beiden Ebenen parallel. Alternativ können Sie auch mithilfe des Skalarproduktes nachweisen, dass $\vec{n}_1$ orthogonal zu beiden Spannvektoren von E_2 ist; falls das Skalarprodukt von $\vec{n}_1$ mit den Spannvektoren von E_2 jeweils Null ergibt, ist $\vec{n}_1$ orthogonal zu beiden Spannvektoren von E_2.

3.2 Verwenden Sie für die Ebene E_3, die parallel zu E_1 und E_2 ist und von beiden Ebenen denselben Abstand hat, den Normalenvektor von E_1 und bestimmen Sie mithilfe der Mittelpunktsformel einen Punkt M, der in der Mitte zwischen den Punkten P von E_1 und Q von E_2 liegt. Setzen Sie die Koordinaten von M und $\vec{n}_1$ in die Punkt-Normalenform $\vec{n}_1 \cdot (\vec{x} - \vec{m}) = 0$ ein.

Stochastik

4.1 Überlegen Sie, wie groß die Mittelpunktswinkel aufgrund der angegebenen Wahrscheinlichkeiten für die einzelnen Sektoren sein müssen und welche Beträge auf den Sektoren stehen.

4.2 Den Erwartungswert E von X (Zufallsvariable für die Höhe des Gewinns) erhalten Sie, indem Sie die möglichen Auszahlungsbeträge mit den zugehörigen Wahrscheinlichkeiten multiplizieren und den Einsatz x subtrahieren. Stellen Sie eine Gleichung auf und lösen Sie diese.

Lösungen Musteraufgabensatz 2

Analysis

1 Anhand der gegebenen Schaubilder kann man folgende Funktionswerte und Steigungen direkt ablesen:
Für den Graphen von f gilt: $f(-1)=5$, $f(0)=0$, $f(1)=-3$, $f(2)=-4$, $f(3)=-3$, $f(4)=0$ und $f(5)=5$.
Da der Graph von f bei $x=2$ einen Tiefpunkt hat, gilt: $f'(2)=0$.
Für den Graphen von g gilt: $g(-3)=5$, $g(-2)=4$, $g(-1)=3$, $g(0)=2$, $g(1)=1$, $g(2)=0$, $g(3)=-1$, $g(4)=-2$ und $g(5)=-3$.
Da der Graph von g eine Gerade mit Steigung $m=-1$ ist, gilt für alle x-Werte: $g'(x)=-1$.

1.1 Verwendet man die abgelesenen Funktionswerte, so gilt:

$$f(g(3))=f(-1)=5$$

Um einen Wert für x so zu bestimmen, dass $f(g(x))=0$ ist, verwendet man die Nullstellen von f.
Mit $f(0)=0$ muss gelten: $g(x)=0 \Rightarrow x=2$.
Mit $f(4)=0$ muss gelten: $g(x)=4 \Rightarrow x=-2$.
Somit gilt $f(g(x))=0$ für $x_1=-2$ und $x_2=2$.

1.2 Die 1. Ableitung der Funktion h mit $h(x)=f(x)\cdot g(x)$ erhält man mit der Produktregel:

$$h'(x)=f'(x)\cdot g(x)+f(x)\cdot g'(x)$$

Setzt man die abgelesenen Funktionswerte und Steigungen für $x=2$ ein, ergibt sich:

$$\begin{aligned} h'(2)&=f'(2)\cdot g(2)+f(2)\cdot g'(2)\\ &=0\cdot 0+(-4)\cdot(-1)=4 \end{aligned}$$

Lineare Algebra / Analytische Geometrie

2.1 Mithilfe der Matrix-Multiplikation erhält man:

$$\mathrm{A}\cdot\mathrm{A}=\begin{pmatrix} 1\cdot 1+0\cdot 4 & 1\cdot 0+0\cdot(-1) \\ 4\cdot 1-1\cdot 4 & 4\cdot 0+(-1)\cdot(-1) \end{pmatrix}=\begin{pmatrix} 1 & 0 \\ 0 & 1 \end{pmatrix}=\mathrm{E}$$

2.2 Mithilfe der Ergebnisse aus Teilaufgabe a) erhält man:

$$\mathrm{A}^2=\mathrm{A}\cdot\mathrm{A}=\mathrm{E}$$

und entsprechend

$$\mathrm{A}^3=\mathrm{A}^2\cdot\mathrm{A}=\mathrm{E}\cdot\mathrm{A}=\mathrm{A}$$

Daher gilt für alle geraden Potenzen von A, also A^2, A^4, A^6,... dass diese die Einheitsmatrix E sind.
Für die ungeraden Potenzen von A, also A^1, A^3, A^5,... gilt, dass diese gleich A sind.
Dementsprechend ist $A^8 = E$.

2.3 Mithilfe der Matrix-Multiplikation erhält man:

$$B \cdot B = \begin{pmatrix} 1 \cdot 1 + 0 \cdot t & 1 \cdot 0 + 0 \cdot (-1) \\ t \cdot 1 - 1 \cdot t & t \cdot 0 + (-1) \cdot (-1) \end{pmatrix} = \begin{pmatrix} 1 & 0 \\ 0 & 1 \end{pmatrix} = E$$

Das Ergebnis ist nicht von t abhängig, daher ist B für jedes $t \in \mathbb{R}$ zu sich selbst invers.

Lineare Algebra / Analytische Geometrie

3.1 Um zu zeigen, dass die beiden Ebenen

$$E_1: 2x_1 - 2x_2 + x_3 = -1$$

und

$$E_2: \vec{x} = \begin{pmatrix} 7 \\ 7 \\ 5 \end{pmatrix} + s \cdot \begin{pmatrix} 1 \\ 1 \\ 0 \end{pmatrix} + t \cdot \begin{pmatrix} 1 \\ 3 \\ 4 \end{pmatrix}$$

parallel zueinander sind, vergleicht man die jeweiligen Normalenvektoren.
Die Ebene E_1 hat den Normalenvektor

$$\vec{n}_1 = \begin{pmatrix} 2 \\ -2 \\ 1 \end{pmatrix}$$

Einen Normalenvektor $\vec{n}_2$ von E_2 erhält man mithilfe des Kreuzproduktes der beiden Spannvektoren von E_2:

$$\vec{n}_2 = \begin{pmatrix} 1 \\ 1 \\ 0 \end{pmatrix} \times \begin{pmatrix} 1 \\ 3 \\ 4 \end{pmatrix} = \begin{pmatrix} 4 \\ -4 \\ 2 \end{pmatrix} = 2 \cdot \begin{pmatrix} 2 \\ -2 \\ 1 \end{pmatrix}$$

Wegen $\vec{n}_2 = 2 \cdot \vec{n}_1$ sind die beiden Ebenen E_1 und E_2 parallel.

Alternativ könnte man auch mithilfe des Skalarproduktes nachweisen, dass

$\vec{n}_1 = \begin{pmatrix} 2 \\ -2 \\ 1 \end{pmatrix}$ orthogonal zu den beiden Spannvektoren von E_2 ist:

$$\begin{pmatrix} 2 \\ -2 \\ 1 \end{pmatrix} \cdot \begin{pmatrix} 1 \\ 1 \\ 0 \end{pmatrix} = 2 \cdot 1 + (-2) \cdot 1 + 1 \cdot 0 = 0$$

$$\begin{pmatrix} 2 \\ -2 \\ 1 \end{pmatrix} \cdot \begin{pmatrix} 1 \\ 3 \\ 4 \end{pmatrix} = 2 \cdot 1 + (-2) \cdot 3 + 1 \cdot 4 = 0$$

Da das Skalarprodukt von $\vec{n}_1$ mit den Spannvektoren von E_2 jeweils Null ergibt, ist $\vec{n}_1$ orthogonal zu beiden Spannvektoren von E_2.
Somit sind die beiden Ebenen E_1 und E_2 parallel.

3.2 Die Ebene E_3, die parallel zu E_1 und E_2 ist und von beiden Ebenen denselben Abstand hat, hat denselben Normalenvektor wie E_1 und enthält einen Punkt M, der in der Mitte zwischen zwei Punkten P von E_1 und Q von E_2 liegt.

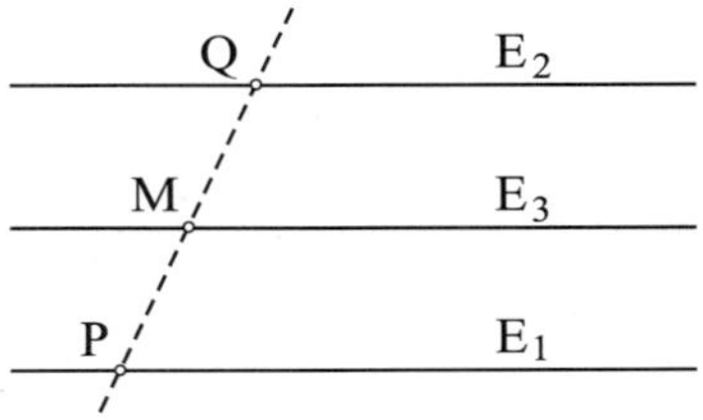

Als Punkt P von E_1 kann man einen Spurpunkt von E_1 verwenden. Dazu setzt man beispielsweise $x_1 = 0$ und $x_2 = 0$ in die Gleichung von E_1 ein und erhält:
$2 \cdot 0 - 2 \cdot 0 + x_3 = -1 \Rightarrow \text{P}(0 \mid 0 \mid -1)$.
Als Punkt Q von E_2 kann man den gegebenen Stützpunkt verwenden: $\text{Q}(7 \mid 7 \mid 5)$.
Den Mittelpunkt M von P und Q erhält man mit der Mittelpunktsformel:

$$\text{M}\left(\frac{0+7}{2} \mid \frac{0+7}{2} \mid \frac{-1+5}{2}\right) \Rightarrow \text{M}(3,5 \mid 3,5 \mid 2)$$

Setzt man die Koordinaten von M und $\vec{n}_1$ in die Punkt-Normalenform $\vec{n}_1 \cdot (\vec{x} - \vec{m}) = 0$ ein, erhält man eine Gleichung von E_3 in Normalenform:

$$E_3: \begin{pmatrix} 2 \\ -2 \\ 1 \end{pmatrix} \cdot \left[\vec{x} - \begin{pmatrix} 3,5 \\ 3,5 \\ 2 \end{pmatrix}\right] = 0$$

Stochastik

4.1 Aufgrund der gegebenen Rechnung

$$\begin{aligned} E(X) &= x_1 \cdot P(x_1) + x_2 \cdot P(x_2) + x_3 \cdot P(x_3) + x_4 \cdot P(x_4) \\ &= 1\,€ \cdot \frac{1}{2} + 2\,€ \cdot \frac{1}{4} + 4\,€ \cdot \frac{1}{8} + 6\,€ \cdot \frac{1}{8} \end{aligned}$$

könnte das Glücksrad 4 Sektoren mit den Wahrscheinlichkeiten $\frac{1}{2}$, $\frac{1}{4}$, $\frac{1}{8}$ und $\frac{1}{8}$ haben. Diese entsprechen den Mittelpunktswinkeln 180°, 90°, 45° und 45°. Damit ergibt sich folgendes Glücksrad:

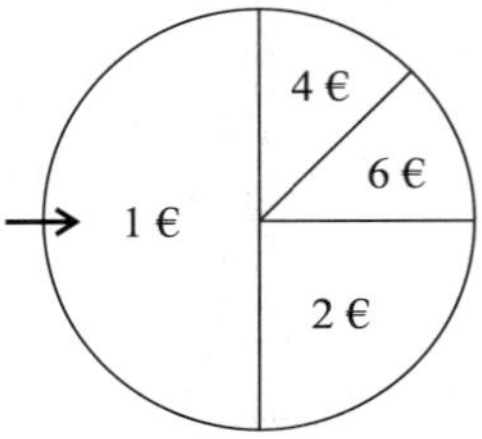

4.2 Sei X Zufallsvariable für die Höhe des Gewinns und x der Einsatz des Spielers. Den Erwartungswert von X erhält man, indem man die möglichen Auszahlungsbeträge mit den zugehörigen Wahrscheinlichkeiten multipliziert und den Einsatz x subtrahiert:

$$E(X) = 1\,€ \cdot \frac{1}{2} + 2\,€ \cdot \frac{1}{4} + 4\,€ \cdot \frac{1}{8} + 6\,€ \cdot \frac{1}{8} - x\,€ = (2{,}25 - x)\,€$$

Damit der Spieler mit einem durchschnittlichen Gewinn von 75 Cent rechnen kann, muss der Erwartungswert 0,75 betragen. Also muss gelten:

$$E(X) = 0{,}75 \Rightarrow 2{,}25 - x = 0{,}75 \Rightarrow x = 1{,}50$$

Der Einsatz des Spielers muss 1,50 € betragen.

Musteraufgabensatz 3

Tipps ab Seite 227, Lösungen ab Seite 229

Analysis

1 Gegeben ist die Funktion f mit $f(x) = (x+2)^2 \cdot e^{-x}$ und ihre Ableitung $f'(x) = -\left(x^2+2x\right) \cdot e^{-x}$.

1.1 Berechnen Sie $f''(x)$. (2 BE)

1.2 In den Abbildungen sind vier verschiedene Funktionsgraphen dargestellt, einer von ihnen gehört zur Funktion f.
Geben Sie den entsprechenden Graphen an und begründen Sie Ihre Entscheidung. (3 BE)

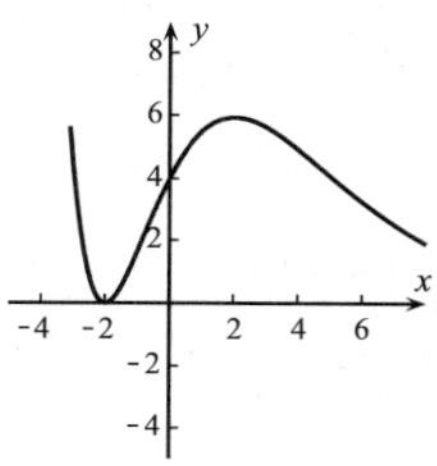

Abb. 1

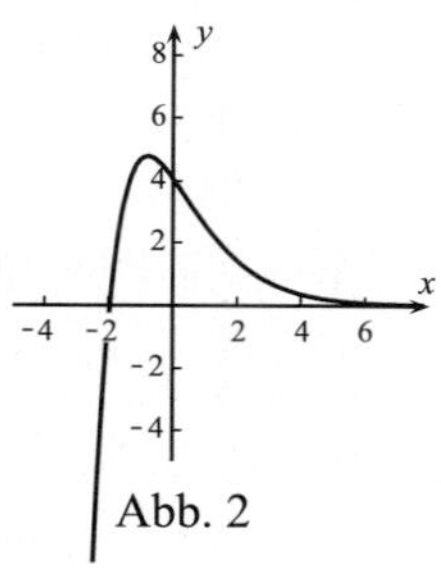

Abb. 2

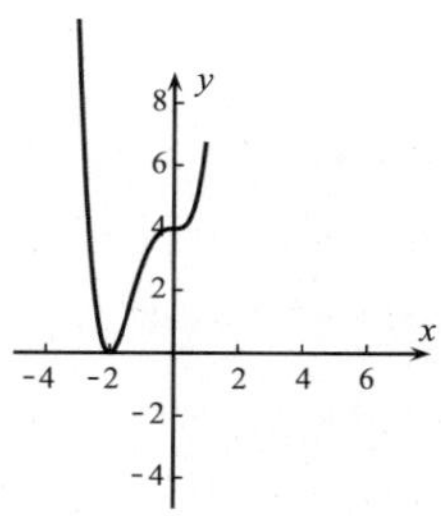

Abb. 3

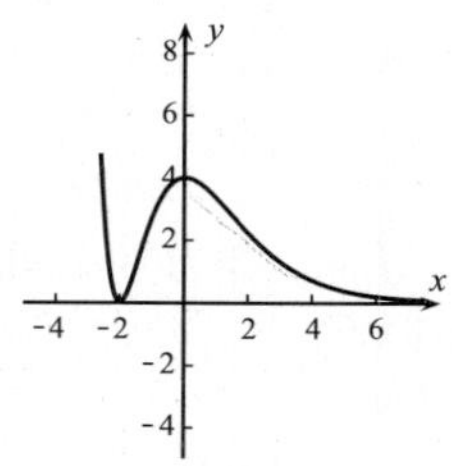

Abb. 4

Lineare Algebra / Analytische Geometrie

2 Gegeben ist die Matrix $U = \begin{pmatrix} 1 & 0 \\ 1 & 1 \end{pmatrix}$.

Diese nennt man «untere Dreiecksmatrix», da die Einträge oberhalb der Diagonalen stets gleich Null sind.

2.1 Zeigen Sie, dass $C = \begin{pmatrix} 1 & 0 \\ -1 & 1 \end{pmatrix}$ die zu U inverse Matrix ist. (2 BE)

2.2 Zeigen Sie, dass die inverse Matrix einer unteren Dreiecksmatrix stets wieder eine untere Dreiecksmatrix ist.
Betrachten Sie dazu, die allgemeine untere Dreiecks matrix
$A = \begin{pmatrix} a & 0 \\ c & d \end{pmatrix}$ und die allgemeine Matrix $B = \begin{pmatrix} e & f \\ g & h \end{pmatrix}$. (3 BE)

Lineare Algebra / Analytische Geometrie

3 Gegeben sind die Punkte $A(-1 \mid 1 \mid 4)$, $B(-3 \mid 5 \mid 6)$ und $C_t(-2+t \mid 3 \mid 5+t)$ mit $t \in \mathbb{R}$, $t \neq 0$.

3.1 Zeigen Sie, dass jedes Dreieck ABC_t gleichschenklig ist. (3 BE)

3.2 Bestimmen Sie diejenigen Werte von t, für die das jeweils zugehörige Dreieck ABC_t gleichseitig ist. (2 BE)

Stochastik

4 Neun Spielkarten (vier Asse, drei Könige und zwei Damen) liegen verdeckt auf dem Tisch.

4.1 Peter dreht zwei zufällig gewählte Karten um und lässt sie aufgedeckt liegen.
Berechnen Sie die Wahrscheinlichkeit folgender Ereignisse:
A: Es liegt kein Ass aufgedeckt auf dem Tisch.
B: Eine Dame und ein Ass liegen aufgedeckt auf dem Tisch. (3 BE)

4.2 Die neun Spielkarten werden gemischt und erneut verdeckt ausgelegt.
Laura dreht nun so lange Karten um und lässt sie aufgedeckt auf dem Tisch liegen, bis ein Ass erscheint.
Die Zufallsvariable X gibt die Anzahl der aufgedeckten Spielkarten an.
Welche Werte kann X annehmen?
Berechnen Sie $P(X \leqslant 2)$. (2 BE)

Summe: 20 BE

Tipps Musteraufgabensatz 3

Analysis

1.1 Die zweite Ableitung f'' erhalten Sie, indem Sie die gegebene 1. Ableitung mithilfe der Produkt- und Kettenregel ableiten: $(u(x) \cdot v(x))' = u'(x) \cdot v(x) + u(x) \cdot v'(x)$ sowie $(u(v(x)))' = u'(v(x)) \cdot v'(x)$.

1.2 Bestimmen Sie die doppelte Nullstelle von f sowie das Verhalten von $f(x)$ für $x \to \infty$.

Lineare Algebra / Analytische Geometrie

2.1 Berechnen Sie U · C. Wenn das Ergebnis die Einheitsmatrix E ist, sind die beiden Matrizen invers zueinander.

2.2 Berechnen Sie A · B. Damit B die zu A inverse Matrix ist, muss gelten A · B = E. Was gilt für die Einträge oberhalb der Diagonalen?

Lineare Algebra / Analytische Geometrie

3.1 Um zu zeigen, dass jedes Dreieck ABC_t gleichschenklig ist, berechnen Sie die Längen der Seiten des Dreiecks, indem Sie die Beträge der jeweiligen Verbindungsvektoren bestimmen. Wenn zwei Dreiecksseiten gleich lang sind, ist das Dreieck gleichschenklig.

3.2 Das Dreieck ABC_t ist gleichseitig, wenn gilt: $\overline{AB} = \overline{AC_t}$. Lösen Sie die Gleichung durch Quadrieren und mithilfe der binomischen Formeln nach t auf.

Stochastik

4.1 Beachten Sie, dass es sich beim Aufdecken zweier Karten um «Ziehen ohne Zurücklegen» handelt. Bezeichnen Sie mit a: Ass wird aufgedeckt und mit ā: Ass wird nicht aufgedeckt und zeichnen Sie das zugehörige Baumdiagramm. Bestimmen Sie die Wahrscheinlichkeit für das Aufdecken eines Asses bzw. eines Nicht-Asses. Beachten Sie, dass sich die Wahrscheinlichkeiten beim Aufdecken der 2. Karte ändern. Die Wahrscheinlichkeit für das Ereignis A erhalten Sie mit der 1. Pfadregel (Produktregel).

Bezeichnen Sie mit a: Ass wird gezogen, mit d: Dame wird gezogen und mit k: König wird gezogen, und zeichnen Sie das zugehörige Baumdiagramm mit den entsprechenden Wahrscheinlichkeiten. Beachten Sie, dass sich die Wahrscheinlichkeiten beim Aufdecken der 2. Karte ändern. Die Wahrscheinlichkeit für das Ereignis B erhalten Sie mit der 1. und 2. Pfadregel (Produkt- und Summenregel).

4.2 Überlegen Sie, wann spätestens ein Ass erscheint, um die Werte für X zu bestimmen. Bestimmen Sie die Wahrscheinlichkeit, dass beim Aufdecken der 1. Karte ein Ass erscheint und die Wahrscheinlichkeit, dass erst beim Aufdecken der 2. Karte ein Ass erscheint mithilfe der 1. und 2. Pfadregel.
Beachten Sie, dass $P(X \leqslant 2) = P(X = 1) + P(X = 2)$ ist.

Lösungen Musteraufgabensatz 3

Analysis

1 Es ist $f(x) = (x+2)^2 \cdot e^{-x}$ und $f'(x) = -\left(x^2+2x\right) \cdot e^{-x}$.

1.1 Die zweite Ableitung f'' erhält man, indem man die 1. Ableitung mithilfe der Produkt- und Kettenregel ableitet:

$$f''(x) = -(2x+2) \cdot e^{-x} + \left(-\left(x^2+2x\right)\right) \cdot e^{-x} \cdot (-1) = e^{-x} \cdot \left(x^2-2\right)$$

1.2 Der Graph der Funktion f hat wegen

$$f(-2) = (-2+2)^2 \cdot e^{-(-2)} = 0$$

eine doppelte Nullstelle bei $x = -2$, somit kann der Graph der Abbildung 2 nicht zu f gehören.
Für $x \to \infty$ geht $f(x) \to 0$, somit können die Graphen der Abbildungen 1 und 3 nicht zu f gehören.
Damit gehört der Graph von Abbildung 4 zur Funktion f.

Lineare Algebra / Analytische Geometrie

2.1 Mithilfe der Matrix-Multiplikation erhält man:

$$\mathrm{U} \cdot \mathrm{C} = \begin{pmatrix} 1\cdot 1 + 0 \cdot (-1) & 1 \cdot 0 + 0 \cdot 1 \\ 1 \cdot 1 + 1 \cdot (-1) & 1 \cdot 0 + 1 \cdot 1 \end{pmatrix} = \begin{pmatrix} 1 & 0 \\ 0 & 1 \end{pmatrix} = \mathrm{E}$$

Beziehungsweise:

$$\mathrm{C} \cdot \mathrm{U} = \begin{pmatrix} 1\cdot 1 + 0 \cdot 1 & 1 \cdot 0 + 0 \cdot 1 \\ (-1) \cdot 1 + 1 \cdot 1 & (-1) \cdot 0 + 1 \cdot 1 \end{pmatrix} = \begin{pmatrix} 1 & 0 \\ 0 & 1 \end{pmatrix} = \mathrm{E}$$

2.2 B ist die allgemeine Form der inversen Matrix, d.h. um zu zeigen, dass sie ebenfalls eine untere Dreiecksmatrix ist, ist zu zeigen, das $f = 0$ ist.
Mithilfe der Matrix-Multiplikation erhält man:

$$\mathrm{A} \cdot \mathrm{B} = \begin{pmatrix} a \cdot e + 0 \cdot g & a \cdot f + 0 \cdot h \\ c \cdot e + d \cdot g & c \cdot f + d \cdot h \end{pmatrix} = \begin{pmatrix} a \cdot e & a \cdot f \\ c \cdot e + d \cdot g & c \cdot f + d \cdot h \end{pmatrix} = \begin{pmatrix} 1 & 0 \\ 0 & 1 \end{pmatrix} = \mathrm{E}$$

Vergleicht man die Koeffizenten, so muss gelten

$$\begin{array}{lrcllcl} \text{I} & a \cdot e & = & 1 & \Rightarrow & a,\, e & \neq & 0 \\ \text{II} & a \cdot f & = & 0 & \Rightarrow & a & = & 0 \text{ oder } f = 0 \\ \text{III} & c \cdot e + d \cdot g & = & 0 \\ \text{IV} & c \cdot f + d \cdot h & = & 1 \end{array}$$

Für II ergibt sich durch I: $f = 0$, da $a \neq 0$.
Da gezeigt wurde, dass $f = 0$, handelt es sich bei der Matrix B auch um eine untere Dreiecksmatrix. Also ist die inverse Matrix einer unteren Dreiecksmatrix wieder eine untere Dreiecksmatrix.

Lineare Algebra / Analytische Geometrie Aufgabe 1

3 Gegeben sind die Punkte $A(-1 \mid 1 \mid 4)$, $B(-3 \mid 5 \mid 6)$ und $C_t(-2+t \mid 3 \mid 5+t)$ mit $t \in \mathbb{R}$, $t \neq 0$.

3.1 Um zu zeigen, dass jedes Dreieck ABC_t gleichschenklig ist, berechnet man die Längen der Seiten des Dreiecks, indem man die Beträge der jeweiligen Verbindungsvektoren bestimmt:

$$\overline{AB} = \left|\overrightarrow{AB}\right| = \left|\begin{pmatrix} -2 \\ 4 \\ 2 \end{pmatrix}\right| = \sqrt{(-2)^2 + 4^2 + 2^2} = \sqrt{24}$$

$$\overline{AC_t} = \left|\overrightarrow{AC_t}\right| = \left|\begin{pmatrix} -1+t \\ 2 \\ 1+t \end{pmatrix}\right| = \sqrt{(-1+t)^2 + 2^2 + (1+t)^2}$$

$$\overline{BC_t} = \left|\overrightarrow{BC_t}\right| = \left|\begin{pmatrix} 1+t \\ -2 \\ -1+t \end{pmatrix}\right| = \sqrt{(1+t)^2 + (-2)^2 + (-1+t)^2}$$

Wegen $\overline{AC_t} = \overline{BC_t}$ ist jedes Dreieck ABC_t gleichschenklig.

3.2 Das Dreieck ABC_t ist gleichseitig, wenn gilt: $\overline{AB} = \overline{AC_t}$. Durch Quadrieren und mithilfe der binomischen Formeln ergibt sich:

$$\begin{aligned} \sqrt{24} &= \sqrt{(-1+t)^2 + 2^2 + (1+t)^2} \\ 24 &= (-1+t)^2 + 2^2 + (1+t)^2 \\ 24 &= 1 - 2t + t^2 + 4 + 1 + 2t + t^2 \\ 24 &= 6 + 2t^2 \\ 9 &= t^2 \\ \Rightarrow t_{1,2} &= \pm 3 \end{aligned}$$

Für $t_1 = 3$ und $t_2 = -3$ ist das Dreieck ABC_t gleichseitig.

Stochastik

4.1 Wenn Peter zwei zufällig gewählte Karten von neun Spielkarten (vier Asse, drei Könige und zwei Damen) umdreht, handelt es sich um «Ziehen ohne Zurücklegen».
Für die Berechnung der Wahrscheinlichkeit für das Ereignis A: «Es liegt kein Ass aufgedeckt auf dem Tisch» kann man sich mithilfe eines Baumdiagrammes folgendes überlegen:
Bezeichnet man mit a: Ass wird aufgedeckt und mit $\bar{a}$: Ass wird nicht aufgedeckt, so erhält man folgendes Baumdiagramm:

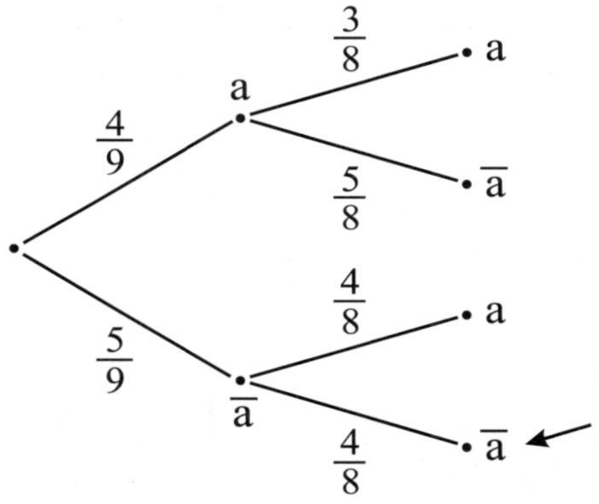

Da vier Asse und fünf Nicht-Asse vorhanden sind, beträgt die Wahrscheinlichkeit für ein Nicht-Ass beim Aufdecken der ersten Karte $\frac{5}{9}$. Da beim Aufdecken der zweiten Karte nur noch vier Nicht-Asse von insgesamt 8 Karten vorhanden sind, beträgt die Wahrscheinlichkeit für ein Nicht-Ass beim Aufdecken der zweiten Karte $\frac{4}{8}$.
Die Wahrscheinlichkeit für das Ereignis A: «Es liegt kein Ass aufgedeckt auf dem Tisch» erhält man mithilfe der 1. Pfadregel (Produktregel):

$$P(A) = P(\text{kein Ass}) = P(\bar{a}\bar{a}) = \frac{5}{9} \cdot \frac{4}{8} = \frac{5}{18}$$

Die Wahrscheinlichkeit, dass kein Ass aufgedeckt auf dem Tisch liegt, beträgt $\frac{5}{18}$.

Für die Berechnung der Wahrscheinlichkeit für das Ereignis B: «Eine Dame und ein Ass liegen aufgedeckt auf dem Tisch» kann man sich mithilfe eines Baumdiagrammes folgendes überlegen:
Bezeichnet man mit a: Ass wird gezogen, mit d: Dame wird gezogen und mit k: Kö-

nig wird gezogen, so erhält man folgendes Baumdiagramm:

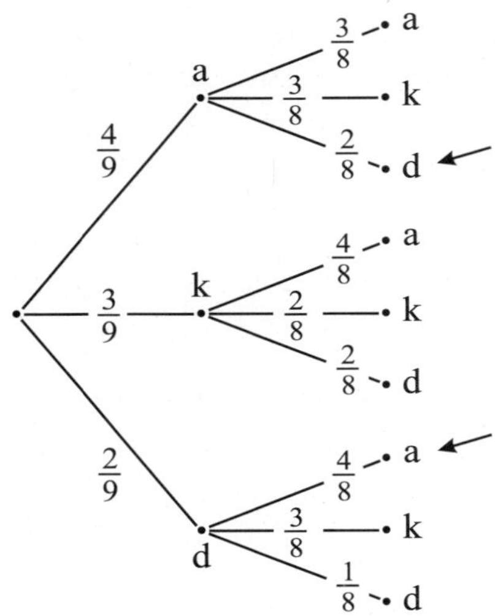

Da vier Asse , drei Könige und zwei Damen, also insgesamt neun Karten vorhanden sind, beträgt die Wahrscheinlichkeit beim Aufdecken der 1. Karte für Ass (a): $\frac{4}{9}$, für König (k): $\frac{3}{9}$ und für Dame (d): $\frac{2}{9}$. Danach sind nur noch 8 Karten vorhanden und die Wahrscheinlichkeiten beim Aufdecken der 2. Karte hängen jeweils davon ab, welche Karte beim ersten Mal aufgedeckt wurde.

Die Wahrscheinlichkeit für das Ereignis B: «Eine Dame und ein Ass liegen aufgedeckt auf dem Tisch» erhält man mit der 1. und 2. Pfadregel (Produkt- und Summenregel):

$$P(B) = P(ad) + P(da) = \frac{4}{9} \cdot \frac{2}{8} + \frac{2}{9} \cdot \frac{4}{8} = \frac{1}{9} + \frac{1}{9} = \frac{2}{9}$$

Die Wahrscheinlichkeit, dass eine Dame und ein Ass aufgedeckt auf dem Tisch liegen, beträgt $\frac{2}{9}$.

4.2 Wenn X die Anzahl der aufgedeckten Spielkarten angibt, bis ein Ass erscheint, so kann X die Werte von 1 bis 6 annehmen, da spätestens beim Aufdecken der 6. Karte ein Ass erscheinen muss.

Die Wahrscheinlichkeit, dass beim Aufdecken der 1. Karte ein Ass erscheint, beträgt $P(X = 1) = P(a) = \frac{4}{9}$. Die Wahrscheinlichkeit, dass erst beim Aufdecken der 2. Karte ein Ass erscheint, erhält man mit der 1. Pfadregel: $P(X = 2) = P(\bar{a}a) = \frac{5}{9} \cdot \frac{4}{8} = \frac{5}{18}$.
Damit gilt:

$$P(X \leqslant 2) = P(X = 1) + P(X = 2) = \frac{4}{9} + \frac{5}{18} = \frac{8}{18} + \frac{5}{18} = \frac{13}{18}$$

Musteraufgabensatz 4 ☐

Tipps ab Seite 235, Lösungen ab Seite 236

Analysis

1 In einem Koordinatensystem (vgl. Abbildung 1) werden alle Rechtecke betrachtet, die folgende Bedingungen erfüllen:

- Zwei Seiten liegen auf den Koordinatenachsen.
- Ein Eckpunkt liegt auf dem Graphen G_f der Funktion $f: x \mapsto -\ln x$ mit $0 < x < 1$.

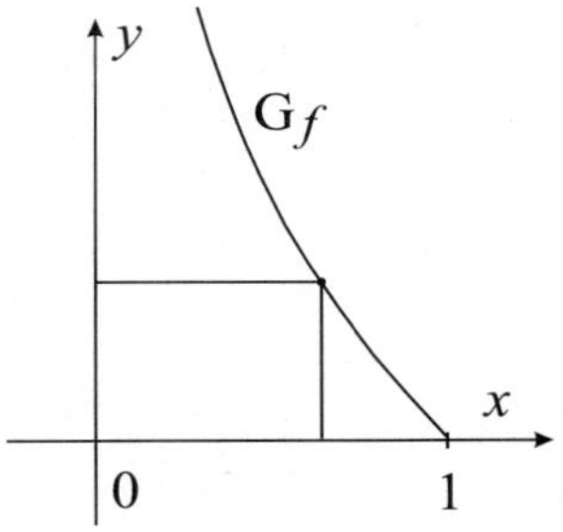

Abb. 1

Abbildung 1 zeigt ein solches Rechteck.
Unter den betrachteten Rechtecken gibt es eines mit größtem Flächeninhalt.
Berechnen Sie die Seitenlängen dieses Rechtecks. (5 BE)

Lineare Algebra / Analytische Geometrie

2 Gegeben sind die Matrizen $A = \begin{pmatrix} 1 & 0 \\ 0 & 2 \end{pmatrix}$ und $B = \begin{pmatrix} 2 & 0 \\ 0 & 3 \end{pmatrix}$.

Diese Art von Matrizen werden als «Diagonalmatrizen» bezeichnet, da sie nur Einträge auf der Hauptdiagonalen enthalten.

2.1 Zeigen Sie, dass gilt $A \cdot B = B \cdot A$ (d.h. dass die beiden Matrizen kommutativ sind) (2 BE)

2.2 Prüfen Sie allgemein, ob dies für alle Diagonalmatrizen gilt. (3 BE)

Lineare Algebra / Analytische Geometrie

3 Gegeben sind die Gerade $g\colon \vec{x} = \begin{pmatrix} -1 \\ 2 \\ -3 \end{pmatrix} + t \cdot \begin{pmatrix} 5 \\ 2 \\ -1 \end{pmatrix}$, $t \in \mathbb{R}$ und die Geraden

$$h_a\colon \vec{x} = \begin{pmatrix} -a \\ 8 \\ -6 \end{pmatrix} + s \cdot \begin{pmatrix} 2 \cdot a + 3 \\ 2 \\ 1 + a \end{pmatrix} \quad a,\ s \in \mathbb{R}.$$

3.1 Bestimmen Sie denjenigen Wert von a, für den die Richtungsvektoren von g und h_a zueinander senkrecht sind. (2 BE)

3.2 Weisen Sie nach, dass sich für $a = -2$ die Geraden g und h_a senkrecht schneiden. (3 BE)

Stochastik

4 Genau 50 % der Studierenden, die sich zu einer Klausur anmelden, sind Wiederholer. Kurz vor der Prüfung treten 28 % der Wiederholer und 12 % der anderen Prüflinge von der Klausur zurück. Es wird ein angemeldeter Studierender zufällig ausgewählt. Verwenden Sie folgende Bezeichnungen:

W: Der Prüfling ist Wiederholer.

Z: Der Prüfling tritt von der Klausur zurück.

4.1 Erstellen Sie zu diesem Sachverhalt ein vollständig beschriftetes Baumdiagramm mit allen Pfadwahrscheinlichkeiten. (3 BE)

4.2 Berechnen Sie die Wahrscheinlichkeit dafür, dass ein zufällig auszuwählender Prüfling Wiederholer ist, unter der Bedingung, dass er an der Prüfung teilgenommen hat. (2 BE)

Summe: 20 BE

Tipps Musteraufgabensatz 4

Analysis

1 Skizzieren Sie die Problemstellung. Wählen Sie als Grundseite $g = x$ und als zugehörige Höhe $h = f(x)$. Bestimmen Sie den Flächeninhalt $A(x)$ des betrachteten Rechtecks in Abhängigkeit von x. Das Rechteck mit größtem Flächeninhalt erhalten Sie mithilfe der 1. und 2. Ableitung von $A(x)$, die Sie mit der Produktregel $(u \cdot v)' = u' \cdot v + u \cdot v'$ bestimmen. Als notwendige Bedingung lösen Sie die Gleichung $A'(x) = 0$ nach x auf. Setzen Sie den erhaltenen x-Wert in $A''(x)$ ein. Falls $A''(x) < 0$ handelt es sich um ein Maximum. Bestimmen Sie anschließend die Seitenlängen des Rechtecks.

Lineare Algebra / Analytische Geometrie

2.1 Um zu zeigen, dass A und B kommutativ sind, berechnen Sie $A \cdot B$ bzw. $B \cdot A$ und vergleichen die Ergebnisse.

2.2 Betrachten Sie die allgemeinen Diagonalmatrizen $C = \begin{pmatrix} r & 0 \\ 0 & s \end{pmatrix}$ und $D = \begin{pmatrix} t & 0 \\ 0 & u \end{pmatrix}$ mit $r, s, t, u \in \mathbb{R}$ und berechnen Sie die Produkte $C \cdot D$ und $D \cdot C$.

Lineare Algebra / Analytische Geometrie

3.1 Bestimmen Sie das Skalarprodukt der Richtungsvektoren von g und h_a. Falls das Ergebnis Null ergibt, sind die beiden Vektoren senkrecht zueinander.

3.2 Um nachzuweisen, dass sich für $a = -2$ die Geraden g und h_a senkrecht schneiden, setzen Sie $a = -2$ in h_a ein und setzen die Geradengleichungen gleich. Lösen Sie das entstandene Gleichungssystem.

Stochastik

4.1 Bestimmen Sie anhand der gegeben Daten $P(W)$ und damit $P(\overline{W})$, $P_W(Z)$ und damit $P_W(\overline{Z})$ sowie $P_{\overline{W}}(Z)$ und damit $P_{\overline{W}}(\overline{Z})$. Erstellen Sie mithilfe dieser Daten ein Baumdiagramm.

4.2 Nutzen Sie die bedingte Wahrscheinlichkeit und die Pfadregeln, um $P_{\overline{Z}}(W) = \frac{P(W \cap \overline{Z})}{P(\overline{Z})}$ zu bestimmen.

Lösungen Musteraufgabensatz 4

Analysis

1 Man kann die Situation in einer Skizze darstellen:

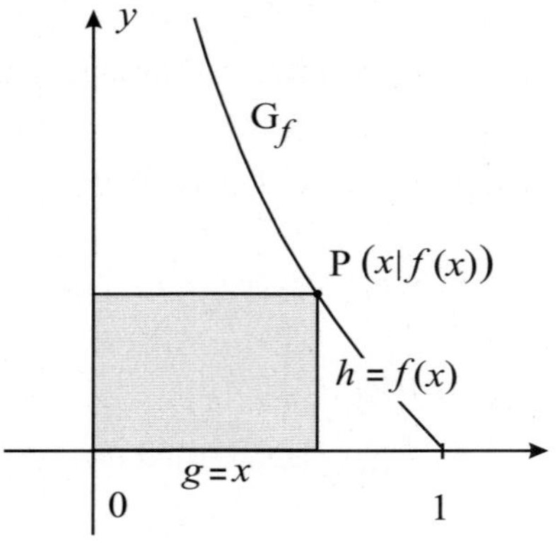

Das betrachtete Rechteck hat die Grundseite $g = x$ und die Höhe $h = f(x) = -\ln x$.
Der Flächeninhalt $A(x)$ des betrachteten Rechtecks beträgt damit:

$$A(x) = g \cdot h = x \cdot (-\ln x) = -x \cdot \ln x$$

Das Rechteck mit größtem Flächeninhalt erhält man mithilfe der 1. und 2. Ableitung von $A(x)$, die man mit der Produktregel bestimmt:

$$A'(x) = -1 \cdot \ln x + (-x) \cdot \frac{1}{x} = -\ln x - 1$$
$$A''(x) = -\frac{1}{x}$$

Als notwendige Bedingung löst man die Gleichung $A'(x) = 0$ nach x auf:

$$-\ln x - 1 = 0$$
$$\ln x = -1$$
$$x = e^{-1}$$

Setzt man $x = e^{-1}$ in $A''(x)$ ein, ergibt sich:

$$A''\left(e^{-1}\right) = -\frac{1}{e^{-1}} = -e < 0 \Rightarrow \text{Maximum}$$

Die Seitenlängen des Rechtecks mit maximalem Flächeninhalt sind somit

$$g = e^{-1}$$

und

$$h = f\left(e^{-1}\right) = -\ln\left(e^{-1}\right) = 1$$

Lineare Algebra / Analytische Geometrie

2.1 Mithilfe der Matrix-Multiplikation erhält man:

$$\mathrm{A}\cdot\mathrm{B}=\begin{pmatrix}1\cdot 2 & 0\\ 0 & 2\cdot 3\end{pmatrix}=\begin{pmatrix}2 & 0\\ 0 & 6\end{pmatrix}\text{ und }\mathrm{B}\cdot\mathrm{A}=\begin{pmatrix}2\cdot 1 & 0\\ 0 & 3\cdot 2\end{pmatrix}=\begin{pmatrix}2 & 0\\ 0 & 6\end{pmatrix}$$

Da die beiden Matrizen in allen Koeffizienten übereinstimmen, gilt $\mathrm{A}\cdot\mathrm{B}=\mathrm{B}\cdot\mathrm{A}$. Die beiden Matrizen sind somit kommutativ.

2.2 Es werden die beiden allgemeinen Diagonalmatrizen

$$\mathrm{C}=\begin{pmatrix}r & 0\\ 0 & s\end{pmatrix}\text{ und }\mathrm{D}=\begin{pmatrix}t & 0\\ 0 & u\end{pmatrix}\text{ mit } r,\ s,\ t,\ u\in\mathbb{R}$$

untersucht. Mithilfe der Matrix-Multiplikation erhält man:

$$\mathrm{C}\cdot\mathrm{D}=\begin{pmatrix}r\cdot t & 0\\ 0 & s\cdot u\end{pmatrix}\text{ und }\mathrm{D}\cdot\mathrm{C}=\begin{pmatrix}t\cdot r & 0\\ 0 & u\cdot s\end{pmatrix}$$

Die Einträge der Ergebnismatrizen sind reelle Zahlen und damit kommutativ, d.h. es gilt $r\cdot t=t\cdot r$ und $s\cdot u=u\cdot s$. Somit gilt für die beiden Matrizen $\mathrm{C}\cdot\mathrm{D}=\mathrm{D}\cdot\mathrm{C}$, sie sind also kommutativ.

Lineare Algebra / Analytische Geometrie

3 Gegeben sind die Gerade $g\colon \vec{x}=\begin{pmatrix}-1\\ 2\\ -3\end{pmatrix}+t\cdot\begin{pmatrix}5\\ 2\\ -1\end{pmatrix}$, $t\in\mathbb{R}$ und die Geraden

$$h_a\colon \vec{x}=\begin{pmatrix}-a\\ 8\\ -6\end{pmatrix}+s\cdot\begin{pmatrix}2\cdot a+3\\ 2\\ 1+a\end{pmatrix},\ a,\ s\in\mathbb{R}$$

3.1 Die Richtungsvektoren von g und h_a sind zueinander senkrecht, wenn ihr Skalarprodukt Null ergibt:

$$\begin{pmatrix}5\\ 2\\ -1\end{pmatrix}\cdot\begin{pmatrix}2\cdot a+3\\ 2\\ 1+a\end{pmatrix}=0$$

$$5\cdot(2a+3)+2\cdot 2+(-1)\cdot(1+a)=0$$

$$10a+15+4-1-a=0$$

$$a=-2$$

Für $a=-2$ sind die Richtungsvektoren von g und h_a zueinander senkrecht.

3.2 In Aufgabenteil a) wurde nachgewiesen, dass für $a = -2$ die Richtungsvektoren von g und h_a zueinander senkrecht sind. Um nachzuweisen, dass sich für $a = -2$ die Geraden g und h_a senkrecht schneiden, setzt man $a = -2$ in h_a ein und setzt die Geradengleichungen gleich:

$$\begin{pmatrix} -1 \\ 2 \\ -3 \end{pmatrix} + t \cdot \begin{pmatrix} 5 \\ 2 \\ -1 \end{pmatrix} = \begin{pmatrix} 2 \\ 8 \\ -6 \end{pmatrix} + s \cdot \begin{pmatrix} -1 \\ 2 \\ -1 \end{pmatrix}$$

Dies führt zu folgendem Gleichungssystem:

$$\begin{array}{lrcrcrcr} \text{I} & -1 & + & 5t & = & 2 & - & s \\ \text{II} & 2 & + & 2t & = & 8 & + & 2s \\ \text{III} & -3 & - & t & = & -6 & - & s \end{array}$$

Addiert man Gleichung II zum 2-fachen von Gleichung I, ergibt sich:

$$12t = 12 \Rightarrow t = 1$$

Setzt man $t = 1$ in Gleichung I ein, erhält man:

$$-1 + 5 \cdot 1 = 2 - s \Rightarrow s = -2$$

Setzt man $t = 1$ und $s = -2$ in Gleichung III ein, ergibt sich: $-3 - 1 = -6 - (-2) \Leftrightarrow -4 = -4$

Aufgrund der wahren Aussage schneiden sich die Geraden g und h_a für $a = -2$ senkrecht.

Stochastik

4.1 Da sich 50 % der Studierenden, die sich zu einer Klausur anmelden, Wiederholer sind, gilt: $P(W) = 0,50$ und damit

$$P\left(\overline{W}\right) = 1 - 0,50 = 0,50$$

Da 28 % der Wiederholer von der Klausur zurücktreten, gilt: $P_W(Z) = 0,28$ und damit

$$P_W\left(\overline{Z}\right) = 1 - 0,28 = 0,72$$

Da 12 % der anderen Prüflinge (nicht Wiederholenden) von der Klausur zurücktreten, gilt: $P_{\overline{W}}(Z) = 0,12$ und damit

$$P_{\overline{W}}\left(\overline{Z}\right) = 1 - 0,12 = 0,88$$

Somit erhält man folgendes Baumdiagramm:

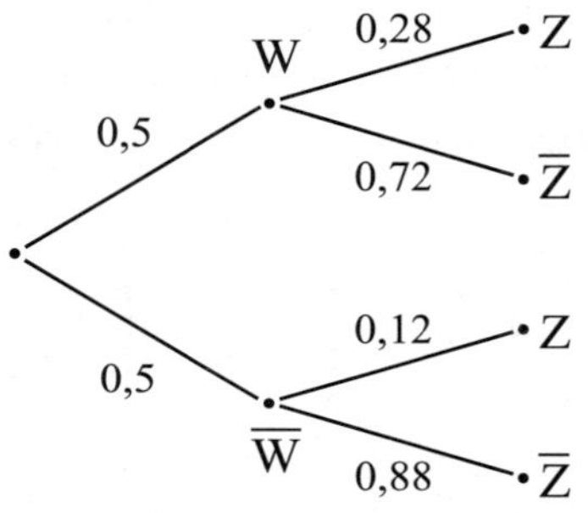

4.2 Die Wahrscheinlichkeit dafür, dass ein zufällig auszuwählender Prüfling Wiederholer ist, unter der Bedingung, dass er an der Prüfung teilgenommen hat (also nicht zurückgetreten ist), erhält man mithilfe der bedingten Wahrscheinlichkeit und der Pfadregeln:

$$P_{\overline{Z}}(W) = \frac{P\left(W \cap \overline{Z}\right)}{P\left(\overline{Z}\right)} = \frac{0,5 \cdot 0,72}{0,5 \cdot 0,72 + 0,5 \cdot 0,88} = \frac{0,36}{0,36 + 0,44} = \frac{0,36}{0,8} = \frac{36}{80} = \frac{9}{20}$$

Die Wahrscheinlichkeit beträgt $\frac{9}{20}$.

Abitur 2019

Tipps ab Seite 242, Lösungen ab Seite 243

Landesabitur 2019 Mathematik Leistungskurs
hilfsmittelfreier Teil - Vorschlag A

Analysis Niveau 1

1 Die Abbildung zeigt den Graphen der ersten Ableitung f' einer Funktion f. Entscheiden Sie, ob folgende Aussagen über die Funktion f wahr sind:

a) f wächst monoton im Intervall $[-1\,;\,1]$.

b) f hat mindestens ein relatives Minimum.

c) Es gilt: $f(4) > f(-4)$

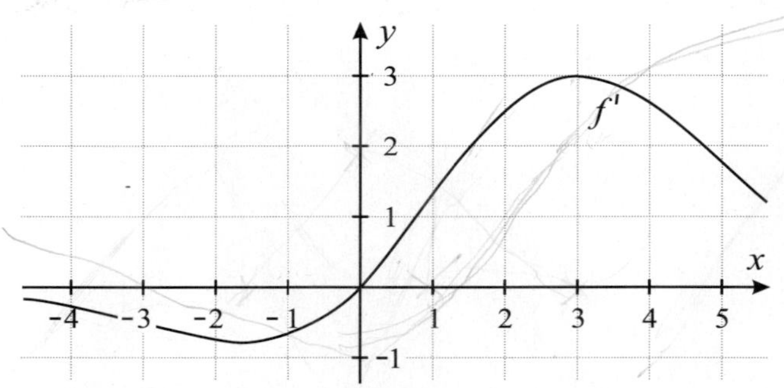

(5 BE)

Lineare Algebra/ Analytische Geometrie Niveau 1

2 Gegeben sind die Vektoren $\vec{a} = \begin{pmatrix} 1 \\ c \\ 2 \end{pmatrix}$ und $\vec{b} = \begin{pmatrix} c+4 \\ -1 \\ 2 \end{pmatrix}$ mit $c \in \mathbb{R}$.

2.1 Begründen Sie, dass $\vec{a}$ und $\vec{b}$ nicht kollinear sind.

(2 BE)

2.2 Berechnen Sie den Wert für c so, dass $|\,\vec{a}\,| = |\,\vec{b}\,|$ gilt.

(3 BE)

Stochastik Niveau 1

3.1 Eine Basketballspielerin trifft den Korb beim Freiwurf immer mit der gleichen Wahrscheinlichkeit von 90%.

Geben Sie einen Term an, mit dem die Wahrscheinlichkeit berechnet werden kann, dass die Basketballspielerin bei drei Freiwürfen den Korb genau zweimal trifft.

(2 BE)

3.2 Eine andere Basketballspielerin trifft den Korb beim Freiwurf immer mit der gleichen Trefferwahrscheinlichkeit p.

Berechnen Sie diese Trefferwahrscheinlichkeit, wenn sie bei zwei Freiwürfen mit einer Wahrscheinlichkeit von 84% den Korb mindestens einmal trifft.

(3 BE)

Stochastik Niveau 2

4.1 Die sechs Seitenflächen eines Würfels sind mit den Augenzahlen 1, 1, 2, 2, 2 und 4 beschriftet.
Die Zufallsvariable X bezeichne die geworfene Augenzahl.

Berechnen Sie E(X).

(2 BE)

4.2 Fünf der sechs Seitenflächen eines anderen Würfels sind mit den Augenzahlen 1, 1, 2, 2 und 4 beschriftet. Der Erwartungswert für die Summe der geworfenen Augenzahlen bei 150 Würfen beträgt 375.

Berechnen Sie die fehlende Augenzahl.

(3 BE)

Summe: 20 BE

Tipps Abitur 2019

1 a) Beachten Sie, dass f' im Intervall $[-1\,;1]$ größer als Null sein muss, damit f monoton wächst.

b) Beachten Sie, dass f' einen Vorzeichenwechsel von $-$ nach $+$ haben muss, damit f mindestens ein relatives Minimum hat.

c) Beachten Sie dass $f(4) > f(-4)$ der Ungleichung $f(4) - f(-4) > 0$ entspricht. Formulieren Sie die linke Seite der Ungleichung mithilfe eines Integrals unter Verwendung des Hauptsatzes der Differential- und Integralrechnung, da f eine Stammfunktion von f' ist. Betrachten Sie die Flächen oberhalb und unterhalb der x-Achse, die vom Graphen von f' und der x-Achse im Intervall $[-4\,;4]$ eingeschlossen werden, und beachten Sie die Orientierung der Flächeninhalte.

2.1 Um zu begründen, dass die Vektoren $\vec{a}$ und $\vec{b}$ nicht kollinear sind, prüfen Sie, ob es ein $k \in \mathbb{R}$ gibt, so dass gilt: $\vec{a} = k \cdot \vec{b}$. Stellen Sie eine Gleichung auf und lösen Sie das zugehörige lineare Gleichungssystem. Bei einem Widerspruch sind die Vektoren $\vec{a}$ und $\vec{b}$ nicht kollinear.

2.2 Um den Wert für c so zu berechnen, dass $|\vec{a}| = |\vec{b}|$ gilt, bestimmen Sie die Beträge der Vektoren $\vec{a}$ und $\vec{b}$ und lösen die zugehörige Gleichung durch Quadrieren nach c auf.

3.1 Legen Sie X als binomialverteilte Zufallsvariable für die Anzahl der Treffer der Basketballspielerin mit den Parametern n und p fest. Die Wahrscheinlichkeit, dass die Basketballspielerin bei drei Freiwürfen den Korb genau zweimal trifft, erhalten Sie mithilfe der Bernoulliformel: $\mathrm{P(X = k)} = \binom{\mathrm{n}}{\mathrm{k}} \cdot \mathrm{p^k} \cdot (1-\mathrm{p})^{\mathrm{n-k}}$.

3.2 Legen Sie X als binomialverteilte Zufallsvariable für die Anzahl der Treffer mit den Parametern n und p fest.
Stellen Sie eine Gleichung auf und verwenden Sie die Wahrscheinlichkeit des Gegenereignisses. Lösen Sie die Gleichung mithilfe der *abc*-Formel oder durch Fallunterscheidung. Beachten Sie, dass $0 \leqslant \mathrm{p} \leqslant 1$ gilt.

4.1 Den Erwartungswert E(X) der Zufallsvariablen X, welche die geworfene Augenzahl bezeichnet, erhalten Sie, indem Sie die möglichen Ergebnisse mit den zugehörigen Wahrscheinlichkeiten multiplizieren.

4.2 Bezeichnen Sie mit x die fehlende Augenzahl. Bestimmen Sie den Erwartungswert E(X) der Zufallsvariablen X, welche die geworfene Augenzahl bei einem Wurf bezeichnet, in Abhängigkeit von x, indem Sie die möglichen Ergebnisse mit den zugehörigen Wahrscheinlichkeiten multiplizieren. Berechnen Sie den Erwartungswert pro Wurf, indem Sie die gegebene Summe durch die Anzahl der Würfe teilen. Stellen Sie durch Gleichsetzen eine Gleichung auf und lösen Sie diese nach x auf.

Lösungen Abitur 2019

1 a) Die Aussage, dass f im Intervall $[-1;1]$ monoton wächst, ist falsch, da der Graph von f' für $x<0$ unterhalb der x-Achse verläuft und damit $f'(x)<0$ für $x<0$ gilt. Somit fällt f für $x<0$.

b) Die Aussage, dass f mindestens ein relatives Minimum hat, ist wahr, da bei $x=0$ gilt: $f'(0)=0$ und $f'(x)$ bei $x=0$ einen Vorzeichenwechsel von $-$ nach $+$hat.

c) Die Aussage $f(4)>f(-4)$ bzw. $f(4)-f(-4)>0$ ist wahr, da gilt:

$$\int_{-4}^{4} f'(x)\mathrm{d}x = \Big[f(x)\Big]_{-4}^{4} = f(4)-f(-4)>0$$

Dass das Integral einen positiven Wert hat, kann man folgendermaßen begründen: Das Integral enstpricht dem Inhalt der Fläche zwischen dem Graphen von f' und der x-Achse im Intervall $[-4;4]$. Weil der Flächeninhalt der Fläche zwischen dem Graphen von f' und der x-Achse im Intervall $[-4;0]$ unterhalb der x-Achse kleiner ist als der Flächeninhalt der Fläche zwischen dem Graphen von f' und der x-Achse im Intervall $[0;4]$ oberhalb der x-Achse, ist der orientierte Flächeninhalt insgesamt positiv. Damit hat das Integral $\int_{-4}^{4} f'(x)\mathrm{d}x$ einen positiven Wert.

2.1 Um zu begründen, dass die Vektoren $\vec{a}=\begin{pmatrix}1\\c\\2\end{pmatrix}$ und $\vec{b}=\begin{pmatrix}c+4\\-1\\2\end{pmatrix}$ mit $c\in\mathbb{R}$ nicht kollinear sind, prüft man, ob es ein $k\in\mathbb{R}$ gibt, so dass gilt: $\vec{a}=k\cdot\vec{b}$. Dies führt zur Gleichung:

$$\begin{pmatrix}1\\c\\2\end{pmatrix} = k\cdot\begin{pmatrix}c+4\\-1\\2\end{pmatrix}$$

Daraus erhält man folgendes lineares Gleichungssystem:

$$\begin{array}{lrcl} \text{I} & 1 & = & k\cdot(c+4) \\ \text{II} & c & = & -k \\ \text{III} & 2 & = & 2k \end{array}$$

Gleichung III führt zu $k=1$.
Setzt man $k=1$ in Gleichung I und II ein, ergibt sich:

$$\text{I}\ \ 1=1\cdot(c+4)\ \Rightarrow\ c=-3$$
$$\text{II}\ \ c=-1$$

Aufgrund des Widerspruchs sind die Vektoren $\vec{a}$ und $\vec{b}$ nicht kollinear.

2.2 Um den Wert für c so zu berechnen, dass $|\vec{a}| = |\vec{b}|$ gilt, bestimmt man die Beträge der Vektoren $\vec{a}$ und $\vec{b}$ und löst die zugehörige Gleichung nach c auf:

$$\begin{aligned}
|\vec{a}| &= |\vec{b}| \\
\left|\begin{pmatrix} 1 \\ c \\ 2 \end{pmatrix}\right| &= \left|\begin{pmatrix} c+4 \\ -1 \\ 2 \end{pmatrix}\right| \\
\sqrt{1^2+c^2+2^2} &= \sqrt{(c+4)^2+(-1)^2+2^2} \\
c^2+5 &= c^2+8c+16+5 \\
c &= -2
\end{aligned}$$

Für $c=-2$ gilt also $|\vec{a}| = |\vec{b}|$.

3.1 Legt man X als Zufallsvariable für die Anzahl der Treffer der Basketballspielerin fest, so ist X binomialverteilt mit den Parametern $n = 3$ und $p = 0{,}9$. Die Wahrscheinlichkeit, dass die Basketballspielerin bei drei Freiwürfen den Korb genau zweimal trifft, erhält man mithilfe der Bernoulliformel (Nach Aufgabenstellung reicht es, den Term anzugeben, ohne die Wahrscheinlichkeit explizit zu berechnen:

$$P(X=2) = \binom{3}{2} \cdot 0{,}9^2 \cdot 0{,}1^1$$

3.2 Legt man X als Zufallsvariable für die Anzahl der Treffer fest, so ist X binomialverteilt mit den Parametern $n = 2$ und p.
Wenn die Basketballspielerin bei zwei Freiwürfen mit einer Wahrscheinlichkeit von 84% den Korb mindestens einmal trifft, so gilt folgende Gleichung:

$$\begin{aligned}
P(X \geqslant 1) &= 0{,}84 \\
1-P(X=0) &= 0{,}84 \\
0{,}16 &= P(X=0) \\
0{,}16 &= (1-p)\cdot(1-p) \\
0{,}16 &= 1-2p+p^2 \\
0 &= p^2-2p+0{,}84
\end{aligned}$$

Mithilfe der *abc*-Formel ergeben sich die Lösungen $p_1 = 0{,}6$ und $p_2 = 1{,}4$.

Alternativ kann man die Gleichung $0{,}16 = (1-p)\cdot(1-p)$ auch durch Fallunterscheidung lösen:
Aus $1-p = \sqrt{0{,}16} = 0{,}4$ folgt $p_1 = 0{,}6$ und aus $1-p = -\sqrt{0{,}16} = -0{,}4$ folgt $p_2 = 1{,}4$
Wegen $0 \leqslant p \leqslant 1$ ist $p = 0{,}6$ die gesuchte Trefferwahrscheinlichkeit.

4.1 Die sechs Seitenflächen eines Würfels sind mit den Augenzahlen 1, 1, 2, 2, 2 und 4 beschriftet.

Den Erwartungswert E(X) der Zufallsvariablen X, welche die geworfene Augenzahl bezeichnet, erhält man, indem man die möglichen Ergebnisse mit den zugehörigen Wahrscheinlichkeiten multipliziert:

$$E(X) = 1 \cdot \frac{2}{6} + 2 \cdot \frac{3}{6} + 4 \cdot \frac{1}{6} = \frac{12}{6} = 2$$

Der gesuchte Erwartungswert von X beträgt 2.

4.2 Bezeichnet man mit x die fehlende Augenzahl, so erhält man den Erwartungswert E(X) der Zufallsvariablen X, welche die geworfene Augenzahl bei einem Wurf bezeichnet, indem man die möglichen Ergebnisse mit den zugehörigen Wahrscheinlichkeiten multipliziert:

$$E(X) = 1 \cdot \frac{2}{6} + 2 \cdot \frac{2}{6} + 4 \cdot \frac{1}{6} + x \cdot \frac{1}{6} = \frac{10}{6} + \frac{1}{6}x$$

Da der Erwartungswert für die Summe der geworfenen Augenzahlen bei 150 Würfen 375 beträgt, gilt für den Erwartungswert von X bei einem Wurf: $E(X) = \frac{375}{150} = \frac{5}{2}$.
Durch Gleichsetzen erhält man folgende Gleichung, die man nach x auflösen kann:

$$\begin{aligned} \frac{10}{6} + \frac{1}{6}x &= \frac{5}{2} \\ 10 + x &= \frac{5}{2} \cdot 6 \\ 10 + x &= 15 \\ x &= 5 \end{aligned}$$

Die fehlende Augenzahl beträgt 5.

Abitur 2020

Tipps ab Seite 248, Lösungen ab Seite 249

Landesabitur 2020 Mathematik Leistungskurs
hilfsmittelfreier Teil - Vorschlag A

Analysis Niveau 1

1 Gegeben ist die Funktionenschar f_k mit $f_k(x) = x^2 - kx + 1$ und $k > 0$.

1.1 Begründen Sie, dass jeder Graph der Schar einen Tiefpunkt besitzt, und zeigen Sie, dass dieser bei $T\left(\frac{1}{2}k \mid -\frac{1}{4}k^2 + 1\right)$ liegt.

(3 BE)

1.2 Bestimmen Sie die Funktionsgleichung der Ortskurve der Tiefpunkte.

(2 BE)

Stochastik Niveau 1

2 Ein Saathändler mischt Tomatensamen zweier verschiedener Qualitätsstufen. 40% aller Samen gehören zur höheren Qualitätsstufe. Hiervon keimen nach Angaben des Händlers 90%. Insgesamt keimen 84% der Samen einer Mischung.

Stellen Sie diesen Sachverhalt in einem vollständig beschrifteten Baumdiagramm dar und berechnen Sie, wie viel Prozent der Samen der niedrigeren Qualitätsstufe keimen.

(5 BE)

Lineare Algebra / Analytische Geometrie Niveau 1

3 Gegeben ist das folgende Gleichungssystem:

$$\left|\begin{array}{rcrcrcr} 4x & - & 4y & + & 8z & = & -4 \\ -2x & & & - & 6z & = & 0 \\ x & - & y & + & 2z & = & -1 \end{array}\right|$$

3.1 Berechnen Sie die Lösungsmenge.
[mögliches Ergebnis: $\mathbb{L} = \{(-3c \mid 1-c \mid c) \mid c \in \mathbb{R}\}$]

(4 BE)

3.2 Die drei Gleichungen des Gleichungssystems beschreiben jeweils eine Ebene. Deuten Sie die Lösungsmenge des Gleichungssystems geometrisch.

(1 BE)

Lineare Algebra / Analytische Geometrie Niveau 2

4 Gegeben sind die Punkte $A(0 \mid 0 \mid 0)$, $B(-0{,}5 \mid 2 \mid 7)$, $C(2 \mid 4 \mid 8)$ und $D(3{,}5 \mid 4 \mid 5)$ in einem dreidimensionalen Koordinatensystem. Die Punkte A, B, C und D liegen in einer Ebene und es gilt $\overrightarrow{AC} \cdot \overrightarrow{BD} = 0$.
Zeigen Sie, dass die Figur ABCD achsensymmetrisch bezüglich der Achse AC ist.

(5 BE)

Summe: 20 BE

Tipps Abitur 2020

1.1 Beachten Sie, dass jeder Graph der Funktionenschar f_k eine nach oben geöffnete Normalparabel ist. Um die Koordinaten des Tiefpunkts zu berechnen, verwenden Sie die erste und zweite Ableitung von f_k. Als notwendige Bedingung für Extremstellen lösen Sie die Gleichung $f_k{}'(x) = 0$ nach x auf. Setzen Sie den erhaltenen x-Wert in $f_k{}''(x)$ ein; falls das Ergebnis größer als Null ist, handelt es sich um einen Tiefpunkt. Den zugehörigen y-Wert erhalten Sie, indem Sie den erhaltenen x-Wert in $f_k(x)$ einsetzen.

1.2 Die Funktionsgleichung der Ortskurve der Tiefpunkte der Graphen von f_k erhalten Sie, indem Sie den x-Wert des Tiefpunkts nach k auflösen und in den y-Wert einsetzen.

2 Bezeichnen Sie mit H: Samen haben höhere Qualitätsstufe und mit K: Samen keimen und bestimmen Sie folgende Wahrscheinlichkeiten: $P(H)$, $P\left(\overline{H}\right)$, $P_H(K)$ und $P_H\left(\overline{K}\right)$. Bezeichnen Sie mit x die Wahrscheinlichkeit, dass Samen der niedrigeren Qualitätsstufe keimen, und beachten Sie, dass damit gilt: $P_{\overline{H}}(K) = x$ und $P_{\overline{H}}\left(\overline{K}\right) = 1 - x$. Zeichnen Sie damit ein Baumdiagramm. Beachten Sie, dass gilt $P(K) = P(HK) + P\left(\overline{H}K\right)$ und verwenden Sie die 1. und 2. Pfadregel, um x zu bestimmen.

3.1 Die Lösungsmenge des Gleichungssystems erhalten Sie mit dem Gauß-Verfahren. Addieren Sie das 2-fache von Gleichung II zu Gleichung I und subtrahieren Sie das 4-fache von Gleichung III von Gleichung I. Wählen Sie $z = c$ und berechnen Sie damit y und x in Abhängigkeit von c.

3.2 Beachten Sie, dass das Gleichungssystem unendlich viele Lösungen hat und damit die drei Ebenen unendlich viele gemeinsame Punkte haben. Prüfen Sie, ob eine Gleichung ein Vielfaches einer anderen Gleichung ist und überlegen Sie, wie viele Ebenen tatsächlich vorhanden sind.

4 Beachten Sie, dass die Punkte A, B, C und D in einer Ebene liegen und $\overrightarrow{AC} \cdot \overrightarrow{BD} = 0$ gilt, so dass die Diagonalen des Vierecks ABCD orthogonal zueinander sind. Skizzieren Sie das Viereck ABCD. Um zu zeigen, dass die Figur ABCD achsensymmetrisch bezüglich der Achse AC ist, weisen Sie nach, dass der Mittelpunkt M von B und D auf der Diagonalen AC liegt. Den Mittelpunkt von B und D erhalten Sie mit der Formel $\vec{m} = \frac{1}{2} \cdot \left(\vec{b} + \vec{d}\right)$. Stellen Sie die Gleichung der Geraden durch A und C auf und setzen Sie die Koordinaten des Mittelpunkts M in diese ein. Lösen Sie das entstandene Gleichungssystem. Alternativ können Sie auch nachweisen, dass die Seiten AB und AD gleich lang sind. Berechnen Sie dazu die Beträge der entsprechenden Verbindungsvektoren.

Lösungen Abitur 2020

1.1 Um zu begründen, dass jeder Graph der Funktionenschar f_k mit $f_k(x) = x^2 - kx + 1$ und $k > 0$ einen Tiefpunkt besitzt, kann man sich Folgendes überlegen:
Jeder Graph der Funktionenschar f_k ist eine nach oben geöffnete Normalparabel, damit besitzt jeder Graph von f_k einen Tiefpunkt (Scheitelpunkt der Parabel).
Um die Koordinaten des Tiefpunkts zu berechnen, verwendet man die erste und zweite Ableitung von f_k:

$$f_k{}'(x) = 2x - k$$
$$f_k{}''(x) = 2$$

Als notwendige Bedingung für Extremstellen löst man die Gleichung $f_k{}'(x) = 0$ nach x auf:

$$2x - k = 0 \Rightarrow x = \frac{1}{2}k$$

Wegen $f_k{}''\left(\frac{1}{2}k\right) = 2 > 0$ handelt es sich an der Stelle $x = \frac{1}{2}k$ um einen Tiefpunkt.
Den zugehörigen y-Wert erhält man, indem man $x = \frac{1}{2}k$ in $f_k(x)$ einsetzt:

$$f_k\left(\frac{1}{2}k\right) = \left(\frac{1}{2}k\right)^2 - k \cdot \left(\frac{1}{2}k\right) + 1 = \frac{1}{4}k^2 - \frac{1}{2}k^2 + 1 = -\frac{1}{4}k^2 + 1$$

Somit hat jeder Graph von f_k einen Tiefpunkt mit den Koordinaten $T\left(\frac{1}{2}k \mid -\frac{1}{4}k^2 + 1\right)$.

1.2 Die Funktionsgleichung der Ortskurve der Tiefpunkte $T\left(\frac{1}{2}k \mid -\frac{1}{4}k^2 + 1\right)$ der Graphen von f_k erhält man, indem man den x-Wert nach k auflöst und in den y-Wert einsetzt:

$$x = \frac{1}{2}k \Rightarrow k = 2x$$
$$\begin{aligned} y &= -\frac{1}{4}k^2 + 1 \\ &= -\frac{1}{4} \cdot (2x)^2 + 1 \\ &= -\frac{1}{4} \cdot 4x^2 + 1 \\ &= -x^2 + 1 \end{aligned}$$

Somit liegen alle Tiefpunkte $T\left(\frac{1}{2}k \mid -\frac{1}{4}k^2 + 1\right)$ der Graphen von f_k auf der Ortskurve mit der Gleichung $y = -x^2 + 1$.

2 Bezeichnet man mit H: Samen haben höhere Qualitätsstufe und mit K: Samen keimen, so kann man folgende Wahrscheinlichkeiten bestimmen:
Da 40% aller Samen zur höheren Qualitätsstufe gehören, gilt: $P(H) = 0,4$ und

$$P\left(\overline{H}\right) = 1 - P(H) = 1 - 0,4 = 0,6$$

Da von den Samen der höheren Qualitätsstufe 90% keimen, gilt: $P_H(K) = 0,9$ und

$$P_H\left(\overline{K}\right) = 1 - P_H(K) = 1 - 0,9 = 0,1$$

Bezeichnet man mit x die Wahrscheinlichkeit, dass Samen der niedrigeren Qualitätsstufe keimen, so gilt:

$$P_{\overline{H}}(K) = x \text{ und } P_{\overline{H}}\left(\overline{K}\right) = 1 - x$$

Damit erhält man folgendes Baumdiagramm:

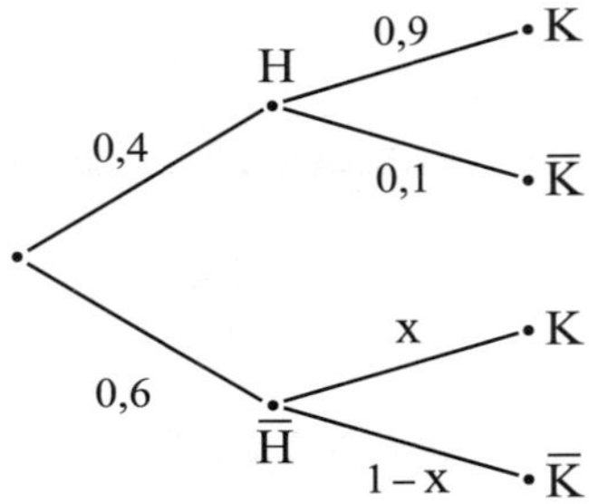

Da insgesamt 84% der Samen einer Mischung keimen, gilt: $P(K) = 0,84$.
Um zu berechnen, wie viel Prozent der Samen der niedrigeren Qualitätsstufe keimen, verwendet man die 1. und 2. Pfadregel und löst die entsprechende Gleichung nach x auf:

$$\begin{aligned} P(K) &= P(HK) + P\left(\overline{H}K\right) \\ 0,84 &= 0,4 \cdot 0,9 + 0,6 \cdot x \\ 0,84 &= 0,36 + 0,6x \\ 0,48 &= 0,6x \\ 0,8 &= x \\ x &= 80\% \end{aligned}$$

Somit keimen 80% der Samen der niedrigeren Qualitätsstufe.

3.1 Die Lösungsmenge des Gleichungssystems

$$\left| \begin{array}{lrcrcrcr} \text{I} & 4x & - & 4y & + & 8z & = & -4 \\ \text{II} & -2x & & & - & 6z & = & 0 \\ \text{III} & x & - & y & + & 2z & = & -1 \end{array} \right|$$

erhält man mit dem Gauß-Verfahren.
Addiert man das 2-fache von Gleichung II zu Gleichung I und subtrahiert man das 4-fache von Gleichung III von Gleichung I, ergibt sich:

$$\left| \begin{array}{lrcrcrcr} \text{I} & 4x & - & 4y & + & 8z & = & -4 \\ \text{IIa} & & - & 4y & - & 4z & = & -4 \\ \text{IIIa} & & & & & 0 & = & 0 \end{array} \right|$$

Aufgrund der wahren Aussage $0 = 0$ in Gleichung IIIa gibt es unendlich viele Lösungen.

Wählt man in Gleichung IIa beispielsweise $z = c$, so ergibt sich:

$$\begin{aligned} -4y - 4c &= -4 \\ 4 - 4c &= 4y \\ 1 - c &= y \end{aligned}$$

Setzt man $z = c$ und $y = 1 - c$ in Gleichung I ein, erhält man:

$$\begin{aligned} 4x - 4 \cdot (1 - c) + 8c &= -4 \\ 4x - 4 + 4c + 8c &= -4 \\ 4x &= -12c \\ x &= -3c \end{aligned}$$

Damit erhält man folgende Lösungsmenge:

$$\mathbb{L} = \{(-3c \mid 1 - c \mid c) \mid c \in \mathbb{R}\}$$

3.2 Da das Gleichungssystem unendlich viele Lösungen hat, haben die drei Ebenen unendlich viele gemeinsame Punkte, die aufgrund der Form der Lösungsmenge alle auf einer Geraden liegen. Diese gemeinsame Schnittgerade hat die Gleichung:

$$\vec{x} = \begin{pmatrix} 0 \\ 1 \\ 0 \end{pmatrix} + c \cdot \begin{pmatrix} -3 \\ -1 \\ 1 \end{pmatrix} ; c \in \mathbb{R}$$

Bei genauerer Betrachtung des Gleichungssystems kann man erkennen, dass die erste Gleichung das 4-fache der dritten Gleichung ist, somit sind zwei Ebenen identisch. Es handelt sich also insgesamt nur um zwei verschiedene Ebenen, die sich in einer Geraden schneiden.

4 Gegeben sind die Punkte $A(0 \mid 0 \mid 0)$, $B(-0{,}5 \mid 2 \mid 7)$, $C(2 \mid 4 \mid 8)$ und $D(3{,}5 \mid 4 \mid 5)$. Da die Punkte A, B, C und D in einer Ebene liegen und $\overrightarrow{AC} \cdot \overrightarrow{BD} = 0$ gilt, sind die Diagonalen des Vierecks ABCD orthogonal zueinander.

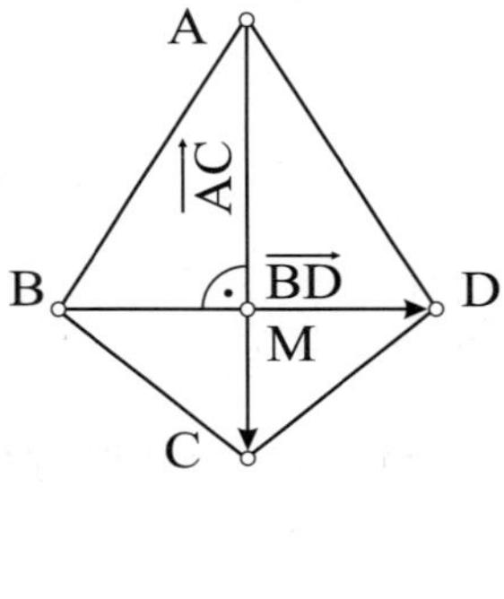

Um zu zeigen, dass die Figur ABCD achsensymmetrisch bezüglich der Achse AC ist, genügt es nachzuweisen, dass der Mittelpunkt M von B und D auf der Diagonalen AC liegt.
Für den Mittelpunkt M von B und D gilt:

$$\vec{m} = \frac{1}{2} \cdot \left(\vec{b} + \vec{d}\right) = \frac{1}{2} \cdot \left(\begin{pmatrix} -0,5 \\ 2 \\ 7 \end{pmatrix} + \begin{pmatrix} 3,5 \\ 4 \\ 5 \end{pmatrix} \right) = \frac{1}{2} \cdot \begin{pmatrix} 3 \\ 6 \\ 12 \end{pmatrix} = \begin{pmatrix} 1,5 \\ 3 \\ 6 \end{pmatrix} \Rightarrow \text{M}(1,5 \mid 3 \mid 6)$$

Die Gerade g durch A und C hat die Gleichung:

$$g : \vec{x} = \vec{a} + t \cdot \overrightarrow{\text{AC}} = \begin{pmatrix} 0 \\ 0 \\ 0 \end{pmatrix} + t \cdot \begin{pmatrix} 2 \\ 4 \\ 8 \end{pmatrix}$$

Um nachzuweisen, dass M auf g liegt, setzt man die Koordinaten von M in g ein:

$$\begin{pmatrix} 1,5 \\ 3 \\ 6 \end{pmatrix} = \begin{pmatrix} 0 \\ 0 \\ 0 \end{pmatrix} + t \cdot \begin{pmatrix} 2 \\ 4 \\ 8 \end{pmatrix}$$

Dies führt zu folgendem Gleichungssystem:

$$\begin{array}{lcccccc} \text{I} & 1,5 & = & 0 & + & 2t \\ \text{II} & 3 & = & 0 & + & 4t \\ \text{III} & 6 & = & 0 & + & 8t \end{array}$$

Aus Gleichung I, II und III ergibt sich jeweils $t = \frac{3}{4}$.
Damit liegt M auf der Diagonalen AC.
Somit ist die Figur ABCD achsensymmetrisch bezüglich der Achse AC.
Alternativ genügt es auch nachzuweisen, dass die Seiten AB und AD gleich lang sind. Dazu berechnet man die Beträge der entsprechenden Verbindungsvektoren:

$$\overline{\text{AB}} = \mid \overrightarrow{\text{AB}} \mid = \left| \begin{pmatrix} -0,5 \\ 2 \\ 7 \end{pmatrix} \right| = \sqrt{(-0,5)^2 + 2^2 + 7^2} = \sqrt{53,25}$$

$$\overline{\text{AD}} = \mid \overrightarrow{\text{AD}} \mid = \left| \begin{pmatrix} 3,5 \\ 4 \\ 5 \end{pmatrix} \right| = \sqrt{3,5^2 + 4^2 + 5^2} = \sqrt{53,25}$$

Wegen $\overline{\text{AB}} = \overline{\text{AD}}$ ist die Figur ABCD achsensymmetrisch bezüglich der Achse AC.

Stichwortverzeichnis

abc-Formel, 15
Ableiten, 9
Abstand
  paralleler Geraden, 49
  Punkt - Ebene, 49
  Punkt - Gerade, 49

Baumdiagramm, 55
Bernoulliexperiment, 63
Binomialverteilung, 63

Diagonalmatrix, 233
Dreiecksmatrix, 225

Ebenen
  gegenseitige Lage, 46
  parallele, 48
  Schnitt von, 47
Ereignisse
  unabhängige, 59
Erwartungswert, 67
Exponentialfunktionen
  aufstellen mit Randbedingung, 21
  bestimmen des Schaubildes, 19
  differenzieren, 9
  integrieren, 11
Exponentialgleichungen, 16
Extremwertaufgaben, 34

Fläche
  ins Unendliche reichende, 13
  zwischen zwei Kurven, 12
Funktionen
  bestimmen aus dem Schaubild, 23
Funktionenscharen
  ganzrationale Funktionen, 32
Funktionsgraphen zuordnen, 225

Ganzrationale Funktionen
  aufstellen mit Randbedingungen, 21
  bestimmen des Funktionsterms, 23
Geraden
  allgemeines Verständnis, 41
  gegenseitige Lage, 40
  Punktprobe, 40
Glücksrad, 69, 218
gleichschenkliges Dreieck, 226
Gleichungen
  höherer Ordnung, 15
  trigonometrische, 17

Hochpunkt, 209

Integralfunktion, 12
Integration
  Flächeninhalt, 12
  Stammfunktionen, 11
Inverse Matrix, 54

Kettenlänge, 69
Koordinatenform der Ebenengleichung, 44
Kosinus
  Gleichung, 17
Kurvendiskussion, 30

Lineare Abbildung, 53
Logarithmusfunktionen
  differenzieren, 10

Logarithmusgleichung, 16

Matrix, 53
Matrizenmultiplikation, 53
Monotonie, 26, 28, 209
Multiplikationssatz, 59

Normale, 32
Nullstelle, 209

Orthogonalität
    von Ebenen, 48
    von Kurven, 32
    von Vektoren, 39
Ortskurve
    allgemein, 33

Parallelität
    zwischen zwei Ebenen, 48
Parallelogramm, 38
Parameter
    Funktionen mit Parameter, 32
Parameterform der Ebenengleichung, 44
Pfadregeln, 55
Potenzfunktionen
    integrieren, 11
pq-Formel, 15

Sattelpunkt, 30, 31
Satz vom Nullprodukt, 15
Schaubilder, 18
Sinus
    Gleichung, 17
Sinusfunktion
    aufstellen mit Randbedingung, 22
    bestimmen des Funktionsterms, 24
    differenzieren, 10
Skalarprodukt, 38
Spiegelebene, 44
Spiegelungen
    Ebene an Ebene, 52
    Gerade an Ebene, 52
    Punkt an Ebene, 52
    Punkt an Gerade, 52
    Punkt an Punkt, 52
Spielautomat, 210
Spielkarten, 226
Spurpunkt, 45
Stammfunktion, 11, 29
Symmetrie, 31

Tangente, 32
Trigonometrische Funktionen
    aufstellen mit Randbedingung, 22
    bestimmen des Funktionsterms, 24
    bestimmen des Schaubildes, 19
    differenzieren, 10
    integrieren, 11

Vektoren
    Addition und Subtraktion, 38
    Orthogonalität, 39
Vektorprodukt, 42

Windschiefe Geraden, 40

Ziehen mit Zurücklegen, 55
Ziehen ohne Zurücklegen, 56
Zielfunktion, 34

Ihr Feedback zu diesem Buch

Für Ihre Anregungen, Hinweise und Bewertungen sind wir offen und dankbar.
Sie helfen damit, dieses Buch noch weiter zu optimieren.

Bitte senden Sie uns Ihr Feedback ...

* per Post: einfach dieses Blatt in einen frankierten Umschlag stecken
* per Fax: an 0761 45699 45
* per E-mail: an info@freiburger-verlag.de
* im Internet: www.freiburger-verlag.de: „Freiburger Verlag/Feedback“

Besten Dank für Ihre Unterstützung! Als Dankeschön erhalten Sie zudem für Ihre Vorschläge, die in Folgeauflagen eingearbeitet werden, eine kleine Aufmerksamkeit.

Erfolg im Mathe-Abi
Übungsbuch Hessen LK Prüfungsteil 1

Seite	Anregung

Dieses Buch gefällt mir ☺ 😐 ☹

Besonders gut finde ich:

____

____

____

____

Erfolg im Mathe-Abi
Hessen LK Prüfungsteil 1

Freiburger Verlag
Lektorat
Hartkirchweg 37

79111 Freiburg

Fax 0761 45699 45

Absender

Name / Vorname / Position	Kundennummer, falls bekannt
Straße / Nr.	Schule
PLZ / Ort	Klasse
Tel. für Rückfragen	Schuladresse
email-Adresse	

Besten Dank für Ihre Unterstützung!
Ihr Freiburger-Verlags-Team